BRANDON MCMILLAN
Lucky Dogs – der Hundetrainer

GOLDMANN
Lesen erleben

Brandon McMillan

Lucky Dogs –
der Hundetrainer

Der 7-Tage-Trainingsplan für jeden Hund

Aus dem amerikanischen Englisch von Marion Zerbst

Die amerikanische Originalausgabe erschien 2016 unter dem Titel
»Lucky Dog Lessons« bei Harper One in New York, USA.
Published by arrangement with HarperOne, an imprint of
HarperCollins Publishers, LLC.

Sollte diese Publikation Links auf Webseiten Dritter enthalten, so übernehmen wir für
deren Inhalte keine Haftung, da wir uns diese nicht zu eigen machen, sondern
lediglich auf deren Stand zum Zeitpunkt der Erstveröffentlichung verweisen.

MIX
Papier aus verantwor-
tungsvollen Quellen
FSC® C083411

Verlagsgruppe Random House FSC® N001967

Dieses Buch ist auch als E-Book erhältlich.

1. Auflage

Deutsche Erstausgabe November 2019
© 2019 Wilhelm Goldmann Verlag, München,
in der Verlagsgruppe Random House GmbH,
Neumarkter Str. 28, 81673 München
Originalausgabe: © 2016 by Animal Expert LLC
Umschlaggestaltung: UNO Werbeagentur GmbH, München,
unter Verwendung des Originalentwurfs von Terry McGrath
Umschlagmotiv: © Linda Peters
Foto Autor Klappe hinten: © Mark Sobhani Photography
Lektorat: Ralf Lay, Mönchengladbach
JG · Herstellung: cb
Satz: Satzwerk Huber, Germering
Druck und Bindung: CPI books GmbH, Leck
Printed in Germany
ISBN 978-3-442-22292-6

www.goldmann-verlag.de

Bildnachweis
Photographs © Litton Entertainment.
Alle Fotos von Craig T. Mathew/Mathew Imaging mit Ausnahme der folgenden:
© Brandon McMillan: S. 44 (Chloe), S. 74 (Apollo), S. 120 (Ari), S. 303 (Ernie).
Courtesy of Litton Syndications, Inc.: S. 36 (Randy), S. 56 (Skye), S. 70 (Luke),
S. 90 (Kobe), S. 111 (Glory), S. 141 (Darby), S. 157 (Poppi), S. 170 (Jemma),
S. 185 (Leah), S. 200 (Sandy), S. 240 (Chance), S. 258 (Lolita), S. 281 (Flash), S. 299
(Daisy), S. 328 (Tweety), S. 347 (Grover).

Für die Millionen von Tierheimhunden, die es nie geschafft haben,
da wieder herauszukommen

Inhalt

Einführung

Als ich dem Barkeeper eines Pubs vor ein paar Jahren erzählte, was ich beruflich mache, bat er mich, das Lokal zu verlassen, weil er mich für betrunken hielt. Und dabei hatte ich keinen Tropfen Alkohol intus! Eigentlich hätte mich das nicht zu wundern brauchen, denn viele Menschen halten mich für einen Aufschneider, wenn ich ihnen von meinem Beruf erzähle. Wahrscheinlich beantwortet man die Frage »Was machst du beruflich?« normalerweise auch nicht damit, dass man Löwen und Tiger dressiert, mit Grizzlybären arbeitet, Krokodile markiert, Schlangen fängt, um ihnen Gift für Serum abzuzapfen, oder mit fünfeinhalb Meter langen weißen Haien taucht, um ihr Verhalten zu erforschen. Doch für mich gehörte all das schon immer zu meinem ganz normalen Alltagsleben.

Meine Kindheit verlief anders als die sämtlicher Kinder, die ich kenne (mit Ausnahme meiner Geschwister), und ich hätte es auch gar nicht anders haben wollen. Da ich als Kind ständig von Tieren umgeben war, entwickelte ich ein feines Gespür für ihre Gefühle und Bedürfnisse. Diese außergewöhnlich enge Beziehung zu Tieren hat mich zu dem Beruf und der persönlichen Mission hingeführt, die heute mein Leben bestimmen.

Meine Eltern waren Wildtierdompteure, und ich kannte von klein auf nichts anderes, als Elefanten, Tiger, Bären, Menschenaffen und andere Tiere für Zirkusauftritte, Fernsehsendungen und Werbespots, ja sogar für Zaubershows zu dressieren. Die Arbeit mit Tieren machte stets einen großen Teil meiner Tätigkeit und meiner Identität aus. Erinnern Sie sich noch an den Tiger in dem Film »Hangover«? Den habe ich von Geburt an großgezogen und dressiert – genau wie die Tiere in »Dschungelbuch«, »Wir kaufen einen Zoo«, »Ich bin Sam«, »Jackass«, »24«, »Mike & Molly« sowie anderen Fernsehserien und Hunderten von Werbesendungen und Musikvideos. Ich habe Tiger für inszenierte Angriffe und Hunde für Super-Bowl-Werbespots trainiert und sogar Kakerlaken für ein Nine-Inch-Nails-Video dressiert (ja, auch solche Tiere sind lernfähig!). In meiner bisherigen Karriere habe ich an mehr als dreihundert Hollywood-Filmproduktionen in über dreißig Ländern mitgewirkt. Und überall, wo ich hinkomme – in jedem neuen Land und jeder neuen Kultur –, lerne ich etwas Neues über Tierdressur.

Übrigens habe ich im Lauf der Jahre auch Tausende von Hunden verschiedener Rassen und Größen ausgebildet. Nachdem ich mir in der Filmbranche großes Ansehen als Tiertrainer erworben hatte, fragten einige Schauspieler bei mir an, ob ich denn nicht auch mit ihren Haustieren arbeiten könne. Ich habe Hunderten von Privatkunden mit so klingenden Namen wie Ellen DeGeneres, Andy Cohen, Rod Stewart, James Caan, Chris Hardwick, Wolfgang Puck, Hugh Hefner, Don Cheadle, Snoop Dogg, Eddie Murphy, Jaime Pressly und Ronda Rousey dabei geholfen, besser mit ihren Vierbeinern zurechtzukommen.

Da ich wusste, dass ich Hunde mehr oder weniger zu allem bringen konnte, wollte ich meine Fähigkeiten für eine Arbeit nutzen, die ich für wichtiger hielt als Hollywood-Filmproduktionen. Nachdem ich einen Begleithund für einen Kriegsveteranen ausgebildet hatte, der bei der Explosion einer unkonventionellen Spreng- und Brandvorrichtung in Afghanistan beide Beine verloren hatte, gründete ich die Argus Service Dog Foundation. Für mich war es ein unvergessliches Erlebnis gewesen zu beobachten, was für eine enge Beziehung dieser heldenhafte Marinesoldat und sein Hund zueinander aufbauten und wie sie sich gegenseitig halfen. Das hat mich dazu inspiriert, in meiner Tätigkeit als Tiertrainer noch einen Schritt weiter zu gehen. Im Rahmen meiner Stiftung trainierte ich Hunde für komplizierte Aufgaben, zum Beispiel Gegenstände zu bringen, Menschen mit Gleichgewichtsproblemen durch die Straßen zu führen, Türen zu öffnen, das Licht anzuschalten, ja sogar Patienten mit posttraumatischen Belastungsstörungen das Leben zu erleichtern. Es ist mir immer wieder eine Ehre, behinderten Kriegsveteranen mit solchen Hunden weiterhelfen zu können.

Doch bevor ich darauf eingehe, wie man einem Hund so etwas beibringt, will ich Ihnen ein bisschen mehr darüber erzählen, warum Hunde in meinem Leben eine so wichtige Rolle spielen. Im Alter von zweiundzwanzig Jahren las ich eine Statistik über Tierheimhunde in Amerika und erfuhr, dass allein in den USA jedes Jahr eine Million Hunde eingeschläfert werden mussten, weil sie kein neues Zuhause fanden. *Eine Million!* Und diese Hunde sterben nicht etwa in fernen Ländern, von denen wir noch nie etwas gehört haben; all das passiert direkt vor unserer Haustür, in unseren Städten und Dörfern. Das war für mich eine unerträgliche Vorstellung. Je mehr solcher Statistiken ich las, desto fester war ich entschlossen, herrenlose Hunde zu retten, die keine Chance hatten, ein Zuhause zu finden, und zu beweisen, dass man solche Tiere genauso gut trainieren kann wie vom Züchter gekaufte Rassehunde – wenn nicht sogar noch besser.

Damals arbeitete ich für ein Hollywood-Unternehmen, das Tiere für Film- und Fernsehproduktionen dressierte. Wir waren ein erfolgreiches Unternehmen der alten Schule, und mein Chef hatte bisher hauptsächlich mit Rassehunden gearbeitet, deren Züchter er persönlich kannte. Er glaubte, dass Hunde, über die man von ihrer Geburt an alles weiß, sich besser ausbilden lassen; doch das sah ich ein bisschen anders. Damals wohnte ich in einem Apartment, von dem aus ich den Hof eines Tierheims überblicken konnte. Wenn ich nach der Arbeit mit den reinrassigen Hunden meines Arbeitgebers nach Hause kam, schaute ich aus dem Fenster und beobachtete Hunde der gleichen Rassen – zum Beispiel Deutsche Schäferhunde, Rottweiler, Chihuahuas und Pitbullterrier – im Hof des Tierasyls. Anfangs ärgerte ich mich über das dauernde Gebell; doch nachdem ich immer mehr Statistiken darüber gelesen hatte, wie viele Hunde in Tierheimen getötet werden, wurde mir klar, dass die Tage dieser Tiere gezählt waren. Sicherlich gehörten viele von ihnen zu der einen Million Hunde, die bei uns alljährlich eingeschläfert werden müssen. Diese schreckliche Gewissheit ließ mir keine Ruhe, und so fasste ich einen einfachen, aber doch ehrgeizigen Plan: Ich wollte Hunde, die keine Chance hatten, ein Zuhause zu finden, vor dem sicheren Tod bewahren und zu Filmstars machen. Also bat ich meinen Chef um Erlaubnis, einen dieser Hunde bei uns aufnehmen und für Filmzwecke trainieren zu dürfen. Nach einer hitzigen Diskussion erklärte mein Vorgesetzter sich damit einverstanden – allerdings nur unter einer Bedingung: Wenn es mir nicht gelänge, den Hund zu dressieren, würde ich meinen Job verlieren.

Am nächsten Tag fuhr ich zu einem Tierheim in Los Angeles, in dem besonders viele Tiere eingeschläfert wurden – einem trostlosen, völlig veralteten Tierasyl, das aufgrund von Budgetkürzungen mit enormen finanziellen Problemen zu kämpfen hatte. Dieses Tierheim war so mit Hunden vollgestopft, dass es förmlich aus allen Nähten platzte. Die Tiere, die dort lebten, waren mehr oder weniger alle zum Tod verurteilt: Ihre Chance, ein neues Zuhause zu finden, war geringer als die Wahrscheinlichkeit, dass sie eingeschläfert werden würden.

Als ich an den Zwingern vorbeischlenderte, fiel mir eine junge Rottweilerhündin namens Raven auf. Sie schien sehr lieb und zutraulich zu sein, hatte eine lange Aufmerksamkeitsspanne und interessierte sich mehr für mich als für all die Ablenkungen um sich herum. Ich adoptierte die Hündin noch am selben Tag und nahm sie mit nach Hause.

Anfangs hatte Raven ein paar Probleme, an denen ich mit ihr arbeiten musste; doch nach mehrmonatigem intensiven Training konnte sie bereits ihr erstes Engagement antreten: ein Musikvideo für OutKast – und sie meisterte diese Aufgabe so perfekt, als hätte sie noch nie in ihrem Leben etwas anderes getan. Der Regisseur erklärte mir, mein Hund hätte an diesem Tag eine bessere Leistung hingelegt als die menschlichen Schauspieler. Raven wurde zu einem der gefragtesten Hunde meines Unternehmens. Dank dieser Hündin behielt ich nicht nur meinen Job, sondern bekam von meinem Chef sogar grünes Licht dafür, noch weitere Hunde aus dem Tierheim in das vierbeinige Team seiner Firma aufzunehmen.

Genau wie Raven gehorchten auch meine neuen Tierheimhunde schon nach kurzem Training aufs Wort und waren ein lebendiger Beweis dafür, dass solche Tiere nicht unbedingt fürs Leben geschädigt sein müssen. Ganz im Gegenteil: Tierheimhunde sind verborgene Schätze mit einem enormen ungenutzten Potenzial an Intelligenz und Loyalität. Damals hat sich mein Leben von Grund auf verändert: Ich begann dafür zu plädieren, für alle Aufgaben, die es gibt, Hunde aus dem Tierheim einzusetzen. Außerdem fing ich an, Menschen bei der Suche nach Tierheimhunden zu helfen, die gut zu ihrer Familie passten, und diese Hunde dann so zu trainieren, dass sie den Bedürfnissen ihrer neuen Besitzer entsprachen.

Im Jahr 2011 eröffnete ich in der Umgebung von Los Angeles eine Hunderanch mit Trainingsgelände. Dieses Gelände nutzte ich, um Hunde für meine Arbeitshunde-Stiftung und für Filme, Werbespots und Privatkunden auszubilden. Außerdem hielt ich dort auch ein paar Tiere, die ich als meine »Todeszellenhunde« bezeichnete – lauter Vierbeiner, die ich aus Tierheimen gerettet und mit nach Hause genommen hatte, um sie zu trainieren und in neuen Familien unterzubringen. Das war eine sehr mühselige Arbeit; aber ich tat es gern und hatte mir inzwischen schon ein Netzwerk aus Tausenden von Menschen in den sozialen Medien aufgebaut, die mir bei der Vermittlung meiner Tiere halfen.

Diese kleine private Rettungsaktion weckte das Interesse eines Hollywood-Filmproduktionsunternehmens. Die Firma wollte für ein neues CBS-Samstagvormittagsprogramm eine Fernsehsendung entwickeln, bei der es um Tiere ging; und da einige der Produzenten sich selbst für die Rettung von Hunden aus dem Tierheim engagierten, waren sie begeistert von meiner Arbeit und wollten sich gern selbst einen Eindruck davon verschaffen.

Also lud ich die Filmproduzenten ein, für ein paar Stunden auf meine Ranch zu kommen. Sie dehnten ihren Aufenthalt zunächst auf ein paar Tage und schließlich auf mehrere Wochen aus. Am Ende beschloss das Team, mit mir ein Tierheim in Los Angeles zu besuchen, um das Leben eines Hundes zu retten und mich bei meiner Arbeit mit diesem Tier zu filmen. Uns war klar, dass wir mit so einer Live-Dokumentation der Rettung eines herrenlosen Hundes sehr viel Gutes bewirken konnten. Dieser erste Hund hieß Bruno und war ein völlig außer Rand und Band geratener Terriermischling. Ich brachte ihn auf meine Ranch, wo ich ihn zunächst gründlich säuberte, seinen Trainingszustand überprüfte und feststellte, dass er noch gar keine Ausbildung erhalten hatte. Das Produktionsteam beobachtete Bruno und mich bei unseren wichtigsten Gehorsamslektionen; und schon nach einer Woche hatte er die sieben Grundkommandos erlernt und hörte sogar noch auf einen weiteren Befehl.

Bruno war nämlich so ein lebhafter, charismatischer Hund, dass ich ihm auch das Tanzen beibrachte: Er lernte, sich auf Kommando auf die Hinterbeine zu stellen und im Kreis herumzudrehen. Zuerst konnten die Mitarbeiter des Produktionsteams das kaum glauben: Dieser Hund, der noch vor Kurzem dem Tode nah gewesen war und nicht einmal gewusst hatte, was *SITZ* bedeutet, befolgte das Kommando *TANZ* mit so großer Begeisterung, dass sie sich beim Zusehen vor Lachen die Bäuche hielten.

Ein paar Tage nach Beendigung seiner Ausbildung kam Bruno zu seinen zukünftigen Besitzern, einem Paar mittleren Alters im Westen von Los Angeles – und dort lebt er jetzt glücklich und zufrieden bis ans Ende seiner Tage. Für mich war das einfach nur die Fortsetzung meiner Mission; doch in den Augen der Filmproduzenten, die diese wundersame Wandlung miterlebt hatten, war es ein bittersüßes Happy End. »Für diesen Hund gab es keine Hoffnung mehr«, sagte ein Mitarbeiter des Teams. »Und Sie haben ihm das Leben gerettet und ein Zuhause für ihn gefunden.«

Schön und gut – aber was war mit all den anderen herrenlosen Hunden?

»Das ist meine Mission – ein Hund nach dem anderen«, antwortete ich.

Damals war uns noch nicht bewusst, dass wir gerade den Slogan erfunden hatten, den wir in den kommenden Jahren für unsere Arbeit verwenden würden: »Hunden ohne Hoffnung ein Zuhause schenken: Das ist meine Mission – ein Hund nach dem anderen.«

Am nächsten Tag rief das Produktionsteam an, um mir mitzuteilen, dass es die Geschichten meiner geretteten Hunde in einer neuen Fernsehserie namens »Lucky Dog«™ vorstellen wolle. Im Mittelpunkt jeder Episode dieser Serie stand ein herrenloser Hund, der eine zweite Chance erhielt. Damit wollten wir die Zuschauer an etwas erinnern, woran wir alle fest glaubten: Kein Hund ist ein hoffnungsloser Fall; jeder hat eine Chance verdient.

Mein größtes Dilemma bei der Erfüllung meiner Mission, herrenlose Hunde zu retten, ist ein rein zeitliches Problem: Ich kann nur so und so viele Hunde gleichzeitig trainieren. Nach jeder »Lucky-Dog«-Episode, die wir abdrehten, hätte ich statt »Ein Hund nach dem anderen« am liebsten gesagt: »Tausend Hunde auf einmal!« Ich hoffe, mit meinem Buch den Boden für die Erreichung dieses Ziels zu bereiten: Wer weiß – vielleicht inspiriere ich andere Menschen damit ja dazu, ebenfalls herrenlose Hunde zu retten und auszubilden?

Es gibt so viele Bücher, die Hundeerziehung schwieriger erscheinen lassen, als sie eigentlich ist – als bräuchte man einen Hochschulabschluss, um einem Hund beizubringen, dass er sich hinsetzen soll. Dabei ist es möglich, selbst einen Hund, der noch gar nichts kann (oder vielleicht sogar ein paar Macken hat), innerhalb von sieben Tagen zu einem vorbildlichen »Lucky-Dog«-Absolventen zu machen, wenn man nur jeden Tag ein paarmal eine Viertelstunde lang mit ihm übt.

Meine Methoden sind einfach, weil ich weiß, was funktioniert und was nicht. Ich hatte viele Jahre Zeit, um herauszufinden, wie man am schnellsten von Punkt A nach Punkt B kommt. Nachdem ich mit einigen der besten Hundetrainer der Welt zusammengearbeitet und Tau-

sende von Hunden ausgebildet habe – von verwöhnten Schoßhünd-
chen bis hin zu hoffnungslosen »Todeskandidaten« –, möchte ich jetzt
alles, was ich daraus gelernt habe, an Sie weitergeben. Dabei beginne
ich mit den Grundlagen jeder Hundeerziehung: Vertrauen, Aufbau einer Beziehung, Konzentration und Kontrolle. Als Nächstes wird Ihr
Hund meine sieben Hauptkommandos kennenlernen. Ich habe im
Lauf der Jahre die Erfahrung gemacht, dass diese sieben Befehle *(SITZ,*
BLEIB, PLATZ, KOMM, AUS, FUSS und *NEIN)* am allerwichtigsten sind –
sie sind gewissermaßen das Abc der Hundeerziehung.

Sobald Ihr Hund gut gehorcht, werden wir uns mit ein paar Verhaltensproblemen befassen. Hat Ihr Vierbeiner irgendeine störende Angewohnheit? Falls ja, gibt es zwei Möglichkeiten: Sie können sich mit diesem Problem abfinden oder es aus der Welt schaffen. Wenn Ihr Hund
alle Gäste anspringt, dauernd bellt, immer wieder abhaut, Löcher in den
Garten gräbt oder im Wohnzimmer das Bein hebt, kann ich Ihnen beibringen, wie man ihm solche Unarten schnell und wirksam abgewöhnt.

Doch ein Buch, in dem es nur um Hundeerziehung geht, wäre in
meinen Augen unvollständig. Ich möchte darin auch Geschichten von
Hunden erzählen, die ich gerettet habe. Zum Beispiel die Geschichte
von Grover, der schon so oft ins Tierheim gebracht wurde, dass er in
Panik geriet, sobald man ihn allein ließ; die Geschichte von Randy, der
so schlimm misshandelt worden war, dass er bei jeder Berührung herzzerreißend zu winseln anfing; und die Erfolgsstory von Kobe, einem
winzig kleinen, aber völlig außer Rand und Band geratenen Hund, den
sein voriger Besitzer als »unerziehbar« bezeichnet hatte. Die Herrchen
und Frauchen all dieser großartigen Hunde hatten die Hoffnung bereits
aufgegeben; und doch sind aus ihnen allen vorbildliche »Lucky-Dog«-
Hundeschulabsolventen geworden. Ich möchte meine Leser in diesem
Buch aber auch hinter die Kulissen meiner eigenen Lernerfahrungen
führen und erzähle daher ebenso Geschichten von ein paar Hunden,
die mich bis an die Grenzen meiner Fähigkeiten als Hundetrainer gebracht haben.

Die Tierheime quellen förmlich über vor Hunden, deren Besitzer sich nicht die Zeit genommen haben oder nicht über das nötige Wissen verfügten, um sie richtig zu erziehen. Viele Menschen geben dem Hund die Schuld daran, obwohl das Problem ohne Weiteres lösbar gewesen wäre, wenn sie sich nur ein paarmal pro Tag eine Viertelstunde Zeit für ihn genommen hätten (viel kürzer, als die Fahrt zum Tierheim gedauert hat). Daher ist es meine Aufgabe (und Ihre und die Pflicht aller Menschen, die genügend Mitgefühl und Optimismus besitzen, um das enorme Potenzial dieser herrenlosen, verletzlichen Hunde zu erkennen), sie zu retten – einen nach dem anderen.

Brandon

Teil 1

Lernen Sie Ihren Hund kennen

1

Was ist das Besondere an Ihrem Hund?

Ihr heutiges Wort des Tages lautet »Variable«. Mit Variablen sind die Eigenschaften Ihres Hundes gemeint, die Sie kennenlernen müssen, um gut mit ihm umgehen und ihn richtig erziehen zu können. Für unsere Zwecke handelt es sich dabei um Rasse, Alter, bisherige Erfahrungen und die besondere Persönlichkeit Ihres Hundes. Ihr Vierbeiner ist aber auch das Produkt seiner Ausbildung – und hier kommen *Sie* ins Spiel. Obwohl dieselben Grundprinzipien auf alle Hunde anwendbar sind, sollten Sie doch wissen, worin Ihr Hund sich von anderen unterscheidet; denn davon hängt Ihre Vorgehensweise bei seiner Erziehung ab. Deshalb wollen wir diese Variablen nun einmal der Reihe nach miteinander durchgehen.

Variable Nr. 1: Rasse

Die Rasse spielt für Aussehen, Temperament, Lebhaftigkeit, Intelligenz und Gesundheit Ihres Hundes eine wichtige Rolle. Sie ist für die naturgegebenen Unterschiede zwischen Hunden verantwortlich. Aber der Begriff »Natur« hat bei Hunden nicht unbedingt etwas mit natürlicher Entwicklung zu tun; damit sind vielmehr die genetischen Veranlagungen gemeint, die diesem Hund von Menschen angezüchtet wurden –

Züchtern, die die Hunde-DNA manipuliert haben, um mit der Zeit immer bessere Ergebnisse zu erzielen, wobei die Definition des Begriffs »besser« natürlich von den jeweiligen Vorstellungen des Züchters abhing: Manche wollten große, einschüchternde Wachhunde züchten, andere ruhige, treue Retriever. Manchen kam es darauf an, dass ein Hund Kaninchen, Ratten, Hirsche und Rehe verfolgen kann, während andere Hütehunde züchteten, die eine Herde von Schafen oder Kühen in Schach halten können.

Welche Gebrauchshundekategorien gibt es?

Lange bevor man so gut wie alle Produkte und Dienstleistungen per Computer bestellen konnte und innerhalb von ein paar Tagen (wenn nicht gar Stunden) ins Haus geliefert bekam, waren Hunde die anpassungsfähigsten Werkzeuge und Hilfsmittel des Menschen. Immer wenn es in den letzten Jahrtausenden der Menschheitsgeschichte irgendeine Aufgabe gab, die erledigt werden musste, entwickelten Züchter die passende Hunderasse dafür. Diese Aufgaben reichten vom Spürhund über Hüte- und Kampfhunde bis hin zum treuen Gefährten und Begleiter des Menschen; und aus jedem neuen »Prototypen« wurden im Lauf der Zeit immer stärker spezialisierte und optimierte Rassen herausgezüchtet – so lange, bis uns Menschen für die Erfüllung ein und derselben Aufgabe eine ganze Armee von Hunden verschiedener Größen, Erscheinungsbilder und Temperamente zur Verfügung stand.

Hunderassen, die für die Erfüllung einer bestimmten Aufgabe gezüchtet wurden, bezeichnet man als »Gebrauchshunde«. Es gibt sechs verschiedene Gruppen solcher Gebrauchshunde:

1. Hütehunde: Das sind hochintelligente, sehr eigenständige, energiegeladene Hunde, die ursprünglich dazu gezüchtet worden sind, auf Viehherden aufzupassen. Zu dieser Gruppe gehören Schäferhunde, Hirtenhunde, Corgis, Collies und Sennenhunde, die alle für verschiedene Aufgaben gezüchtet wurden.

2. Jagd- und Windhunde: Zu dieser Kategorie gehören Windhunde mit hervorragendem Sehvermögen, die sehr schnell laufen können und über große Ausdauer verfügen, und Schweißhunde, die einen besonders guten Geruchssinn haben und Spuren verfolgen können. Diese Gruppe umfasst die verschiedensten Rassen, zum Beispiel Windhunde wie Greyhounds, Wolfshunde und Barsois und Schweiß- und Spürhunde wie Basset Hounds, Bloodhounds und Dackel. Daneben gibt es auch noch Hunde, die zwar keine eigentlichen Jagdhunde sind, aber dazu gezüchtet wurden, Jägern bei ihrer Arbeit zu helfen, zum Beispiel Vorstehhunde, die dem Jäger anzeigen, dass sie Wild gefunden haben, Apportierhunde, die ihm das Wild bringen, und Hunde, die Wild aufstöbern, wie beispielsweise Spaniels. Solche Hunde (zu denen unter anderem auch Setter und Retriever gehören) sind normalerweise sehr treu und gut erziehbar.

3. Terrier: Dieser Name kommt vom lateinischen Wort *terra* (Erde) und ist eine sehr gute Beschreibung für das Arbeitsumfeld dieser sehr ausdauernden, unabhängigkeitsliebenden Hunde. Ursprünglich wurden Terrier dafür gezüchtet, in der Erde zu wühlen und zu graben und kleine Schädlinge und Beutetiere wie Ratten, Dachse und Otter über und unter der Erde zu jagen. Sie waren die ersten Schädlingsvernichter der Welt. Zu dieser Gruppe gehören zum Beispiel der Staffordshire-Terrier, der Scotchterrier, der Jack-Russell-Terrier, der Schnauzer, der West-Highland-White-Terrier und der Bullterrier.

4. Arbeitshunde: Zu dieser Gruppe gehören die kräftigsten Hunderassen, beispielsweise der Boxer, der Akita Inu, der Rottweiler, der Mastiff und der Bernhardiner. Ursprünglich erledigten diese Hunde wichtige Aufgaben, die sich großen Ansehens erfreuten: Sie dienten als Wachhunde, Zughunde, arbeiteten bei der Polizei oder beim Militär. Viele werden auch heute noch für solche Aufgaben eingesetzt.

5. Gebrauchshunde für verschiedene Verwendungszwecke (»Nonsporting dogs«): Was haben Shar-Pei, Bulldogge, Boston-Terrier, Dalmatiner, Lhasa Apso und Pudel miteinander gemeinsam? Eigentlich nicht besonders viel. Doch man hat sie alle unter diesem Oberbegriff zusammengefasst, da die Aufgaben, für die sie ursprünglich gezüchtet worden sind, nicht mehr existieren.

6. *Zwerghunde:* Auch das ist ein Sammelbegriff, denn die Hunde dieser Gruppe haben nur eines gemeinsam: ihre Größe. Viele dieser Hunde (beispielsweise das Italienische Windspiel und der Yorkshireterrier) gehören ganz unterschiedlichen Rassengruppen an. Andere (zum Beispiel der Pekinese, der Malteser und der Havaneser) wurden in erster Linie als Schoßhunde gezüchtet.

Ich weiß ja nicht, wie es *Ihnen* geht – aber ich brauche keinen Hund, der so etwas kann. Mein Hund muss weder jagen noch Löcher graben, weder Schafe hüten noch mit anderen Hunden kämpfen. Wie den meisten heutigen Hundebesitzern kommt es mir einfach nur darauf an, dass mein Hund mir ein guter Gefährte ist – intelligent und wohlerzogen genug, um mit mir und meiner Familie friedlich zusammenzuleben.

Doch auch wenn unsere Hunde heute nicht mehr die Aufgaben zu erfüllen brauchen, für die sie ursprünglich gezüchtet worden sind, bedeutet das noch lange nicht, dass man diese Instinkte einfach abschalten kann – und in vielen Fällen würden wir das auch gar nicht wollen. Denn genetisch bedingte Charaktereigenschaften führen nicht nur dazu, dass Hunde bestimmte Arbeitsinstinkte (und damit einhergehende Verhaltensprobleme) aufweisen; sie machen auch das Besondere aus, das wir an unseren Hunden so mögen: die Art, wie sie unsere Nähe suchen und mit uns spielen, ja sogar bestimmte Marotten – zum Beispiel, dass manche Hunde richtige Wasserratten sind oder auf unsere Kinder aufpassen – oder die Art, wie sie neue Kunststücke lernen. Viele Verhaltensweisen sind fest in der DNA eines Hundes verankert; also müssen wir als Hundebesitzer und -erzieher immer einen goldenen Mittelweg zwischen den genetisch bedingten Trieben unserer Hunde und den Anforderungen unseres modernen Lebens finden.

Natürlich sollte man sich am besten schon *vor* der Anschaffung eines Hundes Gedanken darüber machen, wie seine Rasse sich auf sein Verhalten und seine Bedürfnisse auswirkt. Ich sehe die tragischen Ergebnisse falscher Rassenwahl tagtäglich in Tierheimen: Hunde, die von ihren Besitzern weggegeben wurden, weil sie zu viel Bewegung brauchen, nicht schnell genug stubenrein werden, dauernd bellen oder sich nicht mit den anderen Haustieren der Familie verstehen.

All diese Probleme sind zumindest teilweise genetisch bedingt; man muss sich als Hundebesitzer also entweder damit abfinden oder viel Zeit und Energie investieren, um seinem Vierbeiner ein akzeptableres Verhalten beizubringen. Wie ich mit solchen Problemen umgehe, ist klar: Zu meiner Rolle als Hunderetter gehört es, dafür zu sorgen, dass jede Familie, in der ich einen Hund unterbringe, die Herausforderungen, die seine Rasse mit sich bringt, bereitwillig, ja sogar mit Begeisterung akzeptieren kann. Diesen Teil meiner Arbeit, der darin besteht, den richtigen Hund für die richtige Familie zu finden, nehme ich sehr ernst, denn alle Hunde aus meinem »Lucky-Dog«-Programm wurden schon einmal weggegeben oder gar ausgesetzt, und ich möchte nicht, dass sie dieses Schicksal noch ein zweites Mal erleben müssen.

Warum die Rasse bei der Hundeerziehung eine wichtige Rolle spielt

Immer wenn ich mit einem neuen Klienten über Hundeerziehung spreche, hole ich zuallererst meine alte, schon mit vielen Eselsohren versehene Enzyklopädie der Hunderassen hervor und mache eine Kopie der Seiten, auf denen die Rasse seines Hundes (oder die verschiedenen Rassen, aus denen er unserer Einschätzung nach hervorgegangen ist) beschrieben wird. Das ist der Ausgangspunkt für jedes Gespräch darüber, wie dieser Hund sich bisher benommen hat, mit welchen Trainingsmethoden man bei ihm wohl Erfolg haben könnte und wie man unerwünschte Verhaltensweisen ändern kann.

Oft ist das für den Hundebesitzer ein echtes Aha-Erlebnis, denn dort steht alles schwarz auf weiß: nicht nur die Verhaltensweisen, die er an seinem Hund so mag, sondern auch diejenigen, mit denen er Probleme hat. Manchmal ist dieses Verhalten auf eindeutige Ursachen zurückzuführen, wie beispielsweise beim Rat Terrier: Bei diesem Hund verrät bereits der Name, für welche Aufgabe er gezüchtet wurde – nämlich um Ratten zu töten. Deshalb sollte man sich auch nicht darüber wundern, wenn er hinter jedem Eichhörnchen oder Kaninchen und jeder Ratte hinterherrennt, die ihm über den Weg läuft. Aber es gibt auch andere Hunderassen, die als Kleintierfänger gezüchtet wurden, obwohl das heute kaum noch jemand weiß, zum Beispiel der Zwergschnauzer, der Deutsche Pinscher und der West Highland Terrier.

Wissen Sie, zu welchem Zweck die Rasse Ihres Hundes gezüchtet wurde und wann? Wie sah die Welt damals aus? Inwiefern haben sich die Lebensbedingungen und die an einen Hund gestellten Erwartungen seitdem verändert? All diese Fragen sind für ein besseres Verständnis Ihres Vierbeiners sehr wichtig. Das möchte ich Ihnen nun an ein paar Beispielen anschaulich machen.

Englische Bulldogge: Obwohl das genaue Datum umstritten ist, wurden die ursprünglichen englischen Bulldoggen irgendwann zwischen dem 15. und 17. Jahrhundert gezüchtet – viele von ihnen ausschließlich für den barbarischen Sport des Bullenbeißens. Um es mit einem Bullen aufnehmen zu können, musste ein Hund furchtlos genug sein, ein wütendes Tier anzugreifen, das dreißigmal so groß war wie er selbst, und hartnäckig genug, um sich so lange an ihm festzubeißen, bis er den Bullen entweder in die Knie gezwungen hatte oder bei diesem Versuch umgekommen war. So ein Hund musste eine kräftige Statur und gute Bodenhaftung haben und von seinem Charakter her ein Mittelding zwischen starrsinnig und aggressiv sein.

Ein Tier mit solchen Eigenschaften würde wohl kaum einen idealen Familienhund abgeben – es sei denn, man hat einen Bullen im Hinterhof, den man gern loswerden möchte.

Im Jahr 1835 wurde das Bullenbeißen gesetzlich verboten; und doch haben die Englischen Bulldoggen sich viele ihrer uralten Persönlichkeitsmerkmale bewahrt. Zwar haben die Züchter inzwischen eine Menge am Charakter dieser Tiere verändert; so hat man beispielsweise versucht, sie eher auf beschützendes als auf aggressives Verhalten hin zu züchten. Außerdem wurden die heutigen Englischen Bulldoggen durch genetische Selektion so gezüchtet, dass sie gute Gefährten sind und sich somit hervorragend als Familienhunde eignen. Doch die Evolution dauert lange (auch wenn sie von Menschen in die Wege geleitet wird); und daher besitzt auch die heutige Version dieses grimmigen Kämpfers früherer Zeiten immer noch Eigenschaften, die an das Bullenbeißen erinnern. Nach wie vor haben Englische Bulldoggen kurze Beine und einen breiten, kräftigen Körperbau. Die meisten dieser Hunde sind mutig, oft aber auch ziemlich eigensinnig und berüchtigt dafür, an Spielsachen herumzuzerren und nichts mehr loszulassen, was ihnen einmal zwischen die Zähne geraten ist; und sie neigen auch dazu, alles anzuknabbern, was nicht niet- und nagelfest ist. Dieses Bedürfnis, sich an etwas festzubeißen und daran zu ziehen, ist in ihrer DNA verankert – ein genetischer Impuls aus der Zeit des Bullenbeißens.

Beagle: Einer der Hauptgründe, warum Beagles oft ins Tierheim gebracht werden, ist ihr ständiges Bellen. Ich wette, dass jeder Hundetrainer schon mal von einem verzweifelten Beagle-Besitzer zu Hilfe gerufen wurde, der fragte: »Was ist nur los mit diesem Hund? Er bellt die ganze Zeit.«

Aus genetischer Sicht ist mit einem bellenden Beagle gar nichts Besonderes »los«: Wie alle Jagdhunde wurden diese Tiere jahrhundertelang darauf gezüchtet, Füchse, Kaninchen und anderes Niederwild zu jagen. Ihre Aufgabe war es, vor ihren Führern herzulaufen und dabei pausenlos zu bellen oder zu kläffen, damit diese ihnen mühelos folgen konnten. Diese Hunde wurden generationenlang auf ihr gutes, verlässliches Kommunikationsvermögen hin selektiert. Bellen oder Kläffen ist also gewissermaßen ihr Daseinszweck.

Malteser: Diese kleinen Hunde wurden jahrtausendelang zu dem Zweck gezüchtet, verwöhnte Schoßtierchen zu sein. Sie waren so etwas wie Alarmanlagen auf vier Beinen – Hunde, die sich immer in der Nähe ihrer Menschen aufhielten, nicht zu viel Platz wegnahmen und einen Höllenlärm veranstalteten, wenn ein Fremder ihnen zu nahe kam. Vom alten Rom und Ägypten bis hin zum England und Frankreich der Renaissance saßen diese Hunde auf den Schößen vieler bedeutender Persönlichkeiten und waren eine Art Kombination aus Wachhund und treuem Begleiter. Sie konnten zwar keinen Einbrecher zu Fall bringen, zeigten aber ein ausgeprägtes Revierverhalten, bellten und schnappten notfalls auch zu, um ihre Besitzer zu beschützen.

Welches Verhalten wird ein Hund, der als eine Art Babyersatz gezüchtet wurde, wohl von seinen Vorfahren ererbt haben? Malteser sind sehr anhängliche Familienhunde, aber sie brauchen immer jemanden um sich herum, sonst werden sie schnell depressiv oder überängstlich oder verfallen in Zerstörungswut. Und habe ich bereits erwähnt, dass diese Hunde jahrhundertelang darauf gezüchtet wurden, bei jeder Gelegenheit zu bellen? Der Malteser ist also schon ein ziemlich kläffiger Hausgenosse. Er bellt nun einmal laut, oft und mit Begeisterung; und ihm das abzugewöhnen ist ungefähr genauso einfach, wie wenn man einem Hund beibringen wollte, nicht mehr zu fressen, zu schlafen oder zu atmen.

Wenn Sie also nun ein bisschen mehr über die Rasse Ihres Hundes wissen – welche Rolle spielen diese Erkenntnisse bei seiner Erziehung zum »Lucky Dog«? Es gibt zwei Dinge, die man sich merken sollte: Erstens wird allen Beteiligten wohler zumute sein, wenn Sie von Ihrem Hund kein Verhalten erwarten, das nun mal nicht seiner Rasse entspricht. Ich bekomme immer wieder Anrufe von frustrierten Hundebesitzern, die sich darüber beklagen, dass ihr Terrier Löcher in den Garten gräbt, ihr Hütehund Leuten in die Waden beißt, ihr Wasserhund in jede Sprinkleranlage hineinrennt, ihr Husky an der Leine zieht oder ihr Retriever dauernd nach ihren Händen schnappt. Dabei sind diese Verhaltensweisen fest in der DNA der betreffenden Hunderasse verankert.

Damit will ich nicht sagen, dass man seinem Hund so etwas nicht abgewöhnen kann. Das kann man schon. Ich habe in meinem Leben bereits Tausende von Hunden trainiert und weiß aus Erfahrung, dass sie fast alles lernen können. Doch es ist ein großer Unterschied, ob man einem Hund etwas beibringt, was für ihn neu oder ungewohnt ist, oder ihm etwas abgewöhnt, was seinem angeborenen Instinkt entspricht. Ihr Hund kann sich grundsätzlich alles abgewöhnen, was er erlernt hat. Doch ihm ein angeborenes Verhalten abzutrainieren ist schon schwieriger. So ist beispielsweise den meisten Hunden der Instinkt angeboren zu bellen. Ich kann einen Hund zwar darauf trainieren, auf Kommando *mit dem Bellen aufzuhören*; doch ihm beizubringen, *überhaupt nicht mehr zu bellen*, ist sehr viel schwieriger und oft nahezu unmöglich. Gegen die genetische Veranlagung eines Hundes anzukämpfen wird immer ein mühseliges Unterfangen bleiben; normalerweise wehrt die Natur sich mit Händen und Füßen dagegen.

Es gibt aber auch noch einen zweiten Aspekt, der im Zusammenhang mit der Rasse Ihres Hundes eine wichtige Rolle spielt: Je mehr Sie über die Besonderheiten dieser Rasse wissen, umso besser können Sie sich in den Hund hineindenken und ihn erziehen; dann wissen Sie, welche praktischen Methoden und Strategien Sie bei seiner Ausbildung einsetzen müssen, und finden genau die richtige Motivation für ihn, die er braucht, um sich auf seine Aufgabe zu konzentrieren. Außerdem wissen Sie dann schon im Voraus, welche Verhaltensprobleme bei Ihrem Hund auftreten könnten und wie man sie am besten korrigiert; und Sie können vielleicht sogar akzeptable Ventile für die Aktivitäten finden, denen er mit Begeisterung nachgeht, weil seine Rasse nun einmal dafür gezüchtet wurde.

Hallo, ich bin Lulu! Meine Hündin heißt Lulu, und sie ist eine ziemlich freche Göre. Das sage ich Ihnen ganz ehrlich, weil ich Ihnen nichts vormachen will – und weil ich der Meinung bin, dass auch ein nicht ganz so perfekter Hund ein wunderbarer Gefährte sein kann. Ich trainiere Jahr für Jahr Hunderte von Hunden darauf, alles Mögliche zu tun – von SITZ und BLEIB bis hin zu sehr viel schwierigeren Kommandos –, doch meine Hündin stellt sich meistens taub, wenn ich etwas sage. Sie hat einen »durchtriebenen« Charakter und benimmt sich manchmal auch ziemlich daneben; aber ich liebe sie trotzdem. Ich habe Lulu im Tierheim kennengelernt. Ihr Zwinger stand ganz vorn; also war sie der erste Hund, an dem ich vorbeikam, wenn ich das Gelände betrat, und der letzte, den ich zu sehen bekam, wenn ich es wieder verließ. Lulu blieb monatelang in diesem Tierasyl – so lange, dass ich irgendwann anfing, hallo zu ihr zu sagen und die Mitarbeiter des Tierheims nach ihr zu fragen. Daraufhin erfuhr ich, dass sie keinen positiven Eindruck machte, was leider bei vielen Chihuahuas der Fall ist – deshalb findet man diese Hunderasse auch besonders häufig in Tierheimen. Zunächst einmal sind diese Hunde sehr klein und nicht unbedingt darauf erpicht, die Sympathien der Besucher zu gewinnen. Manche Chihuahuas bellen sehr viel und haben Probleme mit der Stubenreinheit. Aus all diesen Gründen finden sie oft kein Zuhause. Doch irgendeiner der Mitarbeiter schien eine besondere Schwäche für Lulu zu haben, denn sie blieb monatelang in dem Tierheim – bis ich eines Morgens erfuhr, dass sie am Nachmittag eingeschläfert werden sollte.

Damals hatte ich bereits das Gefühl, diese Hündin gut zu kennen; und obwohl es niemanden gab, der als Besitzer für sie infrage gekommen wäre, nahm ich sie mit nach Hause. Lulu war ängstlich und nervös und nicht leicht vermittelbar. Nachdem sie die sieben Grundkommandos erlernt hatte, fand ich eine Familie für sie; doch die rief mich schon am nächsten Tag an und forderte mich (wenn auch in etwas höflicheren Worten) auf, das Biest wieder abzuholen: Lulu hatte eines ihrer Kinder gebissen. Also machte ich mir in Gedanken eine Notiz: »Keine Kinder.«

Ich vermittelte sie ein zweites Mal – diesmal an einen Haushalt ohne Kinder –, doch auch diese Familie rief am zweiten Tag bei mir an und beschwerte sich, weil Lulu ihren anderen Hund angegriffen hatte. Also ergänzte ich meine gedankliche Notiz: »Keine Kinder, keine Hunde.«

So ging es lange Zeit weiter: Ich brachte Lulu irgendwo unter, sie benahm sich wie ein kleiner Teufel, und ich holte sie wieder ab. Nach ein paar Monaten war mir klar, dass dieser Chihuahua, dem es gelungen war, eine Familie nach der anderen abzuschrecken, der aber eine leidenschaftliche Zuneigung zu mir gefasst hatte, mein Hund werden musste.

Lulu weist eine ganz besondere und schwierige Kombination der verschiedenen Variablen auf, auf die ich in diesem Kapitel eingehe – eine Konstellation, die sie manchen potenziellen Besitzern vielleicht nicht unbedingt sympathisch macht. Doch trotz ihrer Marotten und ihres alles andere als perfekten Benehmens ist es ihr gelungen, die Grundkommandos zu erlernen, ihre wichtigsten Verhaltensprobleme in den Griff zu bekommen und mein »Lucky Dog« zu werden. Glauben Sie mir: Wenn Lulu das geschafft hat, kann Ihr Hund es auch!

———

Und wie sieht es mit »Promenadenmischungen« aus?

Viele Tierheimhunde sind Mischlinge. Doch selbst wenn Ihr Hund eine absolut undefinierbare Promenadenmischung zu sein scheint, werden Sie an ihm wahrscheinlich bald das typische Verhalten einer bestimmten Rasse erkennen. Jagt er hinter Ihren Kindern her, und beißt er sie in die Fersen, damit sie nicht wegrennen? Das ist typisches Hütehundverhalten. Wahrscheinlich ist dieser Hund auch ziemlich eigensinnig und übernimmt gern die Regie. Ist Ihr Vierbeiner immer ganz aus dem Häuschen, wenn er einen Tennisball oder ein anderes Wurfspielzeug zu Gesicht bekommt? Und würde er an heißen Tagen am liebsten in seiner Wasserschüssel schwimmen gehen? Dann ist er ein typischer Retriever! Ein Hund, der sich so verhält, reagiert wahrscheinlich auch empfindlich auf »Kritik« und ist sehr anhänglich. Es kann aber auch sein, dass er immer wieder an Sachen herumkaut, die er eigentlich nicht anrühren sollte.

Das Gute an Mischlingen ist, dass typische Verhaltens- und Gesundheitsprobleme bestimmter Rassen bei ihnen seltener vorkommen. Eine großangelegte wissenschaftliche Studie hat gezeigt, dass zehn weitverbreitete Gesundheitsprobleme bei reinrassigen Hunden häufiger auftreten als bei Mischlingen; nur eine einzige Erkrankung kam in dieser Untersuchung bei Promenadenmischungen öfter vor. Ein typischer »Scherenschleifer« kann aufgrund der verschiedenartigen Erbanlagen, die er mitbringt, genauso ausgeglichen und gut erziehbar sein wie seine reinrassigen Kollegen – vielleicht ist er sogar noch gelehriger und bringt ein noch ruhigeres, friedlicheres Temperament mit.

Variable Nr. 2: Alter

Das Alter ist nur eine Zahl, spielt aber eine wichtige Rolle, wenn es darum geht, wie Ihr Hund auf Erziehungsmaßnahmen reagiert. Einen Welpen muss man beispielsweise ganz anders trainieren als einen jungen Hund. Diese Variable verändert sich zwar ständig, doch es ist wichtig, bei der Erziehung Ihres Hundes sein Entwicklungsstadium und seine Reife zu berücksichtigen.

Welpen

Genau wie Kinder haben auch Welpen einen regen, lernbegierigen Geist: Sie saugen Informationen auf wie ein Schwamm und sind ständig damit beschäftigt, sie zu verarbeiten. Ein Welpe nimmt alles, was er sieht, hört, riecht, schmeckt und spürt, begierig in sich auf. Wenn Sie einen Welpen erziehen, haben Sie also die Chance, seinen jungen Geist zu prägen, bevor irgendjemand anders einen negativen Einfluss auf ihn ausüben kann. Allerdings muss man bei so einem Hund auch besonders vorsichtig sein, um ihn nicht zu verderben. Man muss zum Beispiel genau wissen, wie man einen Welpen sozialisiert, wann man mit der Erziehung zur Stubenreinheit beginnen soll, was man von ihm erwarten kann und was nicht.

An welchem Punkt Sie mit dem Training beginnen, hängt vom Alter Ihres Welpen ab. In den ersten sechs Wochen erledigen Mutter und Geschwister den größten Teil seiner Erziehung; doch danach fällt Ihnen eine wichtige Rolle dabei zu. In seinem zweiten und dritten Lebensmonat sollten Sie keine Gelegenheit ungenutzt lassen, um Ihren kleinen Hausgenossen mit neuen Menschen, Orten und Gegenständen bekannt zu machen, und ihn dabei ständig ermutigen und belohnen, damit er diese Erlebnisse als positiv empfindet. Achten Sie darauf, dass er alle seine Impfungen pünktlich bekommt, und konfrontieren Sie ihn dann mit möglichst vielen verschiedenen Umweltfaktoren – lauten und ruhigen Schauplätzen, neuen Gerüchen, Menschen und Erfahrungen –, damit er anfangen kann, die Welt zu entdecken.

Es gibt nichts Traurigeres als Hunde aus dem Tierheim, die nie richtig sozialisiert worden sind. Ich habe schon Hunde kennengelernt, die noch nie ein Halsband getragen, eine Pfote ins Wasser getaucht haben oder von einer menschlichen Hand berührt worden sind, die weder an Autos noch an Fahrräder gewöhnt sind und keine anderen Hunde und lauten Geräusche tolerieren. Für einen Hund, der nicht schon im frühesten Welpenalter sozialisiert worden ist, können all diese Umstände zum Angstfaktor werden. Manche Ängste lassen sich im späteren Leben nur noch schwer überwinden, und man braucht sehr viel Zeit dazu.

Sie können schon im Alter von zehn Wochen anfangen, Ihren Welpen zur Stubenreinheit zu erziehen. Diesem wichtigen Thema habe ich in meinem Buch ein eigenes Kapitel gewidmet.

Wenn Sie beginnen, Ihrem Welpen die Grundregeln des Gehorsams beizubringen, wird es Ihnen vielleicht zunächst schwerfallen, seine Aufmerksamkeit zu wecken und ihn dazu zu bringen, dass er sich hundertprozentig auf seine Aufgabe konzentriert. In Kapitel 3 gehe ich auf Strategien ein, mit denen es gelingt, einen Hund »bei der Stange« zu halten. Doch wenn Sie versuchen, Ihrem Welpen meine Grundkommandos beizubringen, dürfen Sie nicht vergessen, dass in diesem Alter *sehr viele* Informationen auf sein schwammähnliches kleines Gehirn einstürmen und er deshalb vielleicht ein bisschen mehr Zeit und regelmäßige Wiederholung braucht als ein erwachsener Hund, um zuverlässig auf diese Befehle zu reagieren.

Junge Hunde

Wussten Sie, dass fast fünfzig Prozent aller Hunde, die in einem Tierheim abgegeben werden, dieses Schicksal im Alter von fünf Monaten bis drei Jahren erleiden? Es ist kein Zufall, dass diese kritische Phase mit dem Jugendalter eines Hundes zusammenfällt. Große Hunde kommen normalerweise zuerst (im Alter von etwa neun bis zwölf Monaten) ins Jugendalter; dann folgen die mittelgroßen Hunde (im Alter von zehn bis vierzehn Monaten) und schließlich die kleinen (mit zwölf bis sechzehn Monaten). Dieser Unterschied im Beginn des Jugendalters hängt mit der Lebenserwartung der Hunde zusammen: Große Hunde leben normalerweise am kürzesten und kleine Hunde am längsten.

Falls Sie schon mal einen Hund großgezogen haben, der in diesem jugendlichen Alter war, können Sie sich vielleicht vorstellen, warum diese Altersgruppe bei den Hunden, die von ihren Besitzern ausgesetzt oder weggegeben werden, überrepräsentiert ist: Genau wie menschliche Teenager, die gerade das Kindesalter hinter sich gelassen haben und sich ihren Platz in der Welt der Erwachsenen suchen, für ihre Eltern eine große Herausforderung darstellen, sind auch die Teenager unter den Hunden oft ein bisschen wild und ungezogen und testen gern ihre Grenzen aus.

Aber das bedeutet noch lange nicht, dass man ihnen keine Chance geben sollte! Die Jugend ist ein schwieriges Alter – vor allem bei größeren Hunderassen –, denn diese Hunde haben jetzt rund neunzig Prozent ihrer Erwachsenengröße erreicht, sind von ihrer Mentalität her aber fast noch Welpen. Angenommen, Sie haben ein zwölf oder dreizehn Jahre altes Kind – womöglich mit großen Füßen, langen, dünnen Beinen und vorlautem Mundwerk. Dieser Teenager stolpert ständig über seine eigenen Füße, vergisst, dass er schon zu alt ist, um im Supermarkt an der Kasse ein paar Bonbons zugesteckt zu bekommen, ist überzeugt davon, alles gelernt zu haben, was er in seinem Leben wissen muss, und scheint für die Ratschläge und Ermahnungen von Eltern, Lehrern und anderen Autoritätspersonen taub zu sein. Ihr junger Hund hat eine ganz ähnliche Mentalität wie dieser Teenager – nur mit dem Unterschied, dass er vier Beine und ein Fell hat. Und genau wie alle Jugendlichen testet er ständig seine Grenzen aus, um herauszufinden, ob er damit durchkommt. Wenn Sie so einem Hund befehlen, sich hinzusetzen, tut er vielleicht so, als hätte er das Kommando gar nicht gehört; und wenn Sie *BLEIB* sagen, rennt er womöglich weg – und das auch noch in die falsche Richtung. Ein Hund im Teenageralter ist ein richtiges Energiebündel und hat keinen Respekt vor Autorität; wenn ein Hundebesitzer den Machtkampf mit seinem Vierbeiner verliert, passiert das meistens in dieser schwierigen Phase.

Aber das muss nicht unbedingt so sein. Ein großer Welpe, der nur seine eigenen Wünsche im Kopf hat, braucht eine starke Hand: Man muss ihn immer wieder an die Spielregeln erinnern und ihm zeigen, was man von ihm erwartet. Das bedeutet zusätzliche Trainingssitzungen, denn in dieser wichtigen Entwicklungsphase muss Ihr Hund richtig konditioniert werden. Und er braucht jetzt auch viel Bewegung – denn genau wie ein überdrehter Teenager kann er nicht richtig denken, wenn sich zu viel Energie in ihm angestaut hat. Das ist vielleicht der Hauptgrund, warum Hunde in diesem Alter besonders häufig im Tierheim landen.

Jeder möchte gern einen Welpen haben; doch wenn der Welpe dann in diese kurze, aber manchmal eben doch recht schwierige Phase kommt, geben viel zu viele Hundebesitzer die Hoffnung auf, statt ihre Vierbeiner jetzt noch intensiver zu trainieren und ein bisschen mehr Geduld und Konsequenz aufzubringen. Auf den nächsten Seiten werden Sie einige Hunde kennenlernen, die ich im Lauf der Jahre aus Tierheimen gerettet habe. Achten Sie einmal darauf, wie viele von ihnen in diese schwierige Altersgruppe fallen! All diese Hunde haben sich später zu wunderbaren Hausgenossen entwickelt; doch um ihr Potenzial verwirklichen zu können, brauchten sie Liebe, Erziehung, Konsequenz, ein Gefühl der Sicherheit – und manchmal eben auch eine kräftige Dosis Disziplin.

Erwachsene Hunde

Das Erwachsenenalter ist die längste Phase im Leben eines Hundes: Es umfasst rund achtzig Prozent seiner Daseinsspanne. In diesem Alter lässt Ihr Hund die Welpen- und Teenagerphase, in der er ein zerstörungswütiges Energiebündel war, wahrscheinlich allmählich hinter sich. Mit anderthalb Jahren hat Ihr Hund zwar schon die volle Größe, ist vom Gehirn her aber immer noch ein Welpe. Doch im Alter von zwei bis drei Jahren hört sein Körper auf zu wachsen, und sein Gehirn hat endlich eine Chance, aufzuholen und genau das gleiche Reifestadium zu erreichen wie sein Körper. In dieser Phase (vor allem in den ersten Jahren des Erwachsenenalters) kann man seinem Hund negative Verhaltensweisen, die er vielleicht in seiner Jugend erworben hat, am leichtesten abgewöhnen. Denn jetzt ist sein Gehirn immer noch ziemlich aufnahmefähig und sein Verhalten nach wie vor relativ flexibel und formbar. Doch mit jedem Jahr verfestigt sein Verhalten sich ein bisschen mehr und lässt sich dann natürlich auch schwerer verändern.

Im Erwachsenenalter hat Ihr Hund bereits eine voll ausgeformte Persönlichkeit, die wahrscheinlich ziemlich konsistent bleiben wird, bis er dann im Alter ruhiger und phlegmatischer wird. Daher ist das junge Erwachsenenalter genau die richtige Zeit, um ihn zu trainieren.

Hallo, ich bin Randy! Randy war ein mittelgroßer weißer Pudelmischling, der in den Straßen von Los Angeles herumstreunte. Er war abgemagert bis auf die Knochen und starrte vor Dreck. Offenbar hatte Randy irgendwann einmal einen Besitzer gehabt; doch niemand kam, um ihn aus dem Tierheim abzuholen. Er war sechs Jahre alt, und seine Reaktion auf Berührungen war herzzerreißend: Immer wenn man ihn anzufassen versuchte, fing er laut an zu schreien. Kein Wunder, dass ihn niemand haben wollte – kein Mensch möchte einen Hund bei sich aufnehmen, der so schwerwiegende Probleme hat.

Als ich Randy zum ersten Mal sah, sollte er innerhalb der nächsten Minuten eingeschläfert werden. Doch auch nach seiner Rettung wollte er sich nicht anfassen lassen. Anfangs hielt ich das für ein medizinisches Problem: Manche Tierheimhunde leiden unter alten Verletzungen, die ihnen immer noch wehtun, oder sind ihr Leben lang vernachlässigt worden. Die Untersuchungen beim Tierarzt ergaben zwar, dass mit Randy alles in Ordnung war; doch jedes Mal, wenn ich ihn berühren oder ihm eine Leine anlegen wollte, fing er an zu winseln. Bald wurde mir klar, dass Randy früher einmal mit einer Leine geschlagen worden war. Denn davor hatte er am meisten Angst: Immer wenn ich mit der Leine in der Hand auf ihn zukam, zuckte er zusammen und versuchte zu fliehen. Falls Randy jemals in der Lage sein sollte, einem neuen Besitzer so etwas wie körperliche Zuneigung zu zeigen, musste er zunächst einmal lernen, Vertrauen zu haben. Es hatte keinen Zweck, ein Trainingsprogramm mit ihm zu beginnen, solange er eine so panische Angst vor jedem Kontakt mit Menschen hatte. Also versuchte ich ihn langsam und allmählich an Berührungen zu gewöhnen und ihm zu zeigen, dass er keine Angst mehr vor Misshandlungen zu haben brauchte.

Da Randy schon ein paar Jahre alt war, erforderte die Arbeit mit ihm mehr Geduld und Zeit als die Erziehung eines jungen Hundes; doch allmählich gewöhnte er sich an mich, und danach erlernte er die sieben Grundkommandos wie ein Profi und zeigte mir, dass er bereit für ein neues Zuhause war.

Ältere Hunde

Sicher kennen Sie das alte Sprichwort »Was Hänschen nicht lernt, lernt Hans nimmermehr«. Doch da bin ich ganz anderer Meinung. Natürlich kann man einem alten Hund immer noch etwas beibringen; es dauert nur ein bisschen länger als bei einem jungen, der noch im Vollbesitz seiner geistigen und körperlichen Fähigkeiten ist. Denn genau wie der Körper eines Hundes wird auch sein Gehirn älter. Das ist ein ganz normaler Teil des Alterungsprozesses, der auch vor uns Menschen nicht haltmacht. Wenn das Gehirn eines Welpen wie ein großer Schwamm ist, der unendlich viele Informationen in sich aufsaugen kann, trifft dieser Vergleich – freilich mit umgekehrten Vorzeichen – auch auf das Gehirn eines älteren Hundes zu. In einem älteren Gehirn haben sich schon mehr Informationen, Gedankenverbindungen und Eindrücke verfestigt. Deshalb ist es schwieriger, einem älteren Hund etwas beizubringen als einem »jungen Spund«, der noch am Anfang seines Erwachsenendaseins steht. Aber das bedeutet natürlich nicht, dass so etwas völlig unmöglich ist. Ich habe auch schon elf-, zwölf-, ja sogar dreizehnjährige Hunde zu vorbildlichem Gehorsam erzogen – von *SITZ* bis hin zu schwierigeren Kommandos –, und sie waren diesen Aufgaben hundertprozentig gewachsen.

Eigentlich ist es kein Hexenwerk, einen älteren Hund zu erziehen: Es erfordert nur Geduld und Wiederholung. Sie sollten genauso an diese Aufgabe herangehen, wie wenn Sie Ihrem Großvater den Umgang mit einem Computer erklären würden: Sie wissen, dass seine Entwicklungsphase, in der man neue Informationen schnell aufnimmt, schon lange vorbei ist; also fangen Sie mit kurzen, einfachen Lektionen an und wiederholen alles, was Sie ihm vermitteln möchten, mehrmals. Sie gehen langsam voran, und sobald Sie merken, dass Sie nicht mehr weiterkommen, gehen Sie einen Schritt zurück und wiederholen das bisher Gelernte noch einmal. Denken Sie daran, dass Ihr alter Hund – genau wie Ihr Großvater – in seinen Denk- und Verhaltensmustern vielleicht schon ein bisschen eingefahren ist und dass man deshalb besonders viel Geduld mit ihm haben muss.

Variable Nr. 3: Lebenserfahrung

Jeder Mensch hat seine eigene Biografie – je nachdem, welchen Leuten er begegnet ist, wo er überall war und was er alles erlebt hat. Und genauso hat auch jeder Hund seine Geschichte. Das müssen wir uns vor Augen halten und akzeptieren, um mit unserem Vierbeiner klarzukommen. Die Erfahrungen Ihres Hundes haben ihn geprägt und definieren seine Persönlichkeit. Alles, was er seit seiner Geburt erlebt (und was er aus diesen Erfahrungen gelernt) hat, beeinflusst seine Gedanken- und Gefühlswelt und seinen Lernstil.

Hatte Ihr Hund immer ein Dach über dem Kopf, war er stets gut ernährt? Oder ist er vielleicht früher einmal vernachlässigt worden? Hat er in seinem bisherigen Leben viele verschiedene Menschen, Orte, Tiere, Geräusche und Gerüche kennengelernt? Wurde er gut erzogen und ausgebildet? Hat er sich im Lauf der Zeit vielleicht Verhaltensweisen angewöhnt, die das Zusammenleben mit ihm schwierig machen? All das macht die Lebenserfahrung eines Hundes aus.

Wie so oft im Leben gibt es auch hier eine gute und eine schlechte Nachricht. Die gute Nachricht lautet: Alles, was Ihr Hund gelernt hat, kann er sich auch wieder abgewöhnen. Man kann jedem Hund die sieben Grundkommandos beibringen, die das Fundament einer guten Beziehung zwischen Hund und Besitzer bilden. Die schlechte Nachricht lautet, dass manche Lebenserfahrungen eben leider einen tiefen Eindruck hinterlassen, der sich nur schwer wieder rückgängig machen lässt – und je länger Ihr Hund diesen Erfahrungen ausgesetzt war, umso schwerer wird es Ihnen fallen, diese Erinnerungen wieder aus seinem Kopf herauszubekommen.

Wenn Sie einen Hund bei sich aufgenommen haben, der schon ein bisschen älter ist, wissen Sie vielleicht gar nicht, welche Erfahrungen seine Persönlichkeit geprägt oder Verhaltensprobleme bei ihm verursacht haben. Und es hat auch keinen Zweck, lange über die Vergangenheit nachzudenken oder sich davon beeinflussen zu lassen. Sie sollten sich einfach nur darüber im Klaren sein, dass Sie dafür verantwortlich sind, die Probleme, die ein Hund mitbringt, zu lösen, wenn Sie ihn bei sich aufnehmen. Je länger Sie ein Problem vor sich hin schwelen lassen, umso wahrscheinlicher wird es mit der Zeit immer größer werden und sich dann nur noch schwer korrigieren lassen. Daher sollten Sie sich sofort mit etwaigen negativen Verhaltensweisen Ihres Hundes auseinandersetzen, sobald sie Ihnen auffallen.

Ein gutes Beispiel dazu: Einmal arbeitete ich mit der Besitzerin eines Schipperkes, der dauernd bellte. Anfangs fand sein Frauchen das niedlich, weil das Bellen des Hundes eine Art Beschützerverhalten war.

Doch mit der Zeit geriet das Problem außer Kontrolle; der Hund bellte laut und ununterbrochen und hörte auf kein Kommando.

Leider hatte diese Frau ihren Hund bekommen, als er ein Jahr alt war, und erst sieben Jahre später Hilfe gesucht. Vor sieben Jahren war der Hund noch jung gewesen; doch als ich ihn schließlich zu Gesicht bekam, entsprach er in etwa einem fünfzigjährigen Mann mit einer schon sehr tief verwurzelten schlechten Angewohnheit. Haben Sie schon mal einen fünfzigjährigen Mann kennengelernt, dem man problemlos etwas abgewöhnen konnte? Ich konnte das Verhaltensproblem dieses Hundes zwar lösen; doch leider hat das sehr viel länger gedauert und mehr Mühe gekostet, als wenn ich ihn schon ein paar Jahre früher kennengelernt hätte.

Die Tabula-rasa-Theorie

Sie können sich die Lebenserfahrung Ihres Hundes ungefähr so vorstellen: Sein bisheriges Leben ist mit Buchstaben auf einer Weißwandtafel vergleichbar. Um ein neues Trainingsprogramm mit diesem Hund beginnen zu können, müssen Sie die Tafel zunächst einmal sauber wischen. Das heißt nicht, dass Sie ganz von vorn anfangen müssen; doch Ihr Hund muss vielleicht schon ein paar größere Probleme überwinden, die ihn daran hindern, Vertrauen zu Ihnen zu fassen und etwas Neues zu lernen. Wenn der Hund sich beispielsweise angewöhnt hat, angestaute Energie abzubauen, indem er bellt, Sachen zerkaut oder Löcher im Garten gräbt, sollten Sie zunächst einmal einen langen Spaziergang in seinen Tagesablauf einbauen. Und wenn Ihr Hund ausgesetzt wurde

Die sieben Grundkommandos

Es gibt Hunderte von Befehlen, die Sie Ihrem Hund beibringen können – von *SITZ* und *BLEIB* bis hin zu *KRIECH, TANZ* und *GIB PFOTE*. Während meiner jahrelangen Tätigkeit als Hundetrainer habe ich Hunde kennengelernt, die sehr gern schwierige Kunststücke erlernen, aber auch solche, die sich nur widerwillig die einfachsten Kommandos an-erziehen lassen. Doch jeder Hund, den ich trainiere, muss meine sie-ben Grundkommandos erlernen, bevor ich ihn in ein neues Zuhause vermittle. Wenn Sie meine Show »Lucky Dog« kennen, haben Sie si-cherlich auch gesehen, wie konsequent ich meinen Hunden diese Kommandos beibringe und welch großen Wert ich darauf lege. Hier sind sie:

SITZ	*PLATZ*	*AUS*	*NEIN*
BLEIB	*KOMM*	*FUSS*	

Warum nur sieben? Um den großartigen Schauspieler und Kampf-sportler Bruce Lee zu zitieren: »Ich habe keine Angst vor dem Mann, der zehntausend Kicks jeweils einmal geübt hat, sondern vor dem Mann, der einen Kick zehntausendmal geübt hat.« Diese Philosophie gilt auch für die Hundeerziehung: Es ist besser, wenn Ihr Hund einige wenige wichtige Kommandos hundertprozentig beherrscht, als wenn er ein Dutzend oder noch mehr Befehle kennt, diese aber nur hin und wieder richtig ausführt. Meine sieben Grundkommandos sind die Befehle, die wir bei unseren Hunden tagtäglich am häufigs-ten einsetzen und die viele andere, ähnliche Kommandos ersetzen können. So bedeuten *NEIN* und *LASS DAS* beispielsweise dasselbe; trotzdem bringen viele Besitzer ihren Hunden beide Befehle bei. Wa-rum soll man seinen Hund damit belasten, ein Kommando zu erler-nen, das man nicht braucht? Das Gleiche gilt übrigens auch für *BLEIB* und *WARTE*. Damit will ich nicht sagen, dass Ihr Hund nicht intelli-gent genug ist, um beide Befehle zu erlernen; doch je mehr Verhal-tensweisen Sie ihm beibringen (ganz egal, ob es sich dabei um Kom-mandos oder Kunststücke handelt), umso weniger zuverlässig wird er diese beherrschen. Gehorsam ist eine Notwendigkeit; Kunststücke sind etwas für Kinder.

Eine der ersten Spielregeln, die ich Ihnen in diesem Buch nahebrin-gen möchte, besteht darin, dass Gehorsam nichts damit zu tun hat, wie viele Kommandos Ihr Hund kennt, sondern ob Sie diese Befehle so lange mit ihm geübt und ihn so konsequent darauf konditioniert haben, dass er sie perfekt beherrscht. Einige der am besten trainierten Hunde, die ich kenne, beherrschen nur ein paar Kommandos, führen diese aber schnell und hundertprozentig richtig aus.

Ist Ihr Hund ehrgeizig und leistungsorientiert? Wunderbar! Denn es gibt immer noch mehr interessante Dinge, die er lernen kann. Doch nicht jeder Hund ist ein Muster an Gehorsam, und nicht jeder Besitzer verfügt über die Zeit und Energie, um seinen Vierbeiner stundenlang zu trainieren. Machen Sie sich deshalb keine Sorgen! Die sieben Grundkommandos sind das Einzige, was Sie brauchen, um aus Ihrem Hund einen höflichen, gehorsamen Vierbeiner zu machen, der sich nicht unnötig in Gefahr begibt.

oder längere Zeit auf der Straße gelebt hat, müssen Sie auf konsequente, positive Weise mit ihm umgehen, um ihm tagtäglich aufs Neue zu beweisen, dass er bei Ihnen in Sicherheit ist und sich hundertprozentig auf Sie verlassen kann.

Tun Sie, was Sie können, um die aus der Vergangenheit herrührenden Probleme zu beseitigen, die dunkle Flecken auf der Erfahrungslandkarte Ihres Hundes hinterlassen haben könnten; aber machen Sie sich gleichzeitig auch klar, dass das Leben manchmal unauslöschliche Spuren in unsere Psyche eingräbt und dass Ihr Hund danach nicht mehr zu einer Tabula rasa werden kann, auch wenn Sie noch so kräftig schrubben: Es können trotzdem immer noch ein paar gespenstische Überreste früherer negativer Erfahrungen in seiner Seele zurückbleiben; und daran ist auch gar nichts Schlimmes. Das gehört nun einmal zu den Dingen, die Ihren Hund zu etwas Besonderem machen; und mit der Zeit werden Sie lernen, diese dunklen Punkte beim Training geschickt zu umgehen und dafür zu sorgen, dass Ihr neuer Vierbeiner viele gesunde, von gegenseitigem Vertrauen geprägte Erfahrungen im Umgang mit Menschen macht. Manchmal müssen Sie Ihr Vorgehen bei seiner Erziehung vielleicht ein bisschen ändern, um auf seine besonderen Bedürfnisse einzugehen.

Das beste Beispiel, das ich dafür anführen kann, ist meine kleine Chihuahua-Hündin Lulu. Sie war offensichtlich körperlich misshandelt worden, bevor sie zu mir kam. Ich glaube, sie wurde getreten, denn als sie noch neu bei mir war, versuchte ich sie manchmal mit dem Fuß zu streicheln, wenn sie auf dem Boden lag; doch sie jaulte immer schon bei der leisesten Berührung auf, als wollte ich sie umbringen. Mit der Hand ließ sie sich eher liebkosen. Ich habe monatelang mit Lulu an diesem Problem gearbeitet, bis ich schließlich ein Plateau erreichte – und das war immer noch sehr viel besser als ihr voriger Zustand. Da wurde mir klar, dass die kleine Hündin in dieser Hinsicht vielleicht keine weiteren Fortschritte mehr machen konnte und ich mich ganz einfach auf ihre besondere Situation einstellen musste. Ich gewöhnte mir an, beruhigend auf sie einzureden, bevor ich sie mit dem Fuß berührte, um ihr klarzumachen, dass alles in Ordnung war. Sie schleppt zwar trotzdem immer noch ein paar alte Ängste mit sich herum; doch dank ihrer Erziehung und dem Einfühlungsvermögen, mit dem ich mich auf ihre Situation eingestellt habe, können wir jetzt beide gut damit umgehen. Wenn Erziehung allein nicht ausreicht, um frühere negative Erfahrungen Ihres Hundes zu überwinden, sind solche Kompromisse durchaus eine akzeptable Lösung.

Woher kommt Ihr Hund?

Sowohl beim Züchter als auch im Tierheim gibt es wunderbare Hunde. Sie wissen, für welche dieser beiden Kategorien von Vierbeinern mein Herz schlägt. Vielleicht stehen Ihre Chancen, bei einem angesehenen Züchter einen gut sozialisierten Hund zu bekommen, ein bisschen besser als im Tierheim; doch diese Möglichkeit hat man nicht immer und will sie vielleicht auch gar nicht haben. Viele Hundefreunde würden lieber einem Tier das Leben retten, als ihre Chance, einen leicht erziehbaren Hund zu erhalten, ein kleines bisschen zu erhöhen. Manchmal lädt man sich mit einem Hund aus dem Tierheim allerdings auch eine besondere Belastung auf – zum Beispiel wenn er ausgesetzt oder misshandelt wurde und deshalb besonders ängstlich ist. Manche Hunde leiden auch unter einem Problem namens Zwingerstress, das ich als »Tierheimschock« bezeichne. Das ist so etwas Ähnliches wie eine posttraumatische Belastungsstörung bei Hunden, die sich von Fall zu Fall anders äußert, weil jeder Hund auf andere Weise mit negativen Erfahrungen umgeht. Ein Hund hat seine ersten Lebensjahre vielleicht in einem liebevollen Haushalt verbracht, in dem er sich geborgen fühlte, landet dann in einem kalten, lieblosen Tierasyl und steckt dieses schlimme Erlebnis einfach weg, ohne irgendwelche seelischen Narben davonzutragen. Für einen anderen Hund dagegen kann diese Erfahrung so traumatisierend sein, dass seine Persönlichkeit sich dadurch für immer verändert.

Hallo, ich bin Chloe! Vor ungefähr zehn Jahren wurde ich gebeten, einen Australian Shepherd zu trainieren. Damals war Chloe etwa fünf Monate alt – genau im richtigen Alter, um mit dem Training zu beginnen. In den darauffolgenden Jahren arbeitete ich immer weiter mit ihr, und sie wuchs unter meinen Augen zu einem wunderschönen, gut erzogenen Hund heran. Doch dann gerieten ihre Besitzer plötzlich in Schwierigkeiten und gaben

Chloe in ein Tierheim, ohne mir Bescheid zu sagen. Ich entdeckte sie einfach zufällig bei einem Besuch dieses Tierasyls und erkannte sie sofort wieder. Schließlich kannte ich diese Hündin genauso gut wie meine eigene Westentasche – ihr Aussehen, die Zeichnung ihres Fells und vor allem ihre unverwechselbare Persönlichkeit.

Aber irgendetwas stimmte mit ihr nicht. In ihrem früheren Leben war Chloe stets ein psychisch stabiler, selbstsicherer Hund gewesen, der sich durch nichts aus der Ruhe bringen ließ. Doch im Zwinger dieses Tierheims rannte sie ständig im Kreis herum, biss sich in den eigenen Schwanz und keuchte so heftig, als würde sie gleich einen Herzinfarkt erleiden. Sie schien zu wissen, dass ihr Leben an einem seidenen Faden hing. Die Gefahr hatte ihre Überlebensinstinkte geweckt; aber sie konnte nichts gegen ihre Situation unternehmen.

Ich nahm Chloe sofort mit nach Hause und hatte auch schon eine passende Familie für sie gefunden. Doch als ich dann die täglichen Berichte ihrer neuen Besitzer darüber zu hören bekam, wie es ihr ging, schien sie sich in einen ganz anderen Hund verwandelt zu haben als denjenigen, den ich in Erinnerung hatte: Chloe war sehr wild, stand unter großem Stress und keuchte ständig. So vergingen Wochen, ohne dass sich an ihrem Verhalten viel geändert hätte, obwohl der normale Stress, den ein Hund erlebt, wenn er in ein neues Zuhause kommt, in der Regel nach ein bis zwei Wochen nachlässt.

Chloe war ein typisches Beispiel für Hunde, die sehr empfindlich auf das raue, lieblose Umfeld eines Tierasyls reagieren: Sie litt unter einem Tierheimschock, der ihre ganze Persönlichkeit verändert hatte.

Inzwischen geht es Chloe schon sehr viel besser als damals; doch da ich sie vom Welpenalter an trainiert habe, weiß ich, dass sie nicht mehr derselbe Hund ist wie früher – und es auch nie wieder sein wird. Ihre Erlebnisse im Tierheim haben eine dauerhafte Narbe in ihrer Seele hinterlassen.

Variable Nr. 4: Charakter

Der Charakter Ihres Hundes ist das, was ihn zu etwas Besonderem macht. Selbst zwei Hunde im selben Alter, die derselben Rasse angehören und in ihrem Leben ähnliche Erfahrungen gemacht haben, haben unterschiedliche Persönlichkeiten. Es gibt keine zwei gleichen Hunde, genau wie es auch keine zwei Menschen gibt, die einander gleichen wie ein Ei dem anderen. Dazu sind Hunde zu vielschichtige Lebewesen. Manche sind lustig, andere ernst; manche sind nervös, andere eher ruhig und entspannt. Einige Hunde tun alles – wirklich alles –, um ein Leckerli zu bekommen oder damit man sich ein paar Minuten lang mit ihnen beschäftigt. Manche gehen besonders tiefe Bindungen zu anderen Hunden ein, während andere sich eher zu Menschen hingezogen fühlen. Hunde können ganz ähnliche Eigenheiten und Empfindungen haben wie wir – sie können hoffen, lieben, eifersüchtig sein, Angst haben oder sich Sorgen machen.

Ich könnte ein ganzes Buch über die lustigen, cleveren, charmanten und faszinierenden Hundepersönlichkeiten schreiben, die ich im Lauf meines Lebens kennengelernt habe; doch für unsere Zwecke genügt es, darauf hinzuweisen, dass die Persönlichkeit eines Hundes starke Auswirkungen auf sein Training haben kann. Wenn Sie Ihren Hund so gut wie möglich kennenlernen und verstehen, was in seinem Kopf vorgeht, können Sie ihn besser trainieren.

Wie lernt man den Charakter seines Hundes kennen? Dafür gibt es keine Persönlichkeitstests wie beim Menschen. (Die Welpen-Persönlichkeitstests, die von manchen Firmen angeboten werden, funktionieren leider nicht.) Und ein Tierheim ist so ziemlich der ungeeignetste Ort, um sich einen Eindruck von der Persönlichkeit eines Hundes zu verschaffen, weil viele Tiere sich dort von ihrer negativsten Seite zeigen. Selbst wenn Sie einen Hund aus dem Tierheim mit nach Hause nehmen, wird er erst mal eine Weile brauchen, um sich bei Ihnen einzugewöhnen und Ihnen seinen wahren Charakter zu zeigen.

Spielregel Nr. 1: Hunde mit starkem Fress- oder Beutetrieb (dem instinkti-ven Drang eines Raubtiers, Beute zu suchen, zu verfolgen und zu fan-gen) und gutem Konzentrationsvermögen lassen sich am leichtesten trainieren. Ein Hund, der wie gebannt auf das Leckerli in Ihrer Hand, den Tennisball unter Ihrem Arm oder eine quietschende Spielmaus starrt und dabei vor Aufregung fast zu atmen vergisst, wird offener dafür sein zu lernen, was Sie ihm beibringen möchten, als ein Hund, der we-niger Interesse an solchen Dingen hat. Hunde, die man mit Futter oder Spielsachen als Belohnung nicht so sehr begeistern kann, sind schwerer trainierbar: Bei solchen Tieren werden Sie mehr Zeit brauchen und er-finderischer sein müssen, um ihnen etwas beibringen zu können.

Spielregel Nr. 2: Nur weil ein Hund sich schwer trainieren lässt, bedeutet das noch lange nicht, dass er nicht intelligent ist. Einer meiner Lieb-lingssprüche, der manchmal Albert Einstein zugeschrieben wird, ob-wohl anscheinend niemand genau weiß, wann oder wo der berühmte Physiker das gesagt haben soll, lautet: »Jeder ist ein Genie! Aber wenn du einen Fisch danach beurteilst, ob er auf einen Baum klettern kann, wird er sein ganzes Leben lang glauben, dass er dumm ist.«

Dieses Zitat findet man häufig in Texten, in denen es um das Thema Erziehung geht; doch meiner Meinung nach passt es genauso gut auf Hunde wie auf Kinder. Ich habe ziemlich oft mit Klienten zu tun, die ihren Hund für dumm halten; und man sagt auch, dass bestimmte Hunderassen schwer von Begriff oder nicht besonders lernfähig sind. Ich hoffe, dass Sie beim Training Ihres Hundes stets an folgenden Grundsatz denken werden: Es gibt irgendetwas, was Ihr Hund ganz her-vorragend kann. Vielleicht ist das Erlernen von Kommandos nicht un-bedingt seine Stärke; er wird auch nicht besonders schnell stubenrein, und es dauert eine Weile, bis er begreift, dass er jedes Mal einen Kratzer davonträgt, wenn er sich mit der Katze anlegt. Beurteilen Sie seine Intel-ligenz nicht danach, wie schnell er ein Kommando oder Kunststück er-lernt!

Wenn Sie wirklich auf der Suche nach einem Lackmustest für die Intelligenz Ihres Hundes sind, sollten Sie ihn zu der Aufgabe auffordern, für die er gezüchtet worden ist. Ein hervorragendes Beispiel dafür ist der Beagle: Diese Hunde kommen bei der Einschätzung ihrer Intelligenz nie besonders gut weg. Es stimmt schon: Solche Hunde sind schwer stubenrein zu bekommen, und viele entwickeln die unangenehme Gewohnheit, Tag und Nacht zu bellen. Doch schließlich wurden Beagles dazu gezüchtet, Spuren zu verfolgen, und haben daher eine unglaublich feine Nase. Wenn ein Beagle in seinem Element ist – zum Beispiel, wenn man einen als Jagdhund ausgebildeten Beagle dabei beobachtet, wie er im Wald eine Spur verfolgt –, zeigt er sich von einer ganz anderen Seite: als Hund mit erstaunlicher, außergewöhnlich hoher Intelligenz.

Die Erziehung eines Hundes, der keine große Lust hat, auf die Befehle *SITZ* und *BLEIB* zu hören, erfordert vielleicht besonders viel Zeit und Energie. Aber denken Sie daran: Auch wenn das Erlernen der sieben Grundkommandos ein notwendiger Schritt jeder Hundeerziehung ist, hängen die Fähigkeiten Ihres vierbeinigen Freundes nicht unbedingt davon ab, wie bereitwillig oder begeistert er sich diese Kommandos aneignet.

Häufige Charaktereigenschaften

Ich kann hier unmöglich alle Persönlichkeitsmerkmale von Hunden aufzählen, aber es gibt zumindest ein paar Verhaltenstendenzen, die meiner Erfahrung nach große Auswirkungen darauf haben können, mit welchen Erziehungsmethoden man bei einem Hund weiterkommt. Auf diese Eigenschaften möchte ich hier kurz eingehen.

Aufgeschlossen oder scheu: Geht Ihr Hund auf jeden fremden Menschen zu, der freundlich zu ihm ist? Macht es ihm nichts aus, ab und zu bei einem Nachbarn zu übernachten? Rennt er sofort in jede Wohnung oder jeden Garten, den er nicht kennt? Ein so extravertierter Hund ist vielleicht ein bisschen leichter erziehbar als ein scheuer. Extravertierte

Hunde lassen sich normalerweise leichter zu etwas überreden als zurückhaltende – und man kann ihnen auch eher vermitteln, dass sie Befehle wie *BLEIB, KOMM* oder *PLATZ* befolgen sollen.

Bei Hunden, die eher scheu sind oder auf etwas vorsichtigeren Pfoten durchs Leben tappen, erfordert das Training vielleicht mehr Zeit. Meine Hündin Lulu ist zum Beispiel solch ein Fall: Sie verhält sich stets vorsichtig und zurückhaltend – aber andererseits ist sie ihrem Besitzer so treu ergeben, wie nur ein Hund es sein kann, der sich nicht einmal mit einem frischen Filet Mignon ins Haus eines Fremden locken lassen würde. Normalerweise lohnt sich die zusätzliche Zeit, die man für das Training eines scheuen Hundes investieren muss. Denn sobald dieser Hund so zutraulich wird, dass er anfängt, auf ein Kommando zu hören, wird er es wahrscheinlich nie wieder vergessen oder ignorieren, nur weil in seiner Umgebung irgendetwas Interessanteres oder Reizvolleres vorgeht.

Lebhaft oder phlegmatisch: Manche Hunde sind richtige Energiebündel und sehr leicht zu begeistern – kennen Sie zufällig Astro, den Hund aus der Sechzigerjahre-Zeichentrickserie »Die Jetsons«? Sein Körper und Geist sind jederzeit startbereit. Bei solchen Hunden muss man sich vielleicht erst einmal bemühen, ihre Aufmerksamkeit zu wecken, bevor man mit dem Training beginnen kann. Doch sobald sie einmal bei der Sache sind, können lebhafte Hunde die wichtigsten Kommandos und Kunststücke ganz hervorragend erlernen. Es lohnt sich, einen Teil ihrer überschüssigen Energie ins Training umzukanalisieren; so kann man Verhaltensprobleme abschwächen, die daher rühren, dass der Hund für sein hohes Energieniveau zu wenig Reizen ausgesetzt wird.

Andere Vierbeiner sind dagegen eher wie der blaue Hund aus der Zeichentrickserie »Hucky und seine Freunde«, die auch in dieser Zeit ausgestrahlt wurde: ruhig, sanft und ein bisschen verschlafen – es gibt nichts, was sie so richtig vom Hocker reißt. Ein phlegmatischer Hund lässt sich nicht so leicht fürs Training begeistern und verliert schnell die Lust daran. Das muss nicht unbedingt ein Problem sein, solange Sie immer wieder kleine Zeitfenster finden, in denen Ihr Hund zum Arbeiten aufgelegt ist. Sobald solche Hunde die sieben Grundkommandos erlernt haben, eignen sie sich meiner Erfahrung nach sogar manchmal ganz hervorragend als Diensthunde. Denn dabei müssen sie oft einfach nur in aller Ruhe auf ihren Besitzer *warten;* und diese Kombination aus guter Ausbildung und ruhiger Zurückhaltung ist genau das richtige Anforderungsprofil für solche etwas phlegmatischeren Vierbeiner.

Für das Energieniveau eines Hundes spielt sowohl die Rasse als auch das Alter eine Rolle; andererseits handelt es sich dabei aber auch um eine Eigenschaft, die von Individuum zu Individuum verschieden ist. Ich habe zum Beispiel schon einige Golden Retriever ausgebildet, die am liebsten faul und zufrieden in einem weichen Körbchen lagen, während andere Hunde derselben Rasse für eine Wanderung in den Bergen jederzeit auf ihr Trockenfutter verzichtet hätten. Vielleicht kennen auch Sie zwei Hunde, die genau gleich aussehen, in puncto Lebhaftigkeit aber grundverschieden sind!

Albern oder ernst: Ein weit verbreiteter Irrglaube besteht darin, dass man Hunde nur mit Leckerlis zum Arbeiten motivieren kann. Dabei ist das völlig falsch: Manche Hunde reagieren tatsächlich am besten auf Futter und würden fast alles für ein Leckerli tun. Aber es gibt auch andere, die man am besten durch Spiele und mit Spielsachen motivieren kann. Wenn Ihr vierbeiniger Freund zu den Hunden gehört, die stundenlang wie gebannt auf einen Tennisball, ein Spielzeug oder Tauziehseil starren können (was bei Hunden mit starkem Beutetrieb häufig vorkommt), sollten Sie beim Training vielleicht lieber auf Spielsachen als auf Leckerlis setzen: Damit können Sie ihn wahrscheinlich eher dazu motivieren, sich auf seine Aufgabe zu konzentrieren.

Es gibt aber auch Hunde, die die Befehle ihrer Besitzer einzig und allein aus Liebe befolgen. Sie würden staunen, wenn Sie wüssten, wie viele Hunde zu dieser Kategorie gehören!

Denken Sie bei der Beurteilung der Persönlichkeit Ihres Hundes darüber nach, ob er sich lieber mit Ihnen auf dem Boden herumbalgt, alles für ein Leckerli tun würde oder ob Sie irgendeinen anderen Kompromiss zwischen Herumalbern und Arbeitsernst mit ihm finden können. Dieses Wissen wird Ihnen bei der Wahl Ihrer Erziehungsmethoden wertvolle Dienste leisten.

Eigensinnig oder lernwillig: Die meisten Menschen haben irgendjemanden in ihrer Familie, der sich nur für Ideen begeistern kann, die von ihm selbst stammen. Sicherlich kennen Sie diesen Persönlichkeitstyp: Das sind Leute, die immer darüber bestimmen möchten, was es zum Abendessen gibt, wo die Familie ihren Urlaub verbringen soll oder an welche Regeln die anderen sich beim Spielen halten müssen. Das hat etwas mit Kontrollausübung zu tun; doch die meisten Interaktionen bieten nun einmal nur einen gewissen Spielraum für Kontrolle. Es gibt auch vier-

Worauf es wirklich ankommt

Um Ihren Hund richtig kennenzulernen, sollten Sie auf vier wichtige Variablen achten. Wenn Sie sich über diese vier Faktoren Gedanken machen, wird es Ihnen leichter fallen, Ihren Hund gut zu trainieren.

1. Rasse: Rasse ist eine reine Frage der Gene – dabei geht es um die angeborenen Eigenschaften Ihres Hundes. Ein effektives Trainingsprogramm erkennt und berücksichtigt diese Eigenschaften, statt dauernd dagegen anzukämpfen. Selbst schwierige angeborene Eigenschaften kann man in den Griff bekommen; aber es hat keinen Sinn, ständig einen aussichtslosen Kampf gegen Mutter Natur zu führen.

2. Alter: Jeder Hund lässt sich erziehen; doch Sie werden es damit einfacher haben, wenn Sie daran denken, dass man bei Welpen, jungen, erwachsenen und alten Hunden unterschiedliche Trainingsmethoden einsetzen und auch in unterschiedlichem Tempo vorgehen sollte.

3. Lebenserfahrung: Während es bei der Rasse um die genetische Veranlagung Ihres Hundes geht, hängen seine Lebenserfahrungen (alles, was er seit seiner Geburt erlebt und gelernt hat) von seiner Umwelt ab. Denken Sie daran: Die DNA ist fest in Ihrem Hund verankert; doch alles, was er im Lauf seines Lebens gelernt hat, kann man ihm auch wieder abgewöhnen.

4. Persönlichkeit: Die Persönlichkeit ist die geheimnisvolle Zutat, die Ihren Hund zu etwas Besonderem macht. Ob er nun ein Energiebündel oder eher ein Bewegungsmuffel, ernst oder verspielt, hochmotiviert oder eigensinnig ist – man kann seine Erziehungsmethoden auf jeden Persönlichkeitstyp abstimmen.

beinige Kontrollfreaks: Sie lernen neue Dinge am liebsten auf ihre eigene Art und Weise, und auch nur dann, wenn sie gerade Lust dazu haben. Diese Charaktereigenschaft gibt es bei Hunden aller Rassen; doch besonders häufig kommt sie bei doggenartigen Hunden (sogenannten Molossern) vor. Auch bei Zwerghunden, die als Schoßhunde gezüchtet wurden, ist sie nicht selten zu beobachten; also wundern Sie sich nicht, wenn Ihr kleiner Liebling sich nicht mit so großer Begeisterung in sein Training stürzt wie viele größere, sportlichere Hunde. Eigensinnige Hunde zu trainieren erfordert besonders viel Aufwand; vor allem zu Beginn des Trainings ist es schwierig, sie unter Kontrolle zu bekommen. In Kapitel 3 erfahren Sie, wie man lernbegierige – und starrsinnige – Hunde zum Training motiviert.

2

Ohne Vertrauen geht es nicht

Vertrauen ist ein größeres Kompliment als Liebe.
– George MacDonald

Die erste Lektion, die Ihr Hund lernen muss, ist eigentlich gar keine Lektion. Beim ersten Schritt im Trainingsprozess geht es nicht darum, dass Sie Ihrem Hund Kommandos geben, die er befolgen soll, sondern einzig und allein um das Thema »Vertrauen«. Ohne diese wichtige Basis jeder Beziehung zwischen Mensch und Hund können Sie Ihren Vierbeiner nicht richtig erziehen.

Die Prämisse, dass Vertrauen und eine enge Beziehung wichtige Voraussetzungen für jede Hundeerziehung sind, liegt allem zugrunde, woran ich bei meiner Arbeit mit Hunden glaube. Nur allzu viele Erziehungsmethoden beruhen in erster Linie auf Dominanz. Doch von dieser Philosophie halte ich nichts – und bei den Hunden, die ich aus Tierheimen rette, funktioniert so eine Vorgehensweise erst recht nicht. Diese Tiere haben sich bestenfalls verirrt oder sind davongelaufen, wurden vernachlässigt oder aus Gründen eingesperrt, von denen sie keine Ahnung haben. Schlimmstenfalls wurden sie ausgesetzt oder körperlich misshandelt. Auf jeden Fall hat man ihnen gute Gründe gegeben, Menschen mit Skepsis zu betrachten und ihnen nicht so ohne Weiteres zu vertrauen. Das Letzte, was solche Hunde brauchen, ist ein Mensch, der keine Geduld mit ihnen hat, sie schlecht behandelt und dessen Verhalten für sie unberechenbar ist. Deshalb beginne ich jede Beziehung zu einem Hund damit, dass ich ihm klarmache: Du kannst dich in jeder Hinsicht auf mich verlassen.

Oft werde ich gefragt, ob diese Vorgehensweise meine Autorität in den Augen des Hundes nicht untergräbt – und die einfache Antwort auf diese Frage lautet: »Überhaupt nicht!« Es steht nirgends geschrieben, dass man einen Hund beherrschen muss, um ihn führen zu können. Es gibt durchaus einen angemessenen Ort und Zeitpunkt für Dominanz beim Hundetraining – und zwar, wenn man es mit einem aggressiven Hund zu tun hat. Doch in diesem Buch geht es ja nicht darum, aggressive oder dominante Hunde zu trainieren, also brauchen wir uns ihnen gegenüber auch nicht aggressiv oder dominant zu verhalten. Unser Ziel besteht einfach nur darin, eine Beziehung zu den Tieren aufzubauen und ihnen die Grundregeln des Gehorsams beizubringen – und schließlich wollen wir, dass unsere Hunde uns nicht aus Angst, sondern aus Liebe gehorchen.

Das lässt sich mit unserer Beziehung zu Führungspersönlichkeiten vergleichen. Überlegen Sie sich einmal, wie Sie auf Menschen reagieren, die in Ihrem Leben eine Führungsrolle innehaben – egal, ob das Familienmitglieder, Mentoren, Vorgesetzte, Kollegen oder Lehrer sind. Was für eine Beziehung haben Sie zu solchen Leuten? Ich wette, dass die besten dieser Beziehungen auf Vertrauen beruhen und durch regelmäßige positive Interaktionen gestärkt werden.

Im Grunde genommen ist Training nichts anderes als Unterricht – nur dass unsere Schüler in diesem Fall eben keine Kinder, sondern Tiere sind. Welche Lehrer sind bei ihrer Arbeit am erfolgreichsten? Bestimmt nicht diejenigen, vor denen die Schüler Angst haben, die sie nicht leiden können oder vor denen sie am liebsten davonlaufen würden; und genau solchen Lehrern stehen auch Hunde skeptisch gegenüber. Die besten Lehrer sind kompetent, fair und engagiert – sie wecken in ihren

Schülern Respekt und den Wunsch zu Kooperation, statt ihnen solch ein Verhalten einfach abzuverlangen. Diesen Lehrern liegt das Wohl ihrer Schüler am Herzen; und das wissen die Schüler.

Ich bin fest davon überzeugt, dass diese Logik sich auch auf die Beziehung eines Hundes zu seinem Trainer anwenden lässt. Um wirklich erziehbar zu sein, muss ein Hund Ihnen vertrauen und sich Ihnen eng verbunden fühlen; sonst werden Sie viel Zeit dafür investieren müssen, Ihren Hund zum Gehorsam zu zwingen, statt mit einem willigen Trainingspartner zusammenzuarbeiten. Auf Zwang beruhendes Training ist nur bei sehr dominanten oder aggressiven Hunden sinnvoll. Beim Gehorsamstraining sollte man keinen Zwang anwenden: Ihr Hund soll Ihre Wünsche gern ausführen (weil jeder Hund seinem Herrchen oder Frauchen gefallen möchte) und nicht das Gefühl haben, dass er das tun *muss*. Warum sollte man etwas erzwingen wollen, was eigentlich gar keinen Zwang erfordert? Sie sind nicht der Gefängniswärter, sondern der Lehrer Ihres Hundes! Man kann zwar mit beiden Vorgehensweisen die gewünschten Resultate erzielen; aber warum sollten Sie ein Gefängniswärter sein wollen, wenn das gar nicht notwendig ist?

Wenn Sie einen Welpen oder Tierheimhund neu bei sich aufgenommen haben, müssen Sie unbedingt zunächst einmal eine Vertrauensbasis schaffen, bevor Sie mit dem Training beginnen. Wenn Ihr Hund scheu oder unsicher ist, wird er diese ängstliche Haltung ablegen, sobald er mehr Vertrauen zu Ihnen hat. Doch selbst wenn Ihr Hund schon seit Jahren bei Ihnen ist und Sie das Gefühl haben, ohne Weiteres sofort mit seiner Erziehung beginnen zu können, werden die Tipps in diesem Kapitel Ihnen doch dabei helfen, die Beziehung zu Ihrem Hund zu stärken und zu vertiefen. Das lohnt sich auf jeden Fall, denn dann wird Ihr Hund beim Training sein Bestes geben – und vielleicht sogar noch ein bisschen mehr!

Hallo, ich bin Skye! Ich begegne im Tierheim nicht vielen Hunden, die vor mir wegzulaufen versuchen, doch Skye gehörte zu diesen wenigen Vierbeinern. Sie ist eine wunderschöne Weiße Schäferhündin – sensibel, scheu und würdevoll. Als ich sie kennenlernte, war sie ungefähr anderthalb Jahre alt, lebte in einem städtischen Tierheim und fürchtete sich vor der ganzen Welt. Als ich ihren Zwinger betrat, bekam sie so panische Angst, dass sie versuchte, an der Wand hochzuklettern und aus dem Fenster zu springen. Ich musste die Situation erst einmal entschärfen, also trat ich ein paar Schritte zurück, sprach leise und beruhigend auf sie ein und setzte mich neben die Zwingertür, ohne ihr in die Augen zu schauen. Und dann wartete ich. Es dauerte ungefähr zwanzig Minuten, bis ich im Zeitlupentempo – Zentimeter für Zentimeter – immer näher an Skye heranrücken durfte, doch als wir dann schließlich nebeneinandersaßen, beschloss sie, keine Angst mehr vor mir zu haben.

Misshandelte Tiere merken sehr schnell, ob jemand eine Bedrohung für sie darstellt oder nicht, weil sie in ihrer Vergangenheit schon mit so vielen bedrohlichen Menschen und Situationen zu tun hatten. In den ersten zwanzig Minuten unseres Zusammenseins hatte ich Skye nicht bedroht; also ließ sie die erste ihrer vielen Verteidigungsmauern fallen. Sie hatte das Gefühl, dass von mir keine unmittelbare Gefahr ausging, aber das bedeutete noch lange nicht, dass sie mir hundertprozentig über den Weg traute. Sie ließ mich einfach nur etwas näher an sich heran, doch vorläufig war ich mit diesem kleinen Erfolg ganz zufrieden. Schließlich ließ Skye sich von mir eine Leine anlegen, und ich führte sie zu meinem Wagen. Damit war der erste Schritt getan, allerdings waren wir noch nicht einmal bis zur Oberfläche ihrer Probleme vorgedrungen.

Als wir auf unserer Ranch ankamen, ging es Skye schon ein bisschen besser, aber sie war immer noch sehr unruhig und konnte sich weder entspannen noch konzentrieren, solange sie eine Leine umhatte. Bei jedem plötzlichen Geräusch, jeder unerwarteten Bewegung rannte sie weg und versteckte sich. Jetzt zeigte ihre Vergangenheit ihr hässliches Gesicht, und mir wurde klar, wie sehr diese Erlebnisse ihre Persönlichkeit geprägt hatten. An diesem Punkt eine Erstbeurteilung mit ihr durchzuführen wäre Zeitverschwendung gewesen. Und wenn ich in dieser Phase, in der sie innerlich noch so angespannt war, mit dem Training begonnen hätte, so hätte Skye mich möglicherweise als Feind wahrgenommen. Das wollte ich unter allen Umständen vermeiden.

Also verfolgte ich zunächst mal eine ganz einfache Strategie: Vertrauen aufbauen. Ich erklärte Skye, dass wir mit ihrer Erziehung beginnen würden, sobald sie bereit dazu wäre, und hielt mich in den nächsten Wochen dann auch an dieses Versprechen. Ich verbrachte Stunden auf Augenhöhe mit ihr, saß neben ihr, fütterte und streichelte sie und schenkte ihr einfach nur meine Aufmerksamkeit und Zuneigung, ohne eine Gegenleistung dafür zu erwarten. Nach ein paar Tagen gelang der erste Durchbruch: Skye kam auf mich zu, küsste mein Gesicht und sah mir direkt in die Augen. Vielleicht hatte sie noch kein hundertprozentiges Vertrauen zu mir, aber sie war zumindest nicht mehr ganz so misstrauisch wie vorher. Damit hatte sie mir grünes Licht gegeben, um mit meinem Trainingsprogramm zu beginnen.

———————————

Wie gewinnt man das Vertrauen seines Hundes?

Eine Vertrauensbasis zu Ihrem Hund aufzubauen kann ein paar Tage bis ein paar Monate dauern – vielleicht aber auch länger. Die meisten Hunde fassen ziemlich schnell Vertrauen, doch bei einem Tierheimhund, der durch negative Erlebnisse misstrauisch geworden ist, kann das durchaus auch ein bisschen länger dauern. Meine Hündin Lulu war zum Beispiel so ein Fall. Ich weiß nicht genau, was für Misshandlungen sie erleiden musste, bevor sie zu mir kam, doch sie hatte sich eine harte Schale zugelegt und ließ weder Menschen noch Tiere an sich heran. Anfangs traute sie mir überhaupt nicht über den Weg, und selbst nachdem sie ihr Misstrauen so weit abgelegt hatte, dass ich sie trainieren konnte, blieb sie so vorsichtig, als warte sie förmlich darauf, von mir enttäuscht zu werden. Erst nach einem Jahr begann Lulu sich zu entspannen und zumindest ein bisschen darauf zu vertrauen, dass ich sie niemals verletzen oder im Stich lassen würde. Doch für die enge Beziehung, die wir heute miteinander haben, hat sich diese lange Wartezeit auf jeden Fall gelohnt.

Egal, wie lange es dauert, das Vertrauen Ihres Hundes zu gewinnen – Sie sollten das auf jeden Fall in der ehrlichen Absicht tun, eine enge Beziehung zu ihm aufzubauen. So etwas lässt sich weder überstürzen noch vortäuschen. Im Gegensatz zu manchen Menschen riechen Hunde es zehn Meilen gegen den Wind, wenn jemand ihnen etwas vorzumachen versucht. An späterer Stelle in diesem Kapitel werde ich Ihnen ein paar gemeinsame Aktivitäten vorschlagen, mit denen Sie eine engere Beziehung zu Ihrem Hund aufbauen können. Doch vorläufig wollen wir uns erst einmal mit der Frage beschäftigen, was man tun muss, um das Vertrauen eines Hundes zu gewinnen. Mit den folgenden sechs Verhaltensweisen sind Sie auf dem richtigen Weg:

1. Bleiben Sie ruhig: Laut oder aggressiv zu werden ist die sicherste Methode, um einen scheuen oder ängstlichen Hund in die Flucht zu schlagen. Ihr Hund wird am ehesten lernen, Ihnen zu vertrauen, wenn Sie

Dadurch, dass ich mich auf Lulus Augenhöhe begab, verlor sie allmählich ihre Scheu vor mir.

sich gleichbleibend ruhig und zurückhaltend verhalten. Sobald Sie und Ihr Hund sich ein bisschen näher kennengelernt haben, können Sie ihm auch die lautere, wildere und albernere Seite Ihrer Persönlichkeit zeigen, doch einen Hund, der Sie noch nicht kennt, würden Sie damit nur einschüchtern. Wenn Sie einen Hund aus dem Tierheim bei sich aufgenommen haben, denken Sie bitte daran, dass traumatisierte Hunde normalerweise von aggressiven, oft auch lauten Menschen misshandelt worden sind. Daher sollten Sie in Ihrem Verhalten genau das Gegenteil solcher Tierquäler sein.

Dazu gehört auch, Ihren Hund mit Ihrer Körpersprache nicht zu verwirren oder gar einzuschüchtern. Bei Tierheimhunden ist das ganz besonders wichtig. Wenn Sie in der Sendung »Der Hundetrainer – Lucky Dogs mit Brandon McMillan« auf SIXX schon einmal beobachtet haben, wie ich mit ängstlichen Hunden im Zwinger eines Tierheims umgehe, ist Ihnen vielleicht aufgefallen, dass ich dabei direkten Blickkontakt vermeide. Außerdem setze ich mich fast immer auf den Boden und gebe dem Hund damit die Chance, auf mich zuzukommen. All das mache ich ganz bewusst, denn viele scheue oder ängstliche Hunde mögen keinen Blickkontakt. Sie empfinden es oft als Herausforderung oder gar Bedrohung, wenn ein Fremder ihnen direkt in die Augen schaut, und dieses Gefühl möchte ich natürlich keinem Hund vermitteln. Außerdem setze ich mich bei der Kontaktaufnahme mit einem Hund im Tierheim grundsätzlich auf den Boden – vor allem, wenn es sich dabei um einen Vierbeiner handelt, der möglicherweise misshandelt worden ist. Das hat einen ganz einfachen Grund: Ich bin ziemlich groß, und auf die meisten Hunde wirkt Größe einschüchternd. Immerhin bin ich für den Tierheimhund ein fremder Mensch, der in sein Revier eingedrungen ist. Wenn ich mich genauso klein mache wie er, wirke ich gleich viel weniger bedrohlich auf ihn. Um dem Hund zu zeigen, dass ich kein Alphatier bin, das ihn unterwerfen möchte, lasse ich ihn oft sogar auf mich draufklettern. Er soll wissen, dass ich gekommen bin, um Freundschaft mit ihm zu schließen. Erst wenn er gelernt hat, mir zu vertrauen, kann ich eine Führungsrolle übernehmen.

Ein scheuer Hund nimmt Sie womöglich als Bedrohung wahr. Durch die Vermeidung des Blickkontakts können Sie konfliktträchtige Situationen entschärfen und anfangen, eine vertrauensvolle Beziehung zu Ihrem Hund aufzubauen.

Ein weiterer Tipp für die Kontaktaufnahme mit einem ängstlichen oder scheuen Hund besteht darin, niemals direkt auf ihn zuzugehen – denn auch das könnte der Hund als aggressives, dominantes Verhalten auffassen. Das habe ich bei Skye tagelang praktiziert, nachdem ich sie auf meine Ranch geholt hatte. Ich wusste, dass ein Hund mit so großen Ängsten und Problemen es als Angriff interpretieren würde, wenn jemand direkt auf ihn zukommt, also setzte ich mich ein paar Meter von ihr entfernt auf den Boden, schaute nicht direkt zu ihr hinüber und wartete, bis sie sich an den Gedanken gewöhnt hatte, dass meine Gegenwart keine Gefahr für sie darstellte.

2. Haben Sie Geduld: Vertrauen und eine echte Beziehung zu einem Tier aufzubauen erfordert Zeit. Bevor Sie anfangen können, Ihrem Hund Kommandos beizubringen oder Aufgaben zu stellen, müssen Sie sich also erst einmal in Geduld üben. Das ist die erste Lektion, die jeder Tiertrainer lernen muss – und gleichzeitig eine der schwierigsten, weil wir keinen Einfluss darauf haben, wie lange das Tier brauchen wird, um uns zu akzeptieren oder etwas zu lernen. Ein ungeduldiger Trainer kann ein Tier in seiner Ausbildung sogar *zurückwerfen.* Auch wenn es Ihnen noch so schwerfallen mag: In dieser ersten Kennenlernphase müssen Sie den Hund auf sich zukommen lassen. Manche neu adoptierten Tierheimhunde kommen sofort zu mir und klettern auf meinen Schoß oder lehnen sich an mich, als würden wir uns schon seit einer Ewigkeit kennen, doch viele Hunde brauchen dazu erst mal eine kleine Bedenkzeit. Wenn ich auf den Hund zugehe, nehme ich ihm damit die Chance, selbst zu entscheiden, dass mit mir alles in Ordnung ist, und sobald ein Hund zu diesem Schluss gekommen ist, sind wir auf dem besten Weg zu einer guten Beziehung.

Es hat auch noch einen weiteren Vorteil zu warten, bis der Hund von selbst zu Ihnen kommt: Damit bringen Sie ihn auf subtile Weise dazu, Sie als seinen Anführer zu betrachten. Wer geht in einem Wurf kleiner Welpen, einer Familie mit mehreren Hunden oder einem Rudel auf wen zu? Die Welpen krabbeln zu ihrer Mutter; junge, weniger dominante Hunde gehen auf ältere, selbstbewusstere Tiere zu, und Sie werden garantiert niemals erleben, dass der Anführer eines Rudels hinter anderen Hunden oder Wölfen herläuft und um ihre Aufmerksamkeit wirbt. Wenn der Hund schließlich zu Ihnen kommt, sollten Sie ihm zeigen, was für ein Anführer Sie sein werden, indem Sie sanft und beruhigend auf ihn einreden und ihm viele Leckerlis geben. Mit der Zeit können Sie dann allmählich immer lauter zu ihm sprechen, bis Ihre Stimme die normale Lautstärke erreicht hat.

Während dieser Kennenlernphase können Sie Ihrem Hund übrigens auch beweisen, dass Sie ein geduldiger Mensch sind, indem Sie ihm einen Platz zuweisen, den er als sein Eigentum betrachten kann – zum Beispiel ein Bettchen oder eine oben offene Box. Wenn Ihr Hund sich dorthin zurückzieht, sollten Sie ihn eine Zeitlang in Ruhe lassen.

3. *Seien Sie verständnisvoll:* Vielleicht kennen Sie das berühmte Zitat aus dem Roman *Wer die Nachtigall stört*: »Nie versteht man jemanden wirklich, solange man sich nicht in ihn hineinversetzt, seine Haut überstreift und darin herumspaziert.« Das ist eine ganz hervorragende Beschreibung dafür, was man tun muss, um einen anderen Menschen richtig zu verstehen – und genau das Gleiche gilt auch für Hunde und andere Tiere. Jeder gute Trainer muss sich in das Tier, mit dem er arbeitet, hineinversetzen können. Unter Wildtierdresseuren gibt es sogar ein unausgesprochenes Gesetz, das besagt, dass man bei dieser Tätigkeit nicht nur genauso denken muss wie das Tier, sondern so empfinden muss, als sei man *selbst* zu dem Tier geworden. Diese elementare Verbindung hält uns davon ab, bei engen, persönlichen Kontakten gefährliche Fehler zu begehen. Ihre eigenen Instinkte können Sie leicht in Schwierigkeiten bringen; wenn Sie dagegen in der Lage sind, die Instinkte des Tieres vorauszusehen, kann Ihnen diese Erkenntnis das Leben retten.

Ein gutes Beispiel dafür ist das, was ich im Lauf der Jahre beim Schwimmen mit Weißen Haien gelernt habe. Wenn man sich in allernächster Nähe eines Fischs befindet, der über fünf Meter lang ist und 2500 Kilo wiegt, flüstert einem der menschliche Instinkt ein, so schnell wie möglich wegzuschwimmen. Doch der wichtigste Instinkt eines Hais besteht darin, allem hinterherzujagen, was davonschwimmt. Haie befinden sich oft in der Nähe oder sogar inmitten von Fischschwärmen. Wenn in so einem Schwarm ein Fisch wegschwimmt, richten alle anderen Tiere aufgrund ihres Beuteinstinkts instinktiv ihre Aufmerksamkeit auf ihn, um herauszufinden, was mit diesem Fisch los ist, der aus dem gewohnten Bewegungsmuster ausgebrochen ist – ob er irgendetwas sieht, ob er verletzt oder in Gefahr ist oder ob es womöglich irgendwo etwas zu fressen gibt. Ich brauchte eine ganze Weile, um zu verstehen, dass man in der Nähe dieser riesigen Raubfische am sichersten ist, wenn man selbst zu einem »großen Fisch« wird: Man muss neben ihnen herschwimmen, sich dem Rhythmus ihrer Bewegungen angleichen, mit ihrer Umgebung verschmelzen. Durch jede abrupte Bewegung (also auch jeden Fluchtversuch) wird man unweigerlich zur Beute.

Ebenso müssen wir uns auch beim Umgang mit Hunden über die Instinkte dieser Tiere im Klaren sein: Sie wollen zu einem Rudel gehören; sie müssen ihren Platz innerhalb der Familie kennen; sie haben einen starken Futtertrieb und einen ausgeprägten Drang danach, die Aufgaben auszuführen, für die sie gezüchtet worden sind. Außerdem müssen wir unseren Hund gut genug kennen, um über seine Persönlichkeit und seine besonderen Vorlieben Bescheid zu wissen. Einige dieser Eigenschaften lernt man sofort kennen, wenn man einen neuen Hund bei sich aufnimmt, andere Informationen erhält man erst später, wenn der Hund Vertrauen zu seinem Menschen entwickelt und anfängt, ihm sein wahres Wesen zu zeigen.

Je besser Sie Ihren Hund kennenlernen, umso eher werden Sie verstehen, wie er denkt und was ihn bewegt. Fragen Sie sich: Was motiviert meinen Hund? Wovor hat er Angst? Kann er womöglich nur ein begrenztes Maß an Gemeinsamkeit ertragen, und möchte er dann wieder allein sein und seine Ruhe haben? Ist er so lebhaft, dass er keine Sekunde still sitzen kann? Nehmen Sie sich Zeit, Ihren Hund zu beobachten und sich Gedanken über seine Vorlieben, Abneigungen und Bedürfnisse zu machen. Auf die Dauer wird er Ihnen wahrscheinlich in vielerlei Hinsicht auf halbem Weg entgegenkommen – oder vielleicht sogar lernen, sich genau so zu verhalten, wie Sie es von ihm erwarten. Doch wenn Sie in der Lage sind, die Welt mit den Augen Ihres Hundes zu betrachten, und sich vorstellen können, was er sieht und wie er sich fühlt, werden Sie viel leichter sein Vertrauen gewinnen – und ihn dadurch auch sehr viel besser erziehen können.

4. Seien Sie konsequent: Bei Beratungsgesprächen mit Klienten stelle ich meistens sehr schnell fest, dass die Probleme, die sie mit ihren Hunden haben, auf Mangel an Konsequenz zurückzuführen sind. Oft senden sie unklare Signale aus, die der Hund nicht richtig oder nicht schnell genug entschlüsseln kann. Zum Beispiel verwenden sie für ein und dasselbe Verhalten verschiedene Kommandos, schimpfen ihren Hund zu einem Zeitpunkt aus, an dem er schon längst nicht mehr weiß, was er falsch gemacht hat, oder bestärken ihn unbewusst in unerwünschtem Verhalten. Beim Aufbau einer vertrauensvollen Beziehung zu einem Welpen, Tierheimhund oder scheuen, ängstlichen Vierbeiner gehört es zu den wichtigsten Maßnahmen, dem Tier immer wieder zu beweisen, dass Sie ein konsequenter Mensch sind, dessen Verhalten sich genau vorhersehen lässt.

Zu diesem Zweck sollten Sie Ihren Hund zunächst einmal an einen festen Tagesablauf gewöhnen, der ihm eine Vorstellung davon gibt, was ihn in seinem täglichen Zusammenleben mit Ihnen erwartet. Deshalb ist es wichtig, Ihren Hund morgens und abends immer zur selben Zeit und am selben Ort zu füttern. Es ist erstaunlich, wie beruhigend es auf einen Tierheimhund wirkt, wenn er weiß, dass zweimal täglich eine Portion Futter in seinen Napf prasselt. Aber auch andere Elemente seines Tagesablaufs sollten vorhersehbar sein, damit Ihr Hund weiß, was er zu erwarten hat: Zum Beispiel sollten Sie auch zu festen Zeiten mit ihm spazieren oder Gassi gehen.

5. Wirken Sie beruhigend: Ich weiß nicht, wie der Mythos entstanden ist, dass man seinen Hund nicht beruhigen sollte, wenn er Angst hat – weil man ihn dadurch angeblich nur in seinen Ängsten bestärkt. Nach jahrzehntelanger Arbeit nicht nur mit Hunden, sondern auch mit Wildtieren habe ich die Erfahrung gemacht, dass das schlicht und einfach nicht stimmt. Wenn Ihr Hund vor etwas Angst hat, sollten Sie ihm zeigen, dass Ihnen sein Wohlbefinden am Herzen liegt, indem Sie ihn mit leiser, sanfter Stimme beruhigen. Sobald Sie mit seiner Erziehung beginnen, können Sie seine Ängste vielleicht allmählich abbauen, indem Sie ihn in einem sicheren Umfeld (und aus sicherer Entfernung) mit dem Gegenstand seiner Angst konfrontieren. Doch in der Phase des Vertrauensaufbaus sollten Sie Ihren Hund nicht zu einer Auseinandersetzung mit den Objekten seiner Ängste zwingen – und machen Sie sich keine Sorgen darüber, dass diese Ängste sich verschlimmern könnten, wenn Sie ihn beruhigen! Später ist immer noch genug Zeit, ihm bei der Konfrontation mit seinen Problemen zu helfen, ihm zu zeigen, dass er diese ganz allein überwinden kann, und ihm dabei mit beruhigenden Worten zur Seite zu stehen.

6. Seien Sie ein guter Freund: Verbringen Sie möglichst viel Zeit mit Ihrem Hund. Geben Sie ihm Leckerlis. Streicheln und loben Sie ihn. Mit solchem Verhalten bestärken Sie Ihren vierbeinigen Freund in der Vorstellung, dass Sie jemand sind, auf den er sich in guten wie in schlechten Zeiten verlassen kann – dass Sie ein vertrauenswürdiger Mensch sind. Ein drei Monate alter Welpe hält vielleicht alle Menschen für seine Freunde, weil er noch keine Erfahrungen mit der Welt gemacht hat. Doch sobald ein Hund älter wird, begegnet er vielen Leuten. (Das gilt vor allem für Tierheimhunde – und zwar erst recht, wenn sie misshandelt worden sind.) Manche dieser Menschen sind seine Freunde, andere sind ihm feindlich gesinnt. Im Lauf seines Lebens sammelt ein Hund Informationen, anhand derer er zwischen Freund und Feind unterscheiden kann. Er lernt, dass Freundschaft eine der wichtigsten Überlebensstrategien ist, die es gibt: Eine gute Beziehung zu einem Menschen erhöht seine Chancen, regelmäßig etwas zu fressen und zu trinken zu bekommen, gut versorgt zu werden, wenn er krank oder einsam ist oder friert, und vor allem geliebt zu werden. Ich weiß, das hört sich fast schon zu einfach an – aber Hunde sind nun mal sehr einfach strukturierte Tiere.

Der Aufbau einer Bindung

Um das Vertrauen seines Hundes zu gewinnen, muss man eine gute Beziehung zu ihm aufbauen. Aber so eine enge Bindung ist auch aus anderen Gründen für beide Seiten wünschenswert: Egal, ob Sie Ihren Hund schon seit zehn Jahren oder erst seit einer Woche haben – Ihre Beziehung zu ihm wird auf jeden Fall besser werden, wenn Sie sich ein bisschen Zeit nehmen, um das Band zwischen Ihnen beiden zu stärken.

Mein Hund ist zu scheu – was tun?

Eine gewisse Scheu ist unseren vierbeinigen Freunden angeboren. Genau wie Menschen eine genetische Veranlagung für eine bestimmte Körpergröße, einen bestimmten Intelligenzgrad oder ein bestimmtes Temperament mitbringen, ererben auch Hunde gewisse physische Eigenschaften und Verhaltensmerkmale. Da Ihr Denken diesbezüglich wohl von Märchen und Hollywoodfilmen geprägt sein wird, assoziieren Sie das Wort »Wolf« vielleicht mit den Eigenschaften »gefährlich« und »böse«, doch als Tiertrainer mit jahrzehntelanger Wolfserfahrung kann ich Ihnen versichern, dass Wölfe in Wirklichkeit zu den scheusten Tierarten gehören, die es gibt. Da Ihr Hund also von einem äußerst scheuen Tier abstammt, kann es durchaus sein, dass er diese Eigenschaft von seinen grauhaarigen Vorfahren ererbt hat.

Eines der besten Beispiele dafür ist der Deutsche Schäferhund. Genetisch sind diese treuen, intelligenten Hunde besonders eng mit dem Wolf verwandt. Bei der Züchtung der ersten Deutschen Schäferhunde wurde sogar Wolfsblut mit eingekreuzt; daher ist es kein Wunder, dass viele dieser stattlichen Hunde in Wirklichkeit ziemlich scheu sind – zumindest so lange, bis sie durch Training Vertrauen zum Menschen aufbauen.

Doch oft ist die Scheu eines Hundes nicht nur auf seine Erbanlagen zurückzuführen. Jeder Hund kann wieder in das ängstliche Verhalten zurückfallen, das in seinen Genen liegt, wenn er in eine Krisensituation gerät oder eingeschüchtert wird. Schon so einfache Ursachen wie mangelnde Erfahrung oder Konfrontation mit einer unbekannten Umgebung können einen Hund dazu bringen, in instinktives Rückzugsverhalten zu verfallen.

Maßnahmen zum Aufbau einer vertrauensvollen Beziehung zu Ihrem Hund sind der erste Schritt, mit dem Sie ihm helfen können, seine Scheu zu überwinden. Wenn Sie dann mit seiner Erziehung beginnen, bieten Sie ihm damit weitere regelmäßige Gelegenheiten, Vertrauen zu Ihnen zu entwickeln – und Vertrauen ist die wichtigste Grundvoraussetzung, um einem scheuen, ängstlichen Hund zu beweisen, dass die Welt eigentlich gar kein so böser, angsteinflößender Ort ist.

Auch wenn Sie noch so beschäftigt sind, können Sie Aktivitäten in Ihren Alltag einbauen, die Sie und Ihren Hund miteinander verbinden. Hier ein paar Beispiele:

Bewegung: Das ist eine echte Win-win-Situation. Sich gemeinsam mit seinem Vierbeiner körperlich zu betätigen ist eine sehr einfache Methode, um eine enge Bindung zu ihm aufzubauen. Gehen Sie gern spazieren? Umso besser für Sie und Ihren Hund! Gestalten Sie diese Spaziergänge ruhig ein bisschen interessanter, indem Sie öfter mal eine andere Route wählen oder Ihr Tempo variieren. Gemeinsam neue Orte (und Gerüche) zu erforschen ist eine ganz hervorragende Methode, Ihren Hund enger an sich zu binden.

Beim Spielen mit Lulu.

Spielen: Es gibt Hunderte von Möglichkeiten, mit einem Hund zu spielen; also nehmen Sie sich ein bisschen Zeit, um herauszufinden, welche Spiele Ihrem Hund am meisten Spaß machen. Manche Hunde leben praktisch nur für den Augenblick, in dem Herrchen einen Tennisball für sie wirft, andere suchen lieber nach versteckten Gegenständen oder spielen Tauziehen. Doch das eigentlich Wichtige daran ist: Wenn Sie sich Zeit nehmen, mit Ihrem Hund zu spielen, wird er sehr schnell lernen, diese gemeinsam verbrachte Zeit mit seinem Lieblingsspiel oder -spielzeug und dem damit einhergehenden Vergnügen zu assoziieren. Dadurch wird die Hundeerziehung für Sie beide langfristig sehr viel leichter.

Kontakte knüpfen: Sobald Ihr Hund Ihnen sein Vertrauen zu zeigen beginnt, sollten Sie diese Chance nutzen, um ihn mit der Welt bekannt zu machen. Auf meiner Lucky Dog Ranch führe ich alle neuen Hunde in mein Rudel ein, indem ich sie auf den Spielplatz bringe. Für viele Hunde auf meiner Ranch ist diese Spielzeit das absolute Highlight des Tages, denn einige von ihnen hatten vorher noch nie eine Chance, in einem sicheren Umfeld nach Herzenslust spielen zu dürfen, und benehmen sich, als könnten sie ihr Glück kaum fassen. Sie können Ihren Hund zum Beispiel sozialisieren, indem Sie sich mit Besitzern anderer Welpen verabreden, gemeinsam mit ihm einen Hundepark besuchen oder einen Freund zu sich einladen und ihn bitten, ein paar Leckerlis mitzubringen. Das brauchen gar keine besonderen Aktivitäten zu sein, Sie müssen Ihrem Hund nur ab und zu Gelegenheit geben, etwas Neues auszuprobieren, und dabei auf ihn aufpassen und ihn dazu ermuntern.

Relaxen: Kein Mensch hat behauptet, dass der Aufbau einer Beziehung zu einem Hund unbedingt großen Aufwand oder viel Energie erfordern muss. Manchmal genügt es auch schon, sich auf den Boden zu setzen und Ihren Hund zu streicheln, gemeinsam auf der Veranda zu sitzen oder zusammen ein Nickerchen auf dem Sofa zu machen. Mit solchen Augenblicken ruhiger Gemeinsamkeit zeigen Sie Ihrem Hund, dass Sie seine Liebe und sein Vertrauen verdient haben.

Füttern: Meine Liste von Aktivitäten, mit denen man einen Hund enger an sich binden kann, wäre unvollständig, würde ich Ihnen dabei nicht auch empfehlen, Ihrem vierbeinigen Freund immer wieder Leckerlis zu geben. Die meisten Hunde lieben solche kleinen Leckerbissen mehr als alles andere. Also verwöhnen Sie ihn mit verschiedenen für Hunde geeigneten Leckereien – entweder als Überraschung oder als Belohnung, wenn er etwas richtig gemacht hat! Auch damit können Sie Ihren Vierbeiner enger an sich binden und zu einem engagierten Trainingspartner machen.

Zuneigung zeigen: Für einen Hund gibt es nichts Schöneres als eine liebevolle Massage. Ihren Hund zu streicheln ist eine ganz einfache Methode, um eine gute Beziehung zu ihm aufzubauen – vor allem nach einem langen, mit allen oben aufgelisteten Aktivitäten angefüllten Tag. Eigentlich versteht es sich von selbst, dass Sie damit eine noch engere

Freundschaft zwischen sich und Ihrem vierbeinigen Freund aufbauen können – nur schade, dass er sich nicht auf die gleiche Art und Weise dafür revanchieren kann ...!

Hallo, ich bin Luke! Manche Hunde haben mehr Probleme, andere weniger. Doch für mich ist es eine umso lohnendere Aufgabe, schwierigen Tieren bei der Überwindung ihrer Probleme zu helfen und ein Zuhause für sie zu finden. Luke war ein ganz besonderer Problemhund: Er hatte mit seinen anderthalb Jahren schon viel zu viel von der Schlechtigkeit der Welt miterlebt. Während seines bisherigen Lebens war er fast ständig auf der Flucht gewesen, Menschen aus dem Weg gegangen und hatte sich sein Futter aus Mülleimern und Straßenabfällen zusammensuchen müssen. Da ist es eigentlich kein Wunder, dass Luke kein Fünkchen Vertrauen mehr hatte. Als ich diesen mageren, verängstigten Schäferhund-Labrador-Mischling im Tierasyl kennenlernte, wäre es ihm nicht im Traum eingefallen, sich von mir an die Leine nehmen zu lassen – und ich war klug genug, ihn nicht dazu zu zwingen. Um diesem Hund eine andere, bessere Seite der Welt zeigen zu können, musste ich erst einmal sein Vertrauen gewinnen und ihn aus der Reserve locken.

An diesem ersten Tag musste ich Geduld haben und Luke auf mich zukommen lassen: Seine angeborene Neugier sollte ihn dazu bringen, sich mir so weit zu nähern, dass ich ihn berühren konnte. Als er dann endlich genügend Vertrauen zu mir gefasst hatte, um sich ein Halsband anlegen zu lassen, nahm ich ihn mit nach Hause auf meine Ranch. Doch Luke machte es mir nicht leicht: Jedes Mal, wenn ich ein Tor schloss, zuckte er bei dem Geräusch ängstlich zusammen. Sobald ich ihm ein Kommando gab und dabei einen etwas lauteren oder energischeren Ton anschlug, reagierte er gleich so heftig, als hätte ich ihn angeschrien, senkte den Kopf und zog die Augenbrauen hoch, als wolle er fragen: »Was habe ich denn falsch gemacht?« Dieser Hund schien alles als Bestrafung aufzufassen und war ständig drauf und dran, die Flucht zu ergreifen. Die Besitzerin, bei der ich Luke unterbringen wollte, war Therapeutin und auf der Suche nach einem Hund, der verschüchterten Kindern helfen sollte, sich aus ihrem Schneckenhaus herauszuwagen, doch allmählich fragte ich mich, ob Luke jemals in der Lage sein würde, diese Aufgabe zu erfüllen. Sein Verhalten und seine Reaktionen zeigten mir, dass dieser Hund früher einmal körperlich misshandelt worden sein musste.

Lukes Achillesferse war seine Vergangenheit, und solange er nicht wenigstens ein bisschen Vertrauen zu mir gefasst hätte, wäre es nicht sehr sinnvoll, ihm meine sieben Grundkommandos beizubringen. Also verbrachte ich erst mal ein bisschen Zeit mit ihm, statt mich gleich in seine Erziehung zu stürzen. Ich setzte mich neben ihn, streichelte ihn, verwöhnte ihn mit Leckerlis, redete beruhigend auf ihn ein und gab ihm Gelegenheit, mich kennenzulernen. Allmählich begann Luke sich tatsächlich mehr für mich zu interessieren, wagte sich näher an mich heran, ließ sich bereitwilliger von mir anfassen und verlor ein bisschen von seiner Angst. Nach drei Tagen war er endlich so weit, dass ich mit dem Training beginnen konnte.

Luke hat schneller Vertrauen zu mir gefasst als die meisten misshandelten Hunde; vielleicht lag das daran, dass er psychisch besonders belastbar war. Aus welchem Grund auch immer – schließlich gelang uns der Durchbruch.

Nachdem Luke beschlossen hatte, mir ein bisschen zu vertrauen, erlernte er auch die sieben Grundkommandos; und als er dann schließlich bereit war, in sein neues Zuhause umzuziehen, schaffte er es, seine Ängste zu überwinden, und brachte genau die richtigen Voraussetzungen mit, um den Problemkindern, die seine neue Besitzerin in ihrer Praxis betreute, ein beruhigender vierbeiniger Gefährte zu sein.

Und wie geht es jetzt weiter?

Wenn Sie die nötige Zeit und Energie investieren, um eine gute, vertrauensvolle Beziehung zu Ihrem Hund aufzubauen, werden Sie sich mit ihm auf die Aktivität einlassen können, die Sie beide am engsten miteinander verbindet: Training. Wenn Ihr Hund kein hundertprozentiges Vertrauen zu Ihnen hat, kann er bei diesem Training vielleicht nur die Hälfte seines Potenzials verwirklichen. Doch wenn ein Hund Ihnen hundertprozentig vertraut, wird er alles tun, um Ihnen zu gefallen und etwas von Ihnen zu lernen.

3

Die wichtigsten Grundlagen
jeder Hundeerziehung

Jeder gut erzogene Hund fängt irgendwann einmal bei null an; und von allen Hunden, die ich bisher ausgebildet habe, war ein riesiger Dobermann namens Apollo wohl mein schwierigster Fall. Als ich ihn kennenlernte, war er neun Monate alt. Er war ein schöner Hund, und im Gegensatz zu den meisten Tieren, von denen ich in diesem Buch berichte, holte ich ihn nicht aus dem Tierheim, sondern bekam ihn von einem angesehenen Züchter. Apollo war von seinem Käufer zurückgegeben worden, da dieser nicht mit ihm zurechtkam. Doch der Züchter wusste, dass in seinem Hund etwas Besonderes steckte, also wollte er ihn als Diensthund für einen verwundeten Kriegsveteranen zur Verfügung stellen.

Ich erklärte mich bereit, Apollo zu trainieren, und flog quer durch die USA, um ihn abzuholen. In Philadelphia mietete ich mir ein Auto und fuhr durch das ländliche Pennsylvania zur Ranch des Züchters. Dort angekommen, unterhielt ich mich eine Weile mit dem Besitzer des Hundes und wollte meinen neuen Schüler dann in Empfang nehmen. Daraufhin holte der Besitzer den großen, muskulösen Dobermann herbei, und ich begrüßte ihn mit den Worten »Hallo, mein Junge!«, um seine Aufmerksamkeit zu wecken – was mir auch prompt gelang: Der fünfzig Kilo schwere Hund raste in einem affenzahnartigen Tempo auf mich zu, sprang an mir hoch, landete mit beiden Vorderpfoten auf meiner Brust und warf mich mit solcher Gewalt um, dass ich bis zur nächsten Wand schlitterte. Nachdem Apollo mich zu Fall gebracht hatte, hielt er sich nicht lange damit auf, meine Bekanntschaft zu machen, sondern rannte so blitzschnell davon – rund ums Zimmer, quer über den Wohnzimmertisch, auf den Schreibtisch –, dass ich seine Leine beim besten Willen nicht zu fassen bekam. »Mit diesem Hund werde ich eine Menge Arbeit haben!«, dachte ich, und es juckte mich schon in den Fingern, ihn endlich auf meine Ranch zu bringen und mit seiner Ausbildung zu beginnen.

Mein erster Gedanke war, Apollo einzusperren, doch dieser Riesenbursche hätte wohl eine Box von der Größe eines Löwenkäfigs gebraucht. Also begnügte ich mich damit, ihn auf den Rücksitz zu bugsieren. Es war gar nicht so einfach, ihn in meinen Mietwagen zu verfrachten, doch wie sich später herausstellen sollte, war das immer noch der einfachste Teil unserer Reise. Als wir losfuhren, begann Apollo an der Rückenlehne meines Sitzes zu knabbern. Als wir die Autobahn erreichten, war er gerade dabei, den Rücksitz auseinanderzunehmen.

Apollo – vom leinenzerfetzenden Ungeheuer zum mustergültigen Begleithund.

Ich hielt an und nahm ihn an die Leine, um ihn vom Fahrersitz aus in Schach zu halten, doch auf halber Strecke zwischen Ranch und Flughafen begann er an der Innenseite einer meiner Türen zu knabbern und ruhte nicht eher, als bis er die Armlehne und den Getränkehalter abmontiert hatte. Während ich in Gedanken noch die Höhe des Schadens überschlug, den er angerichtet hatte, hob Apollo das Bein und pinkelte fast eine Minute lang auf den Rücksitz – und ich kann Ihnen sagen: Dieser Hund hatte einen Strahl wie ein Rennpferd. Mir wurde schlecht. Inzwischen rasten wir in einem Tempo von über hundert Stundenkilometern über die Autobahn, und ich überlegte mir, dass es wahrscheinlich billiger sein würde, gleich den ganzen Mietwagen zu ersetzen, als sämtliche Schäden reparieren zu lassen, die Apollo verursacht hatte.

Als ich schon dachte, schlimmer könne es beim besten Willen nicht mehr kommen, belehrte Apollo mich prompt eines Besseren. Die Leine, die ich dem Dobermann angelegt hatte, befand sich schon seit rund fünfzehn Jahren in meinem Besitz, und ich hatte Tausende von Hunden damit trainiert. Das war meine Glücksleine: aus Leder und durch jahrelange Arbeit genauso weich und geschmeidig geworden, wie ich sie haben wollte. Kurzum: Diese Leine gehörte zu den Besitztümern, auf die ich ganz besonders stolz war, und ich rechnete fest damit, damit auch das Ungetüm auf dem Rücksitz meines Mietwagens zähmen zu können. Als ich Apollo wieder kauen hörte, zog ich kurz an der Leine, um ihn daran zu hindern – und prompt flog die Hälfte des ledernen Riemens quer durchs Auto und landete an der Windschutzscheibe. Die andere Hälfte hing immer noch an Apollos Halsband.

Da riss mir der Geduldsfaden. Ich bremste – und begann direkt am Randstreifen der Autobahn mit Apollos Erziehung, denn die ließ sich nun keine Sekunde mehr länger aufschieben.

Diese Geschichte erzähle ich Ihnen nur deshalb, weil Apollo vielleicht der am wenigsten bezähmbare Hund war, den ich je trainiert habe – eine katastrophale Kombination aus Körpergröße, Kraft und völliger

Disziplinlosigkeit. Natürlich hätte ich jetzt zu dem Schluss kommen können, dass dieser Dobermann einfach nicht die richtigen Voraussetzungen für ein Training mitbrachte und sich erst recht nicht als Begleithund für einen Kriegsversehrten eignete, der einen vierbeinigen Gefährten mit vorbildlichem Gehorsam an seiner Seite brauchte. Doch Apollo *war* trainierbar. Sie finden sogar auf der Internetstartseite meiner Argus Service Dog Foundation (und hier im Buch auf Seite 74) ein Foto von ihm neben seinem Besitzer Tyler. Dieser durchgedrehte, wie ein Verrückter hin und her springende, autozernagende, leinenzerstörende und auf den Rücksitz pinkelnde Hund hat sich tatsächlich zu einem der vorbildlichsten Arbeitshunde entwickelt, die ich je trainiert habe. Wenn Sie Apollo heute sähen, könnten Sie sich wahrscheinlich gar nicht vorstellen, dass dieser Dobermann früher einmal so außer Rand und Band war, dass ich ihn kaum zum Flughafen transportieren konnte. Apollo beherrscht nicht nur die sieben Grundkommandos, sondern hat inzwischen sogar gelernt, seine Muskeln auf Kommando anzuspannen, damit Tyler sich beim Treppensteigen auf ihn stützen kann. Er kann den Rollstuhl seines »Herrchens« ziehen, wenn die beiden an eine Böschung kommen, und hebt alle Gegenstände auf, die Tyler fallen lässt oder die er ihn zu holen bittet. Er kann sogar zwischen rechts und links unterscheiden und den Rollstuhl seines Besitzers auf Kommando in die gewünschte Richtung ziehen. Apollo hat gelernt, geduldig und jederzeit für sein Herrchen da zu sein. Letzten Endes ließ dieser Chaot sich nicht nur trainieren, sondern ist zu einem würdevollen, intelligenten, treuen und fähigen Hund herangereift.

Die beiden Hälften meiner zerfetzten Hundeleine habe ich bis zum heutigen Tag aufbewahrt: Sie hängen als Souvenir an meiner Wand, um mich und alle anderen Menschen daran zu erinnern, dass jeder Hund trainierbar ist – so unmöglich einem das anfangs auch erscheinen mag. Ich hoffe, dass Sie nicht für beschädigte Mietautos aufkommen oder erst mal von ihm an die Wand gedrückt werden, bevor es Ihnen gelingt, Ihren Hund zur Vernunft zu bringen. Doch egal, welche Schwierigkeiten er Ihnen bereitet – versuchen Sie dabei stets daran zu denken, was für sensationelle Geschichten Sie Ihren Freunden und Bekannten hinterher erzählen können (*nachdem* es Ihnen gelungen ist, das wohlerzogene Tier, das in seinem Inneren schlummerte, zum Vorschein zu bringen).

Sechs wichtige Voraussetzungen für ein erfolgreiches Hundetraining

Es gibt ein paar Grundprinzipien, die ich bei jedem Trainingsprogramm beherzige – egal, ob ich es mit einem völlig unerzogenen Welpen zu tun habe, einfach nur ein paar in Vergessenheit geratene Kommandos wieder auffrischen möchte oder mit einem Hund arbeite, der ein Verhaltensproblem hat. Um diese wichtigen Aspekte geht es in diesem Kapitel. Sie sind gewissermaßen Ihr »Lucky-Dog«-Einmaleins – alles, was Sie wissen müssen, um mit der Erziehung Ihres Hundes beginnen zu können. Wenn Sie sich an diese sechs Prinzipien halten, können Sie Ihren Hund besser und erfolgreicher trainieren:

1. mentale Vorbereitung,
2. Kontrolle,
3. Konzentration,
4. Technik,
5. Trainingswerkzeuge,
6. Konditionierung.

Mentale Vorbereitung

Viele Menschen halten das Training eines Hundes in erster Linie für einen physischen Vorgang: Man bringt ihm einen bestimmten Bewegungsablauf bei und wiederholt dieses Kommando dann so lange, bis er sich im Muskelgedächtnis des Hundes verankert hat. Einige Bewegungsabläufe werden dabei wahrscheinlich auch in *Ihr* Muskelgedächtnis übergehen – zum Beispiel die Geste, mit der Sie Ihrem Hund das Signal

BLEIB geben, oder die Leinenhaltung, mit der Sie ihn dazu bringen, *FUSS* zu gehen. Auch subtilere Körpersignale (auf die ich in den nächsten Kapiteln noch näher eingehe) werden Ihnen im Lauf der Zeit allmählich in Fleisch und Blut übergehen. Doch eine der wichtigsten Voraussetzungen für ein erfolgreiches Hundetraining wird leider oft übersehen: nämlich der mentale Aspekt. Ihre innere Stärke entscheidet darüber, wie gut das Hundetraining laufen wird, denn sie hilft Ihnen, die Situationen durchzustehen, in denen Ihr Hund absolut nichts von dem zu begreifen scheint, was Sie ihm beizubringen versuchen.

Einer der Mentoren, die mich als Teenager im Tiertraining unterwiesen haben, hatte eine Philosophie, die für mich inzwischen fast schon zum Mantra geworden ist: »Dein Hund ist wie ein Spiegel: Er spiegelt dir genau das Gesicht wider, das du ihm zeigst.«

Was für ein Gesicht möchten Sie Ihrem Hund zeigen? Sie sind nicht sein Mitarbeiter, sondern sein Chef – kein Schüler, sondern ein Lehrer. Sie sollen ihm kein wütendes oder aggressives Gesicht präsentieren, sondern eines, das weder Frustration noch Zweifel noch Zögern verrät. Denken Sie einmal an einen hervorragenden Lehrer oder Coach zurück, den Sie kennen. So jemand strahlt Selbstvertrauen und eine positive Einstellung aus, behält die Zügel in der Hand, und es liegt ihm am Herzen, seinen Schülern Wissen zu vermitteln. So ein Mensch braucht nichts zu beweisen, er hat nur etwas anzubieten – ungefähr so wie Bill Gates, der einen Computerkurs abhält, oder Warren Buffett, der die Grundlagen einer klugen Anlagestrategie erklärt. Dieses Gesicht sollen Sie Ihrem Hund beim Training zeigen. Es spielt keine Rolle, ob Sie vorher schon hundert Hunde ausgebildet haben oder noch keinen Einzigen. Niemand kennt Ihren Hund besser als Sie, und niemand weiß besser, was er noch zu lernen hat. Während seiner Erziehung sind *Sie* der Experte – und das ist genau die Einstellung, mit der Sie an die Sache herangehen sollten. Zu anderen Zeiten können Sie Ihrem Hund ruhig das Gesicht eines guten Kumpels oder Spielkameraden zeigen, doch beim Training müssen Sie in die Rolle des allwissenden Lehrers schlüpfen.

Warum ist das so wichtig? Ganz einfach: Tiere wollen geführt werden. Sie warten auf Signale oder Hinweise, an denen sie ablesen können, was sie tun sollen. Wenn Sie ihnen diese Signale nicht liefern, suchen sie woanders danach – oder übernehmen selbst die Führungsrolle. In den meisten Fällen hat das gar nichts mit Dominanz zu tun; Hunde haben einfach einen angeborenen, tief in ihrer Psyche verwurzelten Drang danach, zu einem hierarchisch geordneten Rudel zu gehören, und möchten gern zu jemandem aufschauen. Das gilt übrigens auch für das Training großer Raubtiere: Ich kann einen zweihundert Kilo schweren Sibirischen Tiger nur dazu bringen, auf meine Befehle zu hören, indem ich die mentale Führung übernehme. In körperlicher Hinsicht kann ich es mit so einem Tier natürlich nicht aufnehmen – und jeder, der glaubt, einen Tiger mit physischer Gewalt zu etwas zwingen zu können, ist auf dem Holzweg und bringt sich in eine sehr gefährliche Situation. Wer so etwas versucht, ist wirklich reif für den »Darwin Award«. Ich muss den Tieren, die ich dressiere, ein energisches, entschlossenes Gesicht zeigen; davon hängt es ab, ob ich eines der größten Raubtiere der Welt dazu bringen kann, ruhig meine Befehle zu befolgen, oder ob das Tier beschließt, dass ich diesen Respekt nicht verdient habe, und stattdessen einfach tut, was es will.

Wenn Sie sich mit den Erziehungsmethoden in diesem Buch beschäftigen, sollten Sie dabei stets daran denken, dass Sie Ihrem Hund ein selbstsicherer und gleichzeitig verständnisvoller Anführer sein müssen. Das sind die mentalen Voraussetzungen jeder guten Hundeerziehung, und manchmal muss man dabei auch ein bisschen »so tun, als ob«. Denn ich kann Ihnen versichern, dass Sie sich dabei nicht immer wie ein selbstsicherer, verständnisvoller Mensch *fühlen* werden – und ich wäre ein notorischer Lügner, wenn ich behauptete, dass nicht auch ich beim Hundetraining manchmal frustriert bin oder nervös werde. In dieser Hinsicht geht es mir genauso wie jedem anderen Menschen – vor allem, wenn ich mit einem mir unbekannten, noch völlig unerzogenen Tier arbeite und weiß, dass ich nur ein bis zwei Wochen Zeit habe, um ihm Manieren, Gehorsam oder gar Kunststücke beizubringen.

Genau wie es in der Werbung für manche Deosprays so schön heißt, besteht das Erfolgsgeheimnis darin,»sich nicht anmerken zu lassen, dass man schwitzt«. Frustration, Ängste oder Sorgen zu unterdrücken ist eine mentale Disziplin, die jeder gute Tiertrainer beherrschen muss. Wenn Sie Ihrem Hund zeigen, dass Sie Angst haben, frustriert sind oder nicht wissen, wie Sie mit einer Situation umgehen sollen, können Sie genauso gut gleich das Handtuch werfen – denn Ihr Hund liest Ihnen diese Gefühle am Gesicht ab. Deshalb sollten Sie an jede Trainingssitzung in einer Haltung innerer Ruhe und Entschlossenheit herangehen. Egal, wie Ihnen zumute ist – Ihr Gesicht sollte ausdrücken:»Wir ziehen das jetzt durch. Ich gebe nicht auf, und ich möchte auch nicht, dass *du* aufgibst.«

Und wenn Sie doch einmal frustriert sein sollten, denken Sie daran, dass Ihr Partner bei diesem Vorhaben schließlich»nur ein Hund« ist. Das ist keineswegs abwertend gemeint; ich will damit lediglich sagen, dass ein Hund nicht so gut lernen und sprachliche Signale verarbeiten kann wie Sie und dass jeder Hund sein eigenes Lerntempo hat. Also nehmen Sie sich Zeit, fangen Sie erst einmal mit leichteren Aufgaben an, und haben Sie Geduld. Denken Sie daran, dass *Sie* derjenige sind, der Daumen hat und aufrecht geht; also sind Sie in der Beziehung zu Ihrem Hund auch der Anführer. Mit der Zeit wird Ihr vierbeiniger Freund schon alles lernen, was er wissen muss.

Kontrolle

Wenn ich die Voraussetzungen, die man braucht, um einen Hund zu erziehen, in drei Worten zusammenfassen müsste, würde ich sagen:»Kontrolle, Training, Leckerlis.« Jeder, der schon einmal mit mir zusammengearbeitet hat, kennt diesen Satz und hat ihn wahrscheinlich mehr als einmal von mir gehört, denn das sind in meinen Augen die drei wichtigsten Spielregeln. Egal, ob Sie gerade erst mit dem Training eines Welpen beginnen, der keine Sekunde still sitzen kann, oder mit einem älteren Hund arbeiten, der am liebsten den ganzen Tag auf der Couch liegen würde – um ein Tier erfolgreich trainieren zu können, müssen Sie sich an diese drei Grundprinzipien halten. Diese drei Worte sollten Sie stets im Hinterkopf haben, wenn Sie die Trainingsmethoden, die ich in diesem Buch beschreibe, in die Praxis umsetzen. Falls Sie schon seit einiger Zeit mit Ihrem Hund arbeiten und trotzdem immer noch nicht die gewünschten Resultate sehen, sollten Sie innehalten, an diese drei Prinzipien denken und sich fragen, ob Sie sie auch wirklich in der richtigen Reihenfolge umsetzen.

Kontrolle ist die Grundvoraussetzung für jedes Hundetraining. Warum ist Kontrolle so wichtig? Das lässt sich am besten an folgendem Beispiel veranschaulichen: Angenommen, eine Lehrerin hat zwanzig Erstklässler vor sich, denen sie beibringen muss, das Abc zu lesen, zu schreiben und aufzusagen. Was unternimmt diese Lehrerin wohl als Erstes, um zwanzig kleine Kinder unter Kontrolle zu bekommen? Sie führt sie in ein Klassenzimmer und fordert sie auf, sich hinzusetzen. Alle Stühle müssen in ihre Richtung zeigen – sie muss im Mittelpunkt der Aufmerksamkeit ihrer Schüler stehen. Das ist ein ziemlich gutes Prinzip, um eine chaotische Situation unter Kontrolle zu bekommen.

Ihr Hund entspricht diesen zwanzig Erstklässlern. (Sie sehen schon: Hundetraining ist sehr viel einfacher, als eine Schulklasse zu unterrichten, nicht wahr?) Sein Gehirn ist längst nicht so hoch entwickelt wie Ihres, er hat ganz andere Interessen als Sie und ist von einer Welt voller faszinierender Ablenkungen umgeben: Menschen, Tiere – es gibt so viel Interessantes zu sehen und zu erschnuppern. Bevor Sie auch nur daran denken können, diesem Hund etwas beizubringen, müssen Sie ihn erst einmal unter Kontrolle bringen. Ich weiß, dass sich das eigentlich von selbst versteht, und doch sehe ich tagtäglich Menschen, die versuchen, ihre Hunde zu erziehen, ohne zunächst einmal diese lebenswichtige Voraussetzung geschaffen zu haben. Und *Sie* sehen solche Leute wahrscheinlich auch immer wieder: verzweifelte Hundebesitzer, die von ihren Vierbeinern die Straße entlanggezerrt werden, im Park hinter einem entlaufenen Vierbeiner herrennen und immer wieder »*SITZ, SITZ, SITZ!*« schreien, ohne dass ihr Hund ihnen auch nur das geringste Gehör schenkt. Wir alle haben so etwas schon hier und da beobachtet und wahrscheinlich auch irgendwann einmal die gleichen Fehler gemacht – also wissen wir inzwischen, dass das nichts bringt.

Die Zwei-Leinen-Technik

Das Schöne an dieser Technik ist, dass sie nicht nur funktioniert, sondern auch sehr einfach ist. Man braucht kein erfahrener Hundetrainer zu sein, um sie zu erlernen oder erfolgreich einzusetzen, und erzielt damit stets gute Resultate. Dafür braucht man:

- zwei 1,80 Meter lange Leinen,
- ein Geschirr,
- ein flaches Halsband,
- eine Tüte mit Leckerlis.

Die Zwei-Leinen-Technik.

Legen Sie dem Hund zunächst das Geschirr an. Dann schlingen Sie die Schlaufe der ersten Leine (Ankerleine) um das Bein eines Sofas oder schweren Tischs oder irgendeines anderen feststehenden Objekts. Im Trainingsschuppen verwende ich dazu an einer Wand befestigte O-Ringe; Sie können solch einen Ring aber auch an der Wand Ihrer Garage oder Ihres Hinterhofs anbringen, wenn Sie sich eine permanente Trainingsstation einrichten möchten. Sobald Sie das eine Ende der Leine festgemacht (die Leine »verankert«) haben, haken Sie das andere Ende ins Geschirr Ihres Hundes ein. Als Nächstes befestigen Sie Ihre zweite Leine (die Führungsleine) am Halsband Ihres Hundes.

Halten Sie das Ende der Führungsleine in der Hand, und ziehen Sie die Leine vorsichtig zu sich hin; Sie brauchen bei dieser Technik keine Gewalt anzuwenden, weil die Leinen Ihnen die Arbeit abnehmen. Sobald Sie einen gewissen Zug auf die Führungsleine ausüben, zieht die Spannung zwischen den beiden Leinen Ihren Hund automatisch in eine aufrechte Position und schränkt seinen Bewegungsradius nach links, rechts, vorn und hinten ein – und schon haben Sie die Situation unter Kontrolle.

Die Zwei-Leinen-Technik aus der Nähe.

Anfangs wird Ihrem Hund das vielleicht nicht gefallen, aber das ist kein Problem. Die Hauptsache ist, dass Sie ihm mit dieser Trainingsmethode weder Verletzungen noch Schmerzen zufügen können. Halten Sie ihm nun in einer Entfernung von ungefähr dreißig Zentimetern ein Leckerli vor die Nase. Vielleicht wird Ihr Hund daraufhin versuchen, einen Satz nach vorn zu machen, um sich das Leckerli zu schnappen. Doch in seiner durch zwei Leinen arretierten Position kann er das nicht, also warten Sie einfach ab, bis er den Versuch aufgibt. Wenn er nicht stillstehen will, ziehen Sie einfach an der Führungsleine, um ihn unter Kontrolle zu halten. Sie werden feststellen, dass der Körper Ihres Hundes dadurch automatisch gestreckt wird. Sie können ihn auffordern, sich zu beruhigen (zum Beispiel mit dem Kommando *RUHIG*), damit er begreift, was Sie mit dieser Übung bezwecken. Aber denken Sie daran: Wenn Sie dabei ein Kommando verwenden, sollte es immer dasselbe sein. Dieses Kommando kann Ihnen in Zukunft wertvolle Dienste leisten, wenn Sie es Ihrem Hund richtig beibringen. Die meisten Hunde beruhigen sich in dieser Situation schon nach ein paar Sekunden, bei anderen dauert es ein bisschen länger. Sobald Ihr Hund still dasteht, zählen Sie in Gedanken bis drei. Wenn Ihr Hund bei drei immer noch ruhig dasteht, sollten Sie ihn loben und mit einem Leckerli belohnen. Aber tun Sie das nur in dem Augenblick, in dem er auch wirklich still steht und ruhig ist, bringen Sie ihn nicht durcheinander, indem Sie ihm ein Leckerli zustecken, während er herumspringt oder an seinen Leinen zerrt!

Wie die meisten Gehorsamsübungen müssen Sie auch diese mehrfach wiederholen, damit sie sich im Gedächtnis Ihres Hundes verankert. Wiederholen Sie die Übung zehnmal pro Sitzung, doch beim nächsten Mal zählen Sie dabei nicht auf drei, sondern auf vier (was bedeutet, dass Ihr Hund ganze vier Sekunden lang ruhig bleiben muss!), und wiederholen Sie auch das zehnmal. Arbeiten Sie sich auf diese Weise allmählich bis zu mindestens zehn Sekunden hoch. Sobald Ihr Hund die Zehn-Sekunden-Marke erreicht hat und dabei zuverlässig stillsteht, versuchen Sie, die Übung ohne Ankerleine zu machen, indem Sie Ihrem Hund nur noch das Kommando geben und ihn mit Leckerlis belohnen. Als Nächstes können Sie auch die Führungsleine weglassen. Falls Ihr Hund während dieser zehn Sekunden die Beherrschung verlieren sollte, fangen Sie einfach noch einmal von vorn an und arbeiten mit ihm langsam und allmählich auf dieses Ziel hin. Jedes Mal, wenn Ihr Hund die Gedankenverbindung zwischen ruhigem Stillstehen und Belohnung herstellt, wird er ein bisschen leichter trainierbar.

Ohne den ruhigstellenden Effekt der beiden Leinen könnte es Wochen – wenn nicht gar Monate – dauern, bis Ihr Hund begreift, dass er schlicht und einfach fürs Stillstehen und Ruhigsein belohnt wird. Doch sobald Ihr Hund sich an diese Zwei-Leinen-Technik gewöhnt hat, haben Sie eine Methode in Ihrem Arsenal, die Sie immer dann einsetzen können, wenn Sie während des Trainings ein bisschen mehr Kontrolle über Ihren Vierbeiner ausüben müssen. Üben Sie diese Technik während der gesamten Trainingsphase immer wieder mit ihm, denn je öfter Sie sie praktizieren, umso besser können Sie Ihren Hund in Schach halten, und umso leichter wird es Ihnen dann auch fallen, ihn zu trainieren.

Deshalb besteht der erste Schritt zu Beginn jeder Erziehung darin, Ihren Hund unter Kontrolle zu bringen.

Und das ist zum Glück gar nicht so schwierig: Schon ein Raum oder ein von sämtlichen Ablenkungen freies Gelände gibt Ihnen eine gewisse Kontrolle über Ihren Vierbeiner. Wenn Sie ihn dann auch noch auf ein Podest oder eine andere erhöhte Fläche stellen, bekommen Sie ihn noch besser unter Kontrolle. (Das gilt vor allem für kleinere Rassen.) Eine Leine ist wahrscheinlich die einfachste Methode, einen Hund in den Griff zu bekommen, denn sobald er angeleint ist, kann er nicht mehr weglaufen. Und hier noch ein ganz besonderes Erfolgsrezept erfahrener Hundetrainer: *Zwei* Leinen geben Ihnen doppelt so viel Kontrolle über Ihren vierbeinigen Freund!

Im Lauf der Jahre habe ich eine wichtige Trainingsstrategie entwickelt, die ich als Zwei-Leinen-Technik bezeichne. Wenn Sie meine Fernsehsendung »Der Hundetrainer« kennen, haben Sie mich sicherlich schon öfter dabei beobachtet. Ich schwöre auf diese Methode, weil sie so gut funktioniert und ich damit mindestens fünfundneunzig Prozent aller Hunde, bei denen ich sie anwende, gut in den Griff bekomme.

Denken Sie während Ihres Trainingsprogramms stets daran, dass Kontrolle das Fundament jeder Arbeit mit einem Hund ist. Ich habe diese einfache Kontrollmethode schon Hundebesitzern auf der ganzen Welt beigebracht und erhalte tagtäglich E-Mails, in denen sie mir dafür danken und mir zur Bestätigung die drei Worte sagen, die ich immer wieder gern höre: »Es hat funktioniert.«

Konzentration

Doch um Ihren Hund richtig trainieren zu können, ist viel mehr als nur Kontrolle erforderlich – Sie brauchen auch seine ungeteilte Aufmerksamkeit. Wenn Sie mit einem Welpen oder jungen Hund arbeiten, kann das sehr viel schwieriger sein, als es sich anhört. Die beste Methode, Ihren Hund auf sich aufmerksam zu machen, besteht darin, ihm etwas anzubieten, was er nicht ignorieren kann. Erinnern Sie sich noch an Kapitel 1, in dem wir über Hunderassen und Motivation gesprochen haben? Um die Aufmerksamkeit Ihres Hundes zu wecken, müssen Sie ihn irgendwie motivieren. Die meisten Hunde lieben Leckerlis, andere reagieren besser auf Spielsachen, und manche wollen einfach nur geliebt werden. Wenn Sie herausfinden, worauf *Ihr* Hund am besten reagiert, können Sie ihn im Handumdrehen dazu bringen, für Sie Purzelbäume zu schlagen.

Hat Ihr Hund einen starken Futtertrieb (und das ist bei den meisten Hunden der Fall), können Sie ihn mit nahezu jedem Leckerli motivieren. Falls sein Futtertrieb nicht so ausgeprägt ist, müssen Sie Ihren »Einsatz« erhöhen. Denken Sie daran, dass Futter für Ihren vierbeinigen Freund so etwas Ähnliches ist wie Geld für uns – und genau wie beim Geld gibt es auch beim Futter verschiedene Münzen und Scheine. Überlegen Sie, welches Futter Ihr Hund am meisten mag – was ihm viel besser schmeckt als sein übliches Trockenfutter. Angenommen, das gewohnte Futter Ihres Hundes wäre eine Ein-Euro-Münze: Dann wäre ein Hundekeks fünf Euro, ein Leber-Leckerli zehn bis zwanzig Euro wert, und ein Stück Steak wäre der Hundert-Euro-Schein, den Sie für Notfälle ganz hinten in Ihrer Brieftasche stecken haben. Zu Beginn des Trainings sollten Sie möglichst viele verschiedene Belohnungen parat haben, um die Aufmerksamkeit Ihres Hundes zu wecken und sein Interesse vom Anfang bis zum Ende der Sitzung aufrechtzuerhalten. Aber geben Sie Ihre großen Geldscheine nicht zu schnell aus! Denn die brauchen Sie vielleicht später noch, um Ihren Hund während der ganzen Trainingssitzung bei der Stange zu halten und ihn für besondere Spitzenleistun-

Leckerlis sind nicht die einzige Methode, einen Hund dazu zu bringen, dass er sich konzentriert: Manchmal ist ein Lieblingsspielzeug wirksamer.

gen zu belohnen. Wahrscheinlich kann er sie in Ihrer Hosen- oder Leckerlitasche die ganze Zeit über riechen, und dieser Duft wird für die nötige Motivation sorgen.

Wenn Sie Futter als Lockmittel benutzen, sollten Sie daran denken, dass diese Strategie besser wirkt, wenn Ihr Hund Hunger hat. Direkt nach dem Fressen sollten Sie gar nicht erst versuchen, die Aufmerksamkeit Ihres Hundes mit Leckerlis zu wecken! Trainieren Sie ihn lieber dreißig bis sechzig Minuten *vor* der Fütterungszeit, wenn er bereits anfängt, ans Fressen zu denken, und sich wahrscheinlich für alles Essbare interessieren wird. Wenn Ihr Hund Sie vor der Fütterungszeit auf Schritt und Tritt verfolgt, liegt das daran, dass seine innere Uhr ihm sagt: »Jetzt gibt's gleich was zu fressen!« Diese Zeit, in der ihm schon förmlich das Wasser im Mund zusammenläuft, sollten Sie nutzen.

Manche Hunde lassen sich wie gesagt leichter durch Spiele oder Spielsachen motivieren als durch Futter. Wenn Sie schon mal einen Retriever beim Spiel mit seinem geliebten Tennisball oder eine Bulldogge beobachtet haben, die mit Feuereifer an einem Seil zerrte, wissen Sie, was ich meine. So war es auch bei Murphy, einem sehr lebhaften, kräftigen und störrischen, ein Jahr alten und achtzig Pfund schweren Labrador, den ich aus dem Tierheim geholt hatte.

Murphy brachte genau die Kombination von Eigenschaften mit, die einem frischgebackenen Hundebesitzer das Leben schwer machen kann: Größe, jugendlichen Starrsinn, völlig fehlendes Konzentrationsvermögen und genügend Körperkraft, um selbst den erfahrensten Hundetrainer an seine Grenzen zu bringen. Dieser Hund trieb mich fast zur Verzweiflung – bis ich beschloss, sein großes Interesse an sämtlichen Hundespielzeugen, die es auf meiner Ranch gab, für meine Zwecke zu nutzen. Ich legte einen großen Haufen Spielsachen vor Murphy hin und ließ ihn sein Lieblingsspielzeug wählen. Zuerst hätte er sie am liebsten alle gleichzeitig ins Maul genommen, doch nachdem ihm klar geworden war, dass das nicht ging, entschied er sich schließlich für einen »Chuckit!«-Ball – was ich daran erkannte, dass er diesen Ball nicht aus den Augen ließ. Statt einfach blindlings ein Spielzeug auszuwählen, das er vielleicht ganz nett fand, ließ ich Murphy selbst eins aussuchen, das ihn wirklich vom Hocker riss, um zu erreichen, dass er unsere ganze Trainingssitzung hindurch motiviert blieb. So gelang es mir, seinen Arbeits- und Lerneifer zu wecken. Als ich den Ball dann während des Trainings ins Spiel brachte, richtete Murphy seine ganze Aufmerksamkeit auf mich und war voll konzentriert. Während ich ihm seine Kommandos beibrachte, hielt ich den Ball in der Hand, und jedes Mal, wenn dieser große, ein bisschen vertrottelt wirkende, überschwängliche Hund etwas richtig gemacht hatte, warf ich den Ball für ihn und ließ ihn ein paar Sekunden lang damit spielen. Das wirkte wahre Wunder, und ich erreichte damit viel mehr, als wenn ich ihm diese Leistungen einfach nur mit Leckerlis abzuringen versucht hätte. Wenn Ihr Hund nichts mehr liebt als ein bestimmtes Spielzeug, bauen Sie dieses ruhig in Ihr Training ein! Zu Beginn der Sitzung können Sie Ihren Vierbeiner damit dazu bringen, sich auf Sie zu konzentrieren, und später können Sie es als Belohnung einsetzen.

Aber auch das Energieniveau Ihres Hundes spielt beim Training eine wichtige Rolle. Wenn er zu viel Energie hat, wird es ihm anfangs schwerfallen, sich auf etwas zu konzentrieren. An dieser Stelle möchte ich noch einmal auf unseren Vergleich zwischen Hundetrainer und Lehrer zurückgreifen: Wenn Sie ein paar Pädagogen, die ihr Handwerk wirklich gut beherrschen, fragen, wie man eine Klasse voll lebhafter drei-, fünf- oder siebenjähriger Kinder in den Griff bekommt, werden alle Antworten, die Sie erhalten, mehr oder weniger auf das Gleiche hinauslaufen: Diese Kinder brauchen ein physisches Ventil für ihre Energie, sonst kann man ihnen unmöglich etwas beibringen. Wenn Ihr Hund sehr lebhaft ist, sollten Sie vor dem Training erst mal mit ihm spazieren gehen, damit er seine überschüssige Energie abreagieren kann. Aber warten Sie nach diesem Spaziergang mindestens zwanzig Minuten, bevor Sie mit dem Training beginnen, bis sein Adrenalinspiegel wieder ein bisschen gesunken ist und sein Bewegungsdrang sich gelegt hat!

Denken Sie daran, dass Kontrolle und Konzentration Hand in Hand gehen. Wenn es Ihnen also schwerfällt, die Aufmerksamkeit Ihres Hundes beim Training auf sich zu ziehen und aufrechtzuerhalten, sollten Sie mit der Zwei-Leinen-Technik arbeiten, um seine Beweglichkeit und damit auch seinen Konzentrationsradius einzuschränken. Setzen Sie diese Strategie immer dann ein, wenn das Training nicht so läuft, wie es sollte.

Hallo, ich bin Kobe! Eins habe ich im Lauf der Jahre gelernt: Die Größe eines Hundes hat nichts mit seiner Kontrollierbarkeit zu tun. Ich habe schon mit vielen kleinen Hunden gearbeitet, die beim Training genauso schlimme Chaoten waren und sich genauso leicht ablenken ließen wie die schwierigsten Hunderiesen. Zu diesen kleinen, aber chaotischen Hunden gehörte Kobe, und als ich diesen Wirbelwind kennenlernte, hatte er für seinen Mangel an Konzentrationsvermögen schon einen hohen Preis bezahlt: Sein Besitzer hatte den kleinen Terriermischling bereits nach einem Monat ins Tierheim gebracht mit der Begründung, dieser ein Jahr alte und neun Pfund schwere Hund lasse sich beim besten Willen nicht erziehen. Das Etikett »nicht erziehbar« kann für einen Tierheimhund ein Todesurteil sein, doch die Mitarbeiter des Tierasyls glaubten, dass sein vorheriger Besitzer sich in seinem vernichtenden Urteil vielleicht getäuscht hatte, und holten daher eine Zweitmeinung bei mir ein.

Auf dem Trainingsplatz meiner Ranch erwies Kobe sich als extravertierter, furchtloser Vierbeiner – er rannte auf Hunde aller Formate und Größen zu und sprang an ihnen hoch, um sie zu begrüßen. Doch wenn es dann Zeit zum Trainieren war, zeigte er mir eine ganz andere Seite seiner Persönlichkeit: Das Problem bestand nicht nur darin, dass er keine Ahnung von gesittetem Benehmen hatte. Es lag zwar auf der Hand, dass Kobe keine Kommandos kannte, aber ich habe schon viele Hunde ausgebildet, mit denen ich ganz bei null anfangen musste. Das Hauptproblem bei Kobe war sein völliger Mangel an Konzentrationsvermögen; selbst wenn ihm die Kommandos bekannt gewesen wären, hätte er sich vielleicht nicht lange genug konzentrieren können, um mir das zu beweisen. Er interessierte sich für alles Mögliche: den Rasen, das Trainingspodest, die Leckerlis und Spielsachen, die Mauer, meine Hand, mein Hemd, meine Schuhe ... Es war, als würde alles in seiner Umgebung ständig um seine Aufmerksamkeit wetteifern. Wäre Kobe ein junger Mensch gewesen, so hätte er zu den sogenannten ADHS-Kindern gehört, die ständig in Bewegung sind und denen pausenlos ein innerer Monolog im Kopf herumgeht. Ich konnte fast hören, wie sich die Gedanken in seinem Kopf jagten: »Da ist ja eine Hand ... Nein, zwei Hände! Habe ich da nicht gerade ein Leckerli gesehen? Guck mal – ein Spielzeug! Das quietscht ja! Und da – ein Vogel! Ein Eichhörnchen! Eine Fliege! Ein Blatt! Hau doch endlich ab mit deiner Leine, du Idiot. Ich habe Wichtigeres zu tun!« Und schon rannte er an mir vorbei und der nächsten spannenden Ablenkung entgegen. Dieser Hund war unverbesserlich, und ich konnte beinah nachfühlen, dass ein unerfahrener Besitzer ihn für unerziehbar hielt.

Doch zu Kobes Glück hatte ich nicht die Absicht aufzugeben. Dieser Hund brauchte einfach nur Kontrolle und Konzentration, und je länger ich ihn trainierte, umso klarer kristallisierte sich für mich ein Verhaltensmuster heraus, das mir verriet, was er sonst noch brauchte. Natürlich war Kobe disziplinlos, aber er war auch eigensinnig und clever. Viele Menschen halten starrsinnige Hunde für unintelligent, obwohl das oft gar nicht stimmt: Ein intelligenter Hund weiß immer schon im Voraus, was Sie von ihm erwarten, und kann Sie überlisten, indem er das gewünschte Verhalten vermeidet. Genau das spielte sich zwischen Kobe und mir ab: Ich wollte, dass er sich an meine Spielregeln hielt, doch er wollte lieber seinen eigenen Kopf durchsetzen.

Um bei diesem Hund etwas zu erreichen, musste ich sein Training auf eine andere Ebene verlagern. Zunächst brachte ich ihn unter Kontrolle, indem ich ihn an eine kurze Leine legte und auf ein Trainingspodest stellte. Dadurch befand er sich auf Augenhöhe mit mir, sodass ich Blickkontakt zu ihm herstellen und seine Aufmerksamkeit besser auf mich lenken konnte. Als Nächstes holte ich meine Leckerlis heraus. Zum Glück besaß Kobe eine Eigenschaft, die ihn zu einem guten Trainingskandidaten machte: Er ließ sich auf geradezu schamlose Art und Weise durch Futter motivieren. Egal, was für ein Schmankerl ich in der Hand hielt – er musste es unbedingt haben.

Den letzten Wendepunkt in seinem Training erreichte ich durch eine etwas unkonventionellere Strategie: Kobe musste überrumpelt werden. Immer wenn unser Training zu vorhersehbar wurde, drehte er den Spieß um und überlistete mich. Also änderte ich meine Methode, als ich ihm den Befehl NEIN beibrachte, immer wieder; ich setzte von Mal zu Mal neue Techniken ein, sodass er sich nie sicher sein konnte, was als Nächstes kam. Auf diese Weise erreichten wir schließlich einen Durchbruch: Kobe schenkte mir genügend Aufmerksamkeit, um das Kommando zu erlernen, statt sich dagegen zu wehren. Nachdem er begriffen hatte, wie er mit mir zusammenarbeiten konnte, statt gegen mich zu arbeiten, erlernte er sein erstes Kommando mit Begeisterung und bekam für jede gute Leistung eine Belohnung. Und was genauso wichtig ist: Durch das Erlernen dieses Kommandos entwickelte er neuen Respekt und neues Interesse an mir. Ich hatte ihn überrumpelt, ihm etwas beigebracht und ihn fürs Lernen belohnt. Von da an betrachtete er mich als jemanden, der nicht einfach nur seine ungezogenen Eskapaden, sondern seinen Respekt verdient hatte. Die übrigen Kommandos hat Kobe sehr viel leichter erlernt.

––––––––––––

Technik

Hin und wieder begegne ich einem Hundetrainer, der behauptet, die »Hundesprache« zu verstehen und irgendwelche Geheimrezepte zur Kommunikation mit Tieren zu kennen, von denen andere Menschen keine Ahnung haben. Wer weiß? Vielleicht ist da ja tatsächlich etwas dran, aber ich habe so etwas bisher noch nie erlebt, und es gibt auch keine wissenschaftlichen Beweise dafür. Die wirklich guten Tiertrainer, die ich weltweit kennengelernt habe, setzen bei ihrer Arbeit vor allem ein Werkzeug ein: die richtige Technik. Und dazu braucht man jahrelange Erfahrung. Nicht ohne Grund sind die besten Hundetrainer gleichzeitig auch die erfahrensten: Sie haben bei ihren Tieren schon Hunderte Male die gleichen Probleme erlebt und gelöst und wissen daher genau, welche Technik sie wann einsetzen müssen. Nach jahrelanger Übung und Erfahrung mit wirksamen Trainingsmethoden entwickeln solche Trainer natürlich auch einen sehr feinen Instinkt – und dann sieht es vermutlich fast so aus, als könnten sie wie Dr. Dolittle mit den Tieren sprechen.

Dabei hat Hundeerziehung in Wirklichkeit sehr viel mit Kampfsport zu tun: Hier geht es in erster Linie um Technik und Konditionierung. Die Technik kann man an einem Tag erlernen, doch die Konditionierung dauert Tage, Wochen oder sogar Monate. Die besten Kampfsportler der Geschichte haben nicht viel über ihr Handwerk geredet, sondern es einfach durch jede Menge Training und Übung gemeistert. Wenn man sich so konsequent und kontinuierlich um etwas bemüht, geht es einem irgendwann in Fleisch und Blut über. Indem wir unsere Hunde trainieren, helfen wir ihnen damit, sich nahtlos in unser Alltagsleben einzufügen und sich an unsere Spielregeln zu halten.

Haben Sie stets einen Plan B!

Jeder Hund ist eine Kombination aus DNA und persönlicher Lebenserfahrung, die ihn genauso unverwechselbar macht wie einen Fingerabdruck. Hunde sind lebende, atmende, fühlende Wesen und unterscheiden sich somit logischerweise voneinander; es gibt keine zwei Verhaltensprobleme, die einander gleichen wie ein Ei dem anderen. Deshalb ist es auch völlig logisch, dass nicht jeder Hund auf dieselbe Trainingsmethode anspricht. Eine der wichtigsten Lektionen, die ich während meiner jahrzehntelangen Arbeit mit Tieren gelernt habe, lautet, dass man immer einen Plan B in der Tasche haben sollte. Auf diese Weise kann ich, wenn ein Hund auf meine erste Trainingsmethode nicht anspricht, blitzschnell meine Vorgehensweise ändern. Bei manchen Hunden führt erst eine Kombination aus mehreren verschiedenen Techniken zum durchschlagenden Erfolg.

Ich stelle Ihnen in diesem Buch zu allen (außer den einfachsten und zuverlässigsten) Trainingsmethoden Varianten vor. Denken Sie beim Lesen und beim Trainieren Ihres Hundes stets daran: Falls Sie mit irgendeiner Methode nicht weiterkommen sollten, finden Sie noch an derselben Stelle gute Alternativen – eine Art »Trainingsversicherung« – dazu. Vielleicht werden Sie Ihren Plan B niemals brauchen, aber wenn Sie beim Training Ihres Hundes doch einmal Schwierigkeiten bekommen sollten, sind Sie auf alle Fälle gut dafür gerüstet.

Deshalb erkläre ich Ihnen in diesem Buch viele Strategien (zum Beispiel die Zwei-Leinen-Technik), mit denen man den Trainingsprozess vereinfachen und optimieren kann. Für diese Strategien gilt das Gleiche wie für alles andere (zum Beispiel Karate, Kochen oder Schreinern): Je länger und je öfter man es übt, umso besser beherrscht man es. Denken Sie bei der Auswahl der Techniken für Ihr Hundetraining, die ich Ihnen auf den nächsten Seiten vorstellen möchte, daran, dass Ihnen diese Strategien anfangs vielleicht ein bisschen komisch vorkommen werden. Das ist völlig normal, denn genau wie Ihr Hund lernen auch Sie jetzt etwas Neues! Ich verspreche, dass Ihnen diese Techniken im Lauf der Zeit leichter von der Hand gehen werden. Niemand bringt in seinem ersten Karate-Kurs gleich einen perfekten Roundhouse-Kick zustande; keinem Hobbykoch gelingt gleich beim ersten Versuch ein vollendetes Soufflé – und Ihr erstes selbst gebasteltes Kunstwerk wird sicherlich auch keinen Ehrenplatz im Haus Ihrer Eltern erhalten, sondern eher im Keller oder in der Garage landen.

Doch nur weil eine Technik Ihnen (oder Ihrem Hund) schwerfällt, bedeutet das noch lange nicht, dass Sie nicht dazu in der Lage sind oder dass sie nicht funktioniert. Das Erfolgsrezept besteht darin, die richtige Technik immer wieder einzusetzen – nicht nur in einer einzigen Trainingssitzung. Ich habe alle in diesem Buch beschriebenen Methoden Klienten beigebracht, die vorher noch nie einen Hund trainiert hatten, und die meisten dieser Hundebesitzer haben damit am Ende hervorragende Ergebnisse erzielt. Wenn Sie Ihren Hund regelmäßig trainieren, wird Ihre Technik sich mit der Zeit immer mehr verbessern – und dann wird Ihr Hund Ihnen auch immer besser gehorchen.

Trainingswerkzeuge

Man braucht aber nicht nur eine gute Technik, sondern auch die richtigen Werkzeuge. Hier ein paar Trainingsgeräte, mit denen man fast jeden Hund erfolgreich erziehen kann:

Halsband und Leine: Es gibt viele verschiedene Hundehalsbänder – vom einfachen flachen Nylonband bis hin zum Nietenhalsband. Wenn Sie meine Sendung »Der Hundetrainer« schon einmal gesehen haben, ist Ihnen vielleicht aufgefallen, dass ich ganz andere Trainingshalsbänder benutze: Normalerweise lege ich meinen Hunden zum Training ein Martingalehalsband an. Wenn man daran zieht, dann wird es enger, allerdings *ohne den Hund zu würgen*, und hält seinen Kopf oben. Wenn das Halsband Ihrem Hund die Luft abdrückt, setzen Sie es falsch ein, dann sollten Sie sich den Umgang damit von jemandem erklären lassen, der Erfahrung damit hat. Bei richtiger Anwendung macht das Martingalehalsband sich ein sehr wichtiges Prinzip zunutze, dessen Richtigkeit jeder erfahrene Hundetrainer bestätigen kann: Je höher Ihr Hund seinen Kopf hält, umso besser haben Sie ihn unter Kontrolle. Wenn der Hund den Kopf senken kann, ist er eher in der Lage, Sie und Ihre Erziehungsmaßnahmen zu ignorieren. Außerdem hat er dann auch mehr Kraft zum Ziehen. Daran sollten Sie denken, wenn Sie mit einer Hunderasse arbeiten, die kräftig ist und zum Ziehen neigt, wie beispielsweise Labrador, Husky, Bulldogge oder Bullterrier.

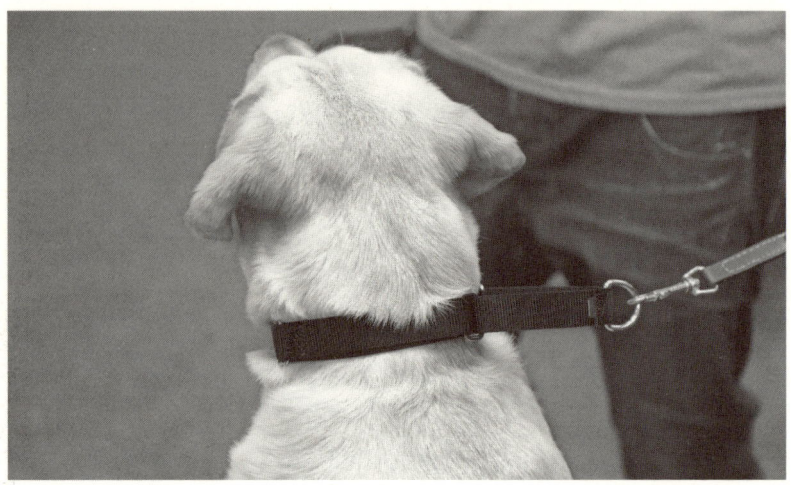

Ein Martingalehalsband.

Das Martingalehalsband funktioniert nach einem Zwei-Schlaufen-Prinzip: Die größere Schlaufe schließt sich genau um den Hals des Hundes, aber nicht zu eng. Die kleinere Schlaufe (an der die Leine befestigt wird) bietet so viel Spielraum, dass Sie die größere Schlaufe entweder verengen oder lockerer lassen können. Meistens bietet so ein Halsband dem Hund *mehr* Bewegungsfreiheit als ein normales flaches Hundehalsband. Wenn Sie Ihren Hund stärker unter Kontrolle bringen möchten, üben Sie einfach so viel Zug aus, dass die große Schlaufe enger wird, ohne Ihrem Hund wehzutun. Dieses Halsband ist sehr benutzerfreundlich und ein wichtiges Hundetrainingswerkzeug, das man stets parat haben sollte.

Wenn Ihr Hund heftig zieht, reicht vielleicht weder ein flaches Halsband noch ein Martingalehalsband aus, um ihn unter Kontrolle zu halten. In solchen Fällen kann ein pferdehalfterähnliches Kopfgeschirr (»Halti«) die ideale Lösung sein. Dieses Kopfhalfter funktioniert so ähnlich wie beim Pferd: Der Riemen, der dabei ums Maul des Hundes gelegt wird, hilft dem Besitzer, die Bewegungen des Tiers unter Kontrolle zu halten und zu steuern. Dieses Halsband gibt es von verschiedenen Herstellern in unterschiedlichen Ausführungen, die alle ganz gut funktionieren, aber es erfordert schon eine gewisse Lernkurve, bis Herrchen oder Frauchen und Hund sich daran gewöhnt haben. Sie sollten dieses Halsband nur dann verwenden, wenn Sie bereit sind, sich ein Video anzuschauen, in dem der richtige Umgang damit erklärt wird, und es sich bei Bedarf auch von jemandem zeigen zu lassen, der sich damit auskennt.

Ein Kopfhalfter (»Halti«).

Für die meisten Trainingstechniken, die ich in diesem Buch erkläre, eignen sich sämtliche Leinen, doch für einige Methoden brauchen Sie mindestens zwei Leinen gleichzeitig.

Plattform oder Podest: Man muss nicht jeden Hund auf ein Podest stellen, um ihn zu trainieren. Für einen großen Hund brauchen Sie so etwas wahrscheinlich gar nicht, doch bei kleineren Hunden oder Vierbeinern, die sich nicht so leicht bändigen lassen, kann eine erhöhte Trainingsplattform Ihnen helfen, den Hund unter Kontrolle zu bringen, und er wird sich dann auch besser konzentrieren können. Wenn Sie einen kleinen Hund auf ein Podest stellen, steht er eher auf Augenhöhe mit Ihnen – so können Sie besser mit ihm kommunizieren, als wenn er sich auf der

Bei kleinen Hunden sollte man mit einem Podest oder irgendeiner anderen erhöhten Trainingsplattform (beispielsweise einem Sofa oder Stuhl) arbeiten; so kann man sie leichter unter Kontrolle bringen und erreichen, dass sie sich auf ihr Training konzentrieren.

Höhe Ihrer Fußknöchel befindet (und bekommen dann auch keine Rückenschmerzen vom vielen Bücken). Außerdem schalten Sie mit dem Podest alle möglichen Ablenkungen von vornherein aus. Natürlich *könnte* Ihr Hund von dem Podest herunterspringen und auf Entdeckungsreise gehen, doch die meisten Hunde tun das nicht. Normalerweise reicht diese Distanz zwischen Ihnen und der Umgebung Ihres Hundes aus, um ihn an Ort und Stelle zu halten. Manchmal bringt es Ihnen sogar schon einen kleinen Vorteil, wenn Sie einen großen Hund auffordern, sich zum Trainieren auf den Bordstein zu stellen. Ich habe auf meiner Hunderanch Podeste in verschiedenen Höhen und Durchmessern, doch ein professionelles Trainingspodest ist für Ihr Wohnzimmer oder Ihren Hof vielleicht nicht sonderlich praktisch. Stattdessen können Sie sich problemlos mit jeder anderen erhöhten Plattform behelfen, die Sie im Haus haben. Picknicktische eignen sich ganz hervorragend als Trainingspodeste (allerdings kann es passieren, dass Ihr Hund sich dadurch angewöhnt, auf Tische zu springen – also testen Sie lieber erst mal, wie er darauf reagiert). Für kleine Hunde genügt ein Hocker oder eine Bank. Sie können sich aber auch selbst ein Podest bauen, indem Sie eine kleine gummierte Matte auf eine standfeste Hundebox legen, für leichtgewichtige kleinere Hunde reicht das völlig aus.

Mit Münzen gefüllte Flasche oder Shake-&-Break™-Trainingsgerät: Zur Warnung möchte ich Sie gleich jetzt darauf hinweisen, dass Sie diesem einfachen, wirksamen und kostengünstigen Trainingswerkzeug in diesem Buch noch mehrmals begegnen werden. Ich schwöre darauf und trainiere viele Hunde damit – manchmal probiere ich es sogar bei meinen Freunden aus! Der Wirkungsmechanismus ist fast zu einfach, um wahr zu sein: Hunde erschrecken über das Geräusch dieses Trainingswerkzeugs und bleiben dann wie angewurzelt stehen, was Ihnen Gelegenheit gibt, ihr Fehlverhalten zu korrigieren.

Sie können sich so ein Trainingswerkzeug aber auch selbst basteln: Dazu brauchen Sie nur eine Handvoll Münzen in eine leere Wasserflasche zu füllen und den Deckel dann wieder draufzuschrauben. Wenn Sie die Flasche mit den Münzen schütteln, wird das ungewohnte laute Geräusch Ihren Hund erschrecken und seine Aufmerksamkeit auf Sie lenken. Das Shake-&-Break-Trainingsgerät ist eine etwas vielseitiger verwendbare, raffiniertere Version dieses einfachen Werkzeugs, die ich selbst entwickelt habe und die auf einer Seite aus Hartplastik und auf der anderen aus Aluminium besteht. Damit können Sie den gleichen Geräuscheffekt erzielen wie mit einer mit Münzen gefüllten Flasche, wenn die darin enthaltenen Metallelemente gegen das Plastik klappern; und wenn Sie das Gerät von der anderen Seite benutzen, sodass Metall gegen Metall schlägt, entsteht sogar ein noch schrilleres, durchdringenderes Geräusch. Ich habe das Shake-&-Break-Trainingsgerät während seiner Entwicklungsphase an Hunderten von Hunden ausprobiert und festgestellt, dass es mit seinem Geräuschspektrum und der Option, ein sehr intensives Metall-auf-Metall-Geräusch zu erzeugen, besonders wirksam ist, wenn man einen eigensinnigen Hund oder mehrere Hunde gleichzeitig trainieren möchte oder wenn ein Hund so total auf den Unsinn konzentriert ist, den er anstellt, dass man seine Aufmerksamkeit nur schwer wecken kann.

Das Shake-&-Break-Trainingsgerät: meine vielseitig verwendbare, raffiniertere Version einer einfachen mit Münzen gefüllten Flasche.

Ich kenne Leute, die von Druckluftfanfaren über Hundepfeifen bis hin zu Stachelhalsbändern schon alles Mögliche ausprobiert haben, um ihren Vierbeinern diverse Unarten abzugewöhnen, doch meiner Meinung nach können all diese Hilfsmittel es nicht mit einer ganz einfachen, mit Münzen gefüllten Flasche oder meinem vielseitiger verwendbaren Shake-&-Break-Trainingsgerät aufnehmen.

Clicker: Für die meisten Trainingstechniken in diesem Buch brauchen Sie keinen Clicker, aber es gibt auch Situationen, in denen Ihnen dieses Werkzeug wertvolle Dienste leisten kann. Außerdem gibt es Hunde, die ganz hervorragend auf das Clickertraining reagieren. Wenn Ihr Vierbeiner auch dazugehört, können Sie den Clicker problemlos in fast alle Erziehungsmethoden in diesem Buch integrieren.

Wie bringt man seinem Hund bei, auf das Geräusch des Clickers zu reagieren? Das ist vielleicht die einfachste Trainingsmethode, die es gibt. Sie brauchen dazu nur einen Clicker und eine Handvoll Leckerlis. Sobald Sie Ihren Hund unter Kontrolle haben und er ganz auf Sie konzentriert ist, clicken Sie und geben ihm dann sofort ein Leckerli – und diesen Vorgang wiederholen Sie immer wieder. Der Sinn dieser Übung besteht schlicht und einfach darin, dass Ihr Hund lernt, das Geräusch des Clickers mit einer Belohnung zu assoziieren. Später werden wir dieses Werkzeug benutzen, um Ihrem Hund das Kommando *KOMM* beizubringen. Wozu braucht man einen Clicker? In manchen Trainingssituationen ist es schwierig, dem Hund das Leckerli genau in dem Moment zu geben, in dem er etwas richtig macht. Mit dem Clicker dagegen können Sie Ihrem Hund blitzschnell zeigen: »Ja! Das ist genau das, was du tun sollst!«, auch wenn er sich gerade außerhalb Ihrer Reichweite befindet. Ich finde den Clicker auch beim Training von Tierheimhunden, die früher einmal misshandelt worden sind, sehr hilfreich. Die meisten dieser Hunde wurden nicht nur angeschrien und beschimpft, sondern auch körperlich misshandelt, und einige von ihnen bekommen es schon mit der Angst zu tun, wenn sie jemand anspricht. Solche Tiere reagieren vielleicht sogar verschreckt, wenn man »Braver Hund« zu ihnen sagt. Mit dem Clicker dagegen – der ein schnelles, leises Geräusch von sich gibt, das mit einer zeitnahen Belohnung assoziiert ist – kann man nichts falsch machen.

Konditionierung

Ich beschreibe in diesem Buch nur sehr wenige Techniken, die die meisten Hunde nicht innerhalb einer Woche erlernen können. Aber es ist ein großer Unterschied, ob ein Hund ein Kommando einfach nur erkennt oder ob er es in- und auswendig kennt. Worin besteht dieser Unterschied? Ein Hund, der noch über die Bedeutung eines Kommandos nachdenken muss, läuft Gefahr, wieder in unerwünschte alte Verhaltensweisen zurückzufallen oder das Kommando womöglich sogar zu vergessen. Daher sollte man die richtige Reaktion auf ein Kommando mit dem Hund so oft und so lange üben, bis sie in sein Muskelgedächtnis übergeht – denn dann wird er dieses Kommando wahrscheinlich sein Leben lang im Gedächtnis behalten.

Während der Trainingsphase Ihres Hundes empfehle ich Ihnen, jede Fähigkeit jeden Tag in mehreren Sitzungen zu wiederholen: Sie sollte während jeder Trainingssitzung mindestens zehnmal geübt werden. Meiner Erfahrung nach lernen Hunde besser und leichter, wenn man ihr Training nicht in einer einzigen langen Sitzung absolviert, sondern auf mehrere kürzere Sitzungen verteilt. Sobald Sie spüren, dass Ihr Hund seine Grenze erreicht hat, beenden Sie die Sitzung mit einem Erfolgserlebnis und üben das betreffende Kommando beim nächsten Mal wieder. Übertraining ist niemals sinnvoll. Wenn Sie es richtig anstellen, kann das Training sowohl für Sie als auch für Ihren Hund eine bereichernde Aktivität sein, die Spaß macht, doch wenn Sie Ihren Hund dabei zu hart herannehmen, wird es stressig und unangenehm, sodass Sie am Ende beide keine Lust mehr dazu haben werden. Und noch etwas: Wenn Ihr Hund noch viele Schwächen und Macken hat, sollten Sie nicht gleich mit einem schwierigen Trainingskonzept beginnen, sondern lieber erst mal mit einfachen Kommandos wie *SITZ* oder *PLATZ* anfangen, die Ihrem Hund schnelle Erfolgserlebnisse ermöglichen, und sich dann langsam und allmählich zu schwierigeren Befehlen wie *FUSS* oder *RUHIG* vorarbeiten. Um die Erfolgschancen Ihres Hundes zu erhöhen, sollten Sie ihn in mehreren über den Tag verteilten Fünfzehn-Minuten-Sitzungen trainieren und darauf achten, dass jede Sitzung mit einem positiven Ausklang endet.

Nachdem Sie eine neue Fähigkeit ein paar Tage lang erfolgreich geübt haben, besteht der nächste Schritt darin, die Belohnungen allmählich zu verringern, damit der Hund Ihnen auch dann gehorcht, wenn Sie ihm kein Leckerli vor die Nase halten. Um das zu erreichen, müssen Sie mit einer Art Lotteriesystem arbeiten: Das heißt, dass Ihr Hund nicht jedes Mal, wenn er mitspielt, den »Jackpot« in Form eines Leckerlis erhält, sondern nur noch ab und zu. Ihr Ziel besteht darin, ihm schließlich nur noch seine erste und letzte Belohnung zu geben und jene, die Sie ihm früher zwischendurch gegeben haben, wegzulassen. Gehen Sie dabei ganz langsam vor: Das heißt, Sie geben ihm für zehn richtig befolgte Kommandos zuerst nur noch acht Belohnungen, dann sechs, dann vier und am Ende nur noch zwei – beim ersten und letzten Mal. Ihr Hund wird dabei trotzdem weiterlernen, das Kommando verinnerlichen und es von Tag zu Tag besser beherrschen. Sobald Sie bei nur noch zwei Belohnungen pro Trainingssitzung angelangt sind, ist er bereits so weit, dass er das Kommando aus reiner Gewohnheit befolgt und nicht nur deshalb, weil er etwas dafür bekommt. Danach können Sie Ihrem Hund trotzdem noch hin und wieder eine Belohnung zustecken, um ihn bei der Stange zu halten, aber inzwischen sollte er Ihren Befehl auch dann konsequent befolgen, wenn Sie mit leeren Händen zur Trainingssitzung kommen.

Doch auch wenn Sie Ihrem Hund ein Kommando beigebracht und ihn von seinen Belohnungen entwöhnt haben, ist Ihre Arbeit damit noch lange nicht zu Ende! Lassen Sie ihn das Kommando weiterhin üben, und wenn auch nur in einer einzigen Trainingssitzung pro Tag – dann wird es Ihrem Hund schon nach ein paar Wochen zur zweiten Natur geworden sein. Dieses konsequente Üben macht den Unterschied zwischen einem halbwegs gut und einem sehr gut erzogenen Hund aus. Ich weiß, was für einen Hund ich lieber hätte – und Sie sicherlich auch!

Szenen, die aus meiner Sendung herausgeschnitten wurden

Seit dem Erfolg meiner Fernsehserie »Der Hundetrainer« trage ich beim Training eines neuen Hundes in der Öffentlichkeit manchmal eine Baseballmütze oder Sonnenbrille. Keine Sorge: Ich bin nicht unter die Hollywoodschauspieler gegangen, sondern möchte einfach nur jedem Hund, mit dem ich arbeite, meine volle Aufmerksamkeit widmen. Das kann aber ganz schön schwierig sein, wenn mich jemand bei meiner Arbeit erkennt, denn so eine zufällige Begegnung endet häufig damit, dass ich den Leuten unzählige Fragen dazu beantworten muss, wie sie die Probleme, die sie mit ihrem Hund haben, am besten lösen können. Außerdem wirft es auch nicht unbedingt immer ein positives Licht auf meine Fähigkeiten als Hundetrainer, wenn jemand mich bei der Arbeit mit einem neuen, noch völlig untrainierten Hund beobachtet. Das ist mir einmal passiert, als ich einen fünf Monate alten Goldendoodle in eine Fußgängerzone in Los Angeles mitnahm, um dieser Hündin beizubringen, wie man sich in Gegenwart vieler unbekannter Menschen richtig benimmt. Ihr Besitzer hatte mir zwar bereits erzählt, dass sie in solchen Situationen völlig durchdrehte, doch ich wollte mich gern mit eigenen Augen davon überzeugen. Normalerweise teste ich jeden Hund, indem ich ihn erst einmal völlig außer Rand und Band geraten lasse, um zu sehen, wie schlecht er sich schlimmstenfalls benimmt, bevor ich mit seiner Ausbildung beginne. Das gibt mir eine Basis, auf der ich aufbauen kann, doch für einen Passanten, der zufällig vorbeikommt, sieht das sicherlich so aus, als sei ich als Hundetrainer eine absolute Katastrophe.

An jenem Tag wurde mir ziemlich schnell klar, dass der Vierbeiner, mit dem ich mich in die Fußgängerzone gewagt hatte, ein *Riesenproblem* hatte. Kaum waren wir aus dem Auto ausgestiegen, drehte diese große, leicht erregbare junge Hündin total durch und hätte am liebsten jeden Passanten umgeworfen, der ihr entgegenkam. Sie regte sich über jeden Fremden, der in ihre Nähe kam, dermaßen auf, dass sie wie verrückt hin und her sprang und dabei nicht nur sich selbst einnässte – auch die Leute, die das Unglück hatten, in ihre Nähe zu geraten, bekamen etwas von dem warmen Sprühregen ab.

Natürlich schienen alle anderen Menschen und Hunde, die an diesem Tag durch die Fußgängerzone schlenderten, sich mustergültig zu benehmen – also fiel ich mit meiner absolut undisziplinierten neuen Schülerin überall auf. Alle Augen waren auf uns gerichtet; manche Passanten starrten uns ganz ungeniert an und schüttelten den Kopf. Ich hörte sogar einen Mann leise und mitleidig vor sich hin murmeln: »Armer Kerl.« Trotzdem konzentrierte ich mich weiterhin auf meine Aufgabe – nämlich herauszufinden, wie ich diesem sonst eigentlich ganz lieben Hund sein unmögliches Benehmen abgewöhnen konnte. Ich war so völlig auf mein Problem konzentriert, dass ich es kaum merkte, als eine Frau auf mich zukam und sagte: »Verzeihung – Sie scheinen da ein kleines Problem mit Ihrem Hund zu haben. Ich kenne einen ganz hervorragenden Hundetrainer – hätten Sie vielleicht Interesse an seiner Visitenkarte?« Als sie mir die Karte hinhielt, brach ich in schallendes Gelächter aus.

Diese Frau war nämlich eine meiner Klientinnen und hatte mir meine eigene Visitenkarte in die Hand gedrückt. Ich wandte ihr mein Gesicht zu und schob meine Sonnenbrille nach oben. »Ich bin's doch, Jessica!«, rief ich und setzte mit einem Seitenblick auf die wie wild hin und her springende Hündin hinzu: »Weißt du noch, wie *dein* Hund sich an seinem ersten Trainingstag benommen hat?«

Die Moral von dieser Geschichte lautet: Jedes schwierige Hundetraining beginnt mit einem solchen peinlichen Tag im Einkaufszentrum oder in der Fußgängerzone, an dem ich am einen Ende der Leine hänge und ein vierbeiniger Schüler mit einem Riesenproblem mir am anderen Ende das Leben schwer macht. Es ist nicht so, dass ich einem Hund nur einen Blick zuzuwerfen brauche, und schon gehorcht er mir aufs Wort – so ein Glückspilz bin ich leider nicht. Denn wenn das alles so einfach wäre, hätte ich dieses Buch ja nicht zu schreiben brauchen ...

Teil 2

Die sieben Grundkommandos

4

SITZ

Bevor wir uns mit dem ersten Kommando beschäftigen, möchte ich Ihnen etwas darüber erzählen, wie man einem Hund die sieben Grundkommandos innerhalb von sieben Tagen beibringt. Ich empfehle Ihnen, dabei mit *SITZ* – dem einfachsten Kommando – zu beginnen und sich dann beim übrigen Hundegehorsams-Abc von den individuellen Variablen Ihres Hundes leiten zu lassen.

Viele Hunde kennen den Befehl *SITZ* wahrscheinlich schon, und die meisten anderen erlernen ihn im Handumdrehen. Vielleicht ist Ihr Hund sogar schon bereit, mit dem nächsten Kommando *(PLATZ)* weiterzumachen, bevor Sie am ersten Trainingstag Ihren Morgenkaffee getrunken haben. Andere Hunde brauchen ein bisschen länger, um die sieben Grundkommandos zu erlernen. Normalerweise kann man seinem Hund jeden Tag die Grundzüge eines Kommandos beibringen, die dann im Lauf der Woche weitergeübt werden müssen. Aber denken Sie daran, dass Ihr Hund keine Maschine ist: Es ist nicht wie beim Rubik's Cube, den man nur ein paarmal in die richtige Richtung drehen muss, und schon ist das Problem gelöst! Ihr Hund ist ein sehr viel komplizierteres, einzigartiges Wesen.

Grundsätzlich empfehle ich, dem Hund jeden Tag ein neues Kommando beizubringen und all diese Befehle dann eine Woche lang jeden Tag ein paarmal zu üben, aber Sie sollten dabei genau darauf achten, wie Ihr Hund am besten lernt, und Ihr Training auf sein individuelles Lerntempo abstimmen. Manche Hunde sind ausgesprochen lernbegierig und können an einem Tag drei oder sogar noch mehr neue Kommandos erfassen. Andere lernen langsamer und brauchen mindestens einen Tag, um ein Kommando zu erlernen, bevor man sich dem nächsten zuwenden kann. Manche Hunde merken sich ihre Kommandos am besten, wenn man drei- bis viermal am Tag zwanzig Minuten lang mit ihnen trainiert; andere lernen besser, wenn man doppelt so viele zehnminütige Trainingseinheiten über den Tag verteilt.

Doch unabhängig von seinem Lernstil kann jeder Hund alle sieben Grundkommandos erlernen. Sie müssen sich dazu nur an die in den folgenden Kapiteln beschriebenen Schritte halten, daran denken, dass der Schlüssel zum Erfolg in der Wiederholung liegt, und stets selbstsicher und mit positiver Einstellung an das Training herangehen. Vergessen Sie nicht: Ihr Hund spiegelt Ihnen genau das Gesicht wider, das Sie ihm zeigen!

Und nun wollen wir uns dem Kommando *SITZ* zuwenden. Dieses Kommando spielt für den Gehorsam und die Manieren Ihres Hundes eine sehr wichtige Rolle. Normalerweise ist es das einfachste und gleichzeitig auch praktischste Kommando, denn ein Hund, der sich auf Befehl hinsetzt, ist damit nicht nur gehorsam, sondern man bekommt ihn auf diese Weise auch gut unter Kontrolle – und jeder Hund, der sich gut kontrollieren lässt, ist ein wohlerzogener Hund.

Dieses Kommando kann Ihnen in den verschiedensten Situationen gute Dienste leisten. Einen Hund sitzen zu lassen ist ungefähr so, wie wenn man sein Auto auf dem Parkplatz abstellt: Es kann dazu beitragen, dass der Hund sich beruhigt, wenn er außer Rand und Band zu geraten droht oder Angst hat, und dass er sich konzentriert, wenn Sie seine Aufmerksamkeit auf sich lenken möchten. Und nicht zuletzt bringt man ihm dadurch immer wieder Respekt bei. Ein Hund, der zuverlässig auf das Kommando *SITZ* hört, hat gute Manieren und weiß, wie man sich benimmt.

Aber dieses Kommando ist nicht nur eine wichtige Kontrollmaßnahme, sondern gleichzeitig auch eine unverzichtbare Voraussetzung für fast alle anderen Grundkommandos. Obwohl man einem Hund diese sieben Befehle in beliebiger Reihenfolge beibringen kann, ist *SITZ* der logische Ausgangspunkt für jedes Gehorsamstraining. Und da Ihr Hund sich im Sitzen besser konzentrieren kann, wird es Ihnen anschließend auch leichter fallen, ihm die übrigen sechs Kommandos beizubringen.

Und ich habe sogar eine noch bessere Nachricht für Sie: Selbst Hunde, die völlig unerzogen zu sein scheinen, beherrschen das Kommando *SITZ* oft schon ganz gut. Das liegt daran, dass *SITZ* normalerweise der erste Befehl ist, den ein Hundebesitzer oder Trainer einem Tier beibringt. Die meisten Hunde haben das Wort *SITZ* in ihren ersten Lebensmonaten oder -jahren also schon irgendwann einmal gehört.

Es gibt viele Möglichkeiten, einem Hund dieses Kommando beizubringen, doch die Methode, die ich Ihnen hier erläutern möchte, ist bei Weitem am einfachsten. Außerdem funktioniert sie zuverlässig bei Hunden fast aller Rassen, Persönlichkeiten und Altersgruppen. Die einzigen Trainingswerkzeuge, die Sie dazu brauchen, sind eine Leine und eine Tüte mit den Lieblingsleckerlis Ihres Hundes. Belohnungen in Form von Spielzeugen sind für diese Methode nicht so gut geeignet, aber wahrscheinlich werden Sie die auch gar nicht brauchen. Falls Ihr Hund sich nicht so leicht durch Futter motivieren lässt, wecken Sie seine Aufmerksamkeit mit ganz besonderen Leckerbissen, zum Beispiel mit kleinen Stückchen gekochtem Hühnerfleisch, Steak oder Leber-Leckerlis.

Bevor wir uns dieses Kommando vornehmen und es in mehrere Einzelschritte unterteilen, möchte ich Ihnen die Geschichte eines Tierheimhundes erzählen. Dieser Hund gehörte zu den seltenen Ausnahmen, die das Kommando *SITZ* noch nicht beherrschten, ja nicht einmal den Funken einer Erinnerung daran zu haben schienen. Glory war fünf Jahre alt, als ich sie im Tierheim entdeckte. Diese arme Hündin war ihr Leben lang so völlig vernachlässigt worden, dass sich nicht einmal jemand die Mühe gemacht hatte, ihr das einfachste Grundkommando beizubringen.

Hallo, ich bin Glory! Als ich Glory zum ersten Mal im Tierheim begegnete, befand sie sich in einem erbärmlichen Zustand. Das weißliche Fell der kleinen Pudelmischlingshündin war fettig und total verschmutzt, weil sie so lange auf der Straße gelebt hatte. Ihre Zehennägel waren so lang, dass es sich wie ein Stepptanz anhörte, wenn sie über den Fußboden lief – was für einen Hund nicht nur unangenehm, sondern auch ein offenkundiges Zeichen der Vernachlässigung ist. Wir mussten sie erst einmal gründlich reinigen und ein paar grundlegende Pflegemaßnahmen an ihr durchführen, damit sie sich wohler fühlte und überhaupt eine Chance hatte, ein neues Zuhause zu finden.

Doch leider waren Glorys Probleme mit der Reinigung ihres Fells noch lange nicht behoben. Vernachlässigung ist eine der häufigsten Misshandlungen, die Hunde erleiden müssen. Sie schadet ihnen nicht nur körperlich, sondern oft auch psychisch. Glory war das beste Beispiel dafür. Statt des normalen warmen Glanzes in den Augen hatte sie einen ausdruckslosen, starren Blick – die typischen Augen eines Hundes, der zu lange durch Gitter geschaut hat. Sie war in mittlerem Alter und nicht besonders gut in Form, wahrscheinlich hatte sie mindestens fünf Kilo Übergewicht. Für einen Menschen hört sich das zwar nicht nach besonders viel an, aber bei einem kleinen Hund kann es leicht fünfundzwanzig Prozent (oder noch mehr) seines Körpergewichts ausmachen. Das wären fünfundzwanzig Kilo Übergewicht bei einem Mann durchschnittlicher Größe – so viel Ballast mit sich herumzuschleppen kann zu schweren gesundheitlichen Problemen führen. Vielleicht fragen Sie sich jetzt, wie es sein kann, dass ein vernachlässigter Hund sich Übergewicht anfuttert? Oft kommt das daher, dass der Besitzer dem Hund einfach einen großen Eimer Futter hinstellt, an dem das Tier sich bedienen kann, wann immer es will. So war es wahrscheinlich auch bei Glory gewesen. Außerdem hatte sie sich vermutlich mitsamt ihrem Futtereimer das ganze Jahr über im Freien aufhalten müssen.

Trotz ihrer schlechten Verfassung bestand mein erster Eindruck von Glory nicht darin, dass sie resigniert hatte und vernachlässigt, verdreckt oder schlecht in Form war. Aus einer so negativen Perspektive betrachte ich Tierheimhunde nie. Ich versuche vielmehr herauszufinden, wo ihr Potenzial liegt und wie ich ihnen dabei helfen kann, es zum Vorschein zu bringen. Und bei Glory war es gar nicht schwierig, ihre besondere Stärke zu erkennen: Sie war ungeheuer lieb. Offensichtlich genoss sie es, endlich einmal im Mittelpunkt der Aufmerksamkeit zu stehen. Sie war sensibel und zutraulich – genau der richtige Charakter für einen Hund, der in ein warmes, gemütliches Zuhause mit einer liebevollen Familie und einem weichen Körbchen gehört, obwohl sie das alles in ihrem Leben wahrscheinlich noch nie gehabt hatte. Kaum hatte ich mich in ihrem Zwinger auf den Boden gesetzt, kroch sie auch schon auf meinen Schoß und legte ihren Kopf auf meinen Bauch, als wolle sie mich anbetteln: »Bitte hol mich hier raus.« Da wusste ich: Wenn diese Hündin nur ein kleines bisschen Pflege und liebevolle Zuwendung bekam, würde es ein Kinderspiel sein, ein schönes Zuhause für sie zu finden.

Also nahm ich Glory an die Leine und verfrachtete sie in mein Auto. Kaum saß sie auf dem Rücksitz, klappte sie förmlich zusammen, als seien der Stress und die Angst, die mit diesem Schritt in ein neues Leben verbunden waren, zu viel für sie gewesen. Es ist niemals ein schöner Anblick, wenn ein Hund unter dem Stress seiner schlimmen Vergangenheit zusammenbricht. Leider erlebe ich so etwas nur allzu oft. »Hoffentlich weiß Glory, dass sie ihrem Ziel – einem liebevollen Zuhause – inzwischen einen Schritt näher gekommen ist«, dachte ich. Aber bis dahin hatten wir noch einen langen Weg der Genesung, Rehabilitation und Ausbildung vor uns.

Und bald wurde mir klar, dass das ein ziemlich holpriger Weg sein würde. Als ich mit Glory auf der Ranch ankam, testete ich zunächst einmal, welche der sieben Grundkommandos sie bereits beherrschte. Bei dieser Erstbeurteilung eines Hundes fordere ich ihn zuallererst auf, sich hinzusetzen. Das klingt doch eigentlich ziemlich einfach, oder nicht? Die meisten Hunde können das, doch Glory hatte keine Ahnung, was sie tun sollte. Ich konnte kaum fassen, dass diese Hündin nicht einmal das Kommando SITZ kannte, denn das beherrschen selbst die unerzogensten Hunde: Selbst wenn sie in ihrem ganzen Leben nur eine Stunde lang trainiert worden sind, wissen sie, was SITZ bedeutet. Doch diese Hündin war fünf Jahre alt geworden, ohne auch nur die geringste Erziehung genossen zu haben; also musste ich mit ihr ganz von vorne anfangen.

Zum Glück war Glory sehr lernbegierig und unterzog sich auch bereitwillig dem körperlichen Trainingsprogramm, das ich ihr verordnete, damit sie ein bisschen abnahm. Als ihre Zeit auf meiner Ranch vorüber war, zog Glory in ihr endgültiges Zuhause bei einer Witwe ein, die sich einen liebevollen vierbeinigen Gefährten wünschte, der ihr dabei helfen sollte, mit ihrem neuen Leben ohne Ehepartner zurechtzukommen. Und siehe da – die beiden passten hervorragend zusammen: Beide konnten sich ihre optimistische Lebenseinstellung bewahren, obwohl sie viel Schlimmes durchgemacht hatten.

Wie man einem Hund das Kommando *SITZ* beibringt

Es ist so einfach, einem Hund das Kommando *SITZ* beizubringen, dass man ihn dafür fast gar nicht zu trainieren braucht. Warum? Weil Hunde von Natur aus oft sitzen – Sie brauchen ihn also nur in einem Augenblick zu erwischen, in dem er diese Position gerade einnimmt, und ihn dann dafür zu belohnen.

Es gibt viele Möglichkeiten, einem Hund dieses Kommando bei-zubringen. Ich habe bei meiner Arbeit mit Glory auf die absolut idiotensichere Methode zurückgegriffen: Man könnte sie als »SITZ für Dummies« bezeichnen. Im Gegensatz zu manchen anderen Kommandos, für die man – in Abhängigkeit vom jeweiligen Tier – verschiedene Techniken einsetzt, funktioniert diese Methode bei fast jedem Hund.

Nehmen Sie ihn zunächst einmal an die Leine. Eine kurze Leine eig-net sich am besten für die Technik, denn auf diese Weise befinden Sie sich in unmittelbarer Nähe Ihres Hundes. Denken Sie immer daran, dass die Leine Ihr verlängerter Arm ist; damit können Sie Ihren Hund daran hindern, etwas zu tun, was er nicht tun soll, und ihn bei uner-wünschten Verhaltensweisen korrigieren. Bei dieser Methode hängt es von der Größe Ihres Hundes ab, wie Sie Ihren Arm einsetzen. Wenn Ihr Hund klein ist, stellen Sie ihn auf eine erhöhte Trainingsplattform (ich verwende dafür ein Podest) und fassen die Leine in einem Abstand von fünf bis zehn Zentimetern von seinem Halsband, um ihn in seiner Be-wegungsfreiheit einzuschränken. Einen großen Hund können Sie wäh-rend dieses Trainings auf dem Boden stehen lassen. Bei einem großen Hund sollten Sie die Leine mit dem Fuß am Boden festhalten, bevor Sie mit dem nächsten Schritt beginnen. Bei einem kleinen Hund halten Sie das Ende der Leine weit unten, damit er nicht hochspringen kann. Bei-de Positionen geben Ihnen die Kontrolle über Ihren Hund, die Sie brau-chen, um ihm dieses Kommando beizubringen. Denken Sie daran: Kon-trolle ist das Fundament jedes Trainings!

Und nun ist es an der Zeit, mit dem eigentlichen Training zu begin-nen. Nehmen Sie ein Leckerli in die Hand – und zwar ein richtig gutes, bei dem das Herz Ihres Vierbeiners höherschlägt –, und halten Sie es ihm in einer Entfernung von ungefähr fünfzehn Zentimetern vor die Nase. Wenn Ihr Hund bisher noch kein besonderes Training genossen und nicht gelernt hat, sich zu beherrschen (wie es beispielsweise bei Glory der Fall war), wird er jetzt natürlich versuchen, einen Satz nach vorn zu machen und sich das Leckerli zu schnappen, doch die Leine in Ihrer Hand oder unter Ihrem Fuß hindert ihn daran. Diese Einschränkung der Bewegungsfreiheit ist das Erfolgsgeheimnis der Technik, denn sonst würden sich die meisten untrainierten Hunde einfach auf das Futter stürzen, und in diesem Verhalten sollte man sie nicht auch noch bestärken.

Als Glory nicht mehr hochzuspringen versuchte, hielt ich ihr das Leckerli wieder in einer Entfernung von etwa fünfzehn Zentimetern vor die Nase. Verfahren Sie bei Ihrem Hund genauso. Falls Ihr Hund nicht nach vorn zu springen und sich das Leckerli zu schnappen versucht, können Sie natürlich gleich mit dem darauffolgenden Schritt weitermachen: Bewegen Sie das Leckerli in einem Bogen von fünfundvierzig Grad nach oben, sodass es über dem Kopf Ihres Hundes schwebt. Dadurch bleibt seine Aufmerksamkeit auf das Leckerli gerichtet: Er folgt Ihrer Handbewegung mit dem Kopf und reckt ihn auf diese Weise immer weiter in die Höhe. Während Sie das Leckerli über den Kopf Ihres Hundes heben, sagen Sie: SITZ. Sobald das Leckerli so hoch über seinem Kopf schwebt, dass er ihn nicht mehr weiter recken kann, um es im

Bei einem großen Hund hält man die Leine mit dem Fuß am Boden fest, damit er nicht hochspringen und sich das Leckerli schnappen kann.

Wenn ein kleiner Hund nach dem Leckerli zu springen versucht, schränken Sie ihn mithilfe der Leine in seiner Bewegungsfreiheit ein.

Heben Sie das Leckerli in einem Bogen über den Kopf des Hundes, und warten Sie, bis er sich hinsetzt.

Blick zu behalten, wird er eins und eins zusammenzählen und begreifen, dass er es erst dann wieder problemlos zu sehen bekommt, wenn er sich hinsetzt.

Kaum berührt das Hinterteil Ihres Hundes den Boden, sagen Sie: »Braver Hund!«, und geben ihm das Leckerli. Dabei kommt es genau auf den richtigen Augenblick an: Wenn Sie zu lange damit warten, kann der Hund die gewünschte Gedankenverbindung zwischen Hinsetzen und Belohnung nicht herstellen, doch genau auf diese Assoziation kommt es bei einem erfolgreichen Training des Kommandos an. Nachdem Sie diesen ersten Erfolg erreicht haben, gehen Sie mit Ihrem Hund ein paar Schritte weiter und wiederholen das Gleiche noch einmal: Sie halten ihm das Leckerli in einem Abstand von fünfundzwanzig Zentimetern vor die Nase, bewegen es im Bogen über seinen Kopf, während Sie ihm das Kommando *SITZ* geben, und warten, bis sein Hinterteil den Boden berührt. Genau in diesem Moment loben Sie ihn und geben ihm das Leckerli.

Wie bei allen Kommandos müssen Sie Ihren Hund auch auf dieses Kommando konditionieren, damit er es aus dem Effeff beherrscht. Die meisten Hunde begreifen so gut wie jedes Grundkommando innerhalb kurzer Zeit, doch zwischen dem Verständnis eines Kommandos und einer guten Konditionierung liegt ein himmelweiter Unterschied. Das lässt sich am besten an folgendem Beispiel verdeutlichen: Nach einer einstündigen Karate-Lektion kann ich zwar ein oder zwei Kicks ausführen, aber das bedeutet noch lange nicht, dass ich Karate beherrsche, und erst recht nicht, dass ich diese Kicks im Notfall richtig einzusetzen vermag. Nach meiner ersten Karate-Lektion könnte ich mich wahrscheinlich nicht einmal von einer Papiertüte befreien, die mir jemand über den Kopf stülpt. Aber wenn ich jeden Tag Karate-Unterricht nehme und diese Kicks immer wieder übe, werde ich am Ende ein gut ausgebildeter und konditionierter Karatekämpfer sein, der diesen Kampfsport auch in der Praxis beherrscht. Vielleicht haben Sie in dem Film »Karate Kid« gesehen, wie Mr Miyagi Daniel trainiert und mithilfe sei-

nes Muskelgedächtnisses konditioniert hat, ohne dass Daniel überhaupt wusste, was da ablief. Genau das Gleiche gilt auch für meine sieben Grundkommandos: Zuerst muss der Hund die betreffende Technik
erlernen, und als Nächstes muss man ihn so lange darauf konditionieren, bis sie ihm ins Muskelgedächtnis übergegangen ist. Wenn Sie diesen wichtigen Schritt weglassen, wird jede Ablenkung oder vielleicht
auch schon der bloße Mangel an Konzentration den Hund in seiner Befolgung des Kommandos beeinträchtigen – und zwar vielleicht gerade
dann, wenn es lebensnotwendig ist, dass er Ihnen aufs Wort gehorcht.
Doch wenn Sie ihn richtig konditionieren, braucht er keine Sekunde
darüber nachzudenken, was Sie von ihm erwarten, sondern folgt Ihnen
ganz einfach.

Genau so bin ich bei Glory vorgegangen: Ich habe sie eine Woche
lang alle paar Stunden zehn bis fünfzehn Minuten lang darauf konditioniert, sich auf Befehl hinzusetzen, und sie führte dieses Kommando
von Tag zu Tag schneller und zuverlässiger aus. Am Ende der Woche
brauchte ich sie nicht einmal mehr dafür zu belohnen: Jetzt wusste Glory einfach, was SITZ bedeutet, und hat dieses Kommando ihr Leben
lang nicht mehr vergessen – und dieser Erfolg kam genau zur rechten
Zeit, denn ihre neue Besitzerin wartete bereits sehnsüchtig auf sie.

Ich bekomme auch heute noch E-Mails von Glorys Frauchen, in denen sie mir davon vorschwärmt, was für ein Muster an Wohlerzogen-
heit ihre Hündin ist. Sie schreibt, Glory sei der beliebteste Hund im
Park, und erzählt mir, wie sehr sie beide ihre frühmorgendlichen und
abendlichen Spaziergänge genießen. Für mich ist es immer wieder ein
schönes Gefühl zu wissen, dass ein Hund, den ich aus dem Tierheim
gerettet habe, ein neues Leben beginnen kann, weil er genau die richtigen Fähigkeiten besitzt, um seinem neuen Besitzer ein wunderbarer Gefährte zu sein. Bei Glory freut mich das ganz besonders, weil diese arme
Hündin wie gesagt viel zu viele Jahre ihres Lebens so furchtbar vernachlässigt worden war, dass sie nicht einmal wusste, was SITZ bedeutet.

5

PLATZ

*P*LATZ ist wohl das am meisten unterschätzte Kommando, das es gibt. Dabei kann man es zu so vielen wichtigen Zwecken einsetzen, zum Beispiel, um den Hund aus dem Weg zu schaffen, wenn Besuch kommt, aber auch, um ihn auf der Terrasse eines Cafés besser in Schach halten zu können oder damit er auf Reisen ein wohlerzogener Fahrgast ist. Sogar für eine Hunde- oder Familienfotosession kann der Befehl *PLATZ* sehr hilfreich sein. Doch was am allerwichtigsten ist: Mit diesem Kommando bekommt man selbst den wildesten, durchgedrehtesten Vierbeiner in den Griff; und schließlich schadet es nicht, ab und zu ein bisschen mehr Kontrolle über Ihren Vierbeiner auszuüben. Wir sehen tagtäglich Beispiele, in denen so etwas dringend notwendig wäre! Vielleicht haben auch Sie einen Freund oder Nachbarn mit einem völlig unerzogenen Hund, der die ganze Familie tyrannisiert. Ich bekomme ungefähr fünfzig Anrufe pro Woche von Menschen, die in solch einer Situation sind. All diesen verzweifelten Hundebesitzern rate ich, ihrem Hund erst mal das Kommando *PLATZ* beizubringen und so lange zu üben, bis er es zuverlässig beherrscht.

Wenn sich das Kommando *SITZ* mit dem Parken eines Autos vergleichen lässt, bedeutet *PLATZ*, das Getriebe in Leerlaufstellung zu bringen und den Zündschlüssel aus dem Schloss zu ziehen. Eigentlich ist dieses Kommando eine Kombination aus *PLATZ* und *BLEIB*.

Bei den meisten Hunden ist es am einfachsten und praktischsten, ihnen zuerst einmal das Sitzen beizubringen, doch hin und wieder begegnet mir ein Hund, den man ganz besonders gut unter Kontrolle bringen muss, bevor man mit seiner Erziehung anfangen kann. Bei solchen Hunden beginne ich das Training mit dem Kommando *PLATZ*. So war es zum Beispiel bei einem Hund, den ich aus dem Tierheim gerettet habe – einem großen, kräftigen, willensstarken Vierbeiner, dem keiner der Interessenten gewachsen war, an die ich ihn zu vermitteln versuchte. Dieser Hund brauchte kein neues Herrchen, sondern jemanden, der mit ihm fertigwurde, und er musste erst einmal das Kommando *PLATZ* erlernen, um sich die Kunst der Selbstbeherrschung anzueignen. Dieser Hund hieß Ari.

Hallo, ich bin Ari! Wenn man zwei der besten Arbeitshunderassen der Welt – einen Deutschen Schäferhund und einen Malinois – miteinander kreuzt, kommt dabei so etwas wie Ari heraus. Als ich diesen jungen Hund kennenlernte, wog er fünfundvierzig Kilo, und ich wusste, dass er noch größer und schwerer werden würde. Seine Kiefer waren so groß und kräftig, dass er damit so gut wie alles durchknabbern konnte (und von dieser Fähigkeit auch schon oft Gebrauch gemacht hatte). Ari besaß einen ausgeprägten Beschützerinstinkt: Sobald er ein Haus betrat, durchsuchte er es genau, um festzustellen, wer alles da war. Er war voller Tatendrang, Energie und Entschlossenheit – ein Paradebeispiel für einen Hund, der unbedingt eine Aufgabe braucht. Wäre Ari ein Mann gewesen, wäre er wahrscheinlich zum Militär gegangen.

Als ich Ari kennenlernte, war er bereits mehrfach ins Tierheim zurückgebracht worden, wahrscheinlich, weil die meisten Interessenten mit ihm schlicht und einfach überfordert waren. In seinem jugendlichen Alter – voll unbändiger Kraft und ohne Knopf zum Ausschalten – war Ari auf dem besten Weg, mit dem Etikett »unvermittelbar« versehen zu werden. Ich war seine letzte Chance, und ich erkannte, dass er ein guter Hund war, in dem eine Menge steckte und dem man nur beibringen musste, sich auf Befehl zu beruhigen. Mit dem Kommando *PLATZ* gab ich ihm ein Werkzeug an die Hand, das ihm das Leben gerettet hat.

Wie bringt man einem Hund das Kommando *PLATZ* bei?

Wie bei allen anderen Kommandos gibt es auch hierfür mehrere verschiedene Trainingsmethoden. Ich bin stets dafür, die einfachste und zuverlässigste zu wählen. Es gibt drei Techniken für das Kommando *PLATZ*, die ich besonders häufig einsetze, weil sie einfach sind und die meisten Hunde sie leicht begreifen. Die erste Methode funktioniert am besten bei großen und mittelgroßen Hunden; die zweite eignet sich besonders gut für kleine Vierbeiner; und bei der dritten handelt es sich um eine schnelle, wirksame Alternative für Hunde aller Größen.

Methode für große und mittelgroße Hunde

Erinnern Sie sich noch an meine Beschreibung der Zwei-Leinen-Technik in Kapitel 3? Für die erste Methode, Ihrem Hund das Kommando *PLATZ* beizubringen, müssen Sie ihn zunächst einmal in diese Position bringen: Legen Sie ihm ein Geschirr mit einer Ankerleine an, mit der er

hinten irgendwo angebunden ist, und ein Halsband mit einer Führungsleine, deren Griff Sie in der Hand halten. Außerdem sollten Sie die
Lieblings-Leckerlis Ihres Hundes griffbereit haben – und daran denken,
ihn kurz vor der Fütterungszeit zu trainieren, wenn er Hunger hat. Hunger ist bei einem Hund gleichbedeutend mit Motivation! Außerdem benötigen Sie für diese Technik einen geeigneten Trainingsplatz: Sie brauchen einen stabilen Pfosten oder Zaunpfahl oder ein dickes Tischbein
zum Festbinden der Ankerleine; das vor Ihnen liegende Gelände sollte
flach sein und einen ungestörten Bewegungsradius von ungefähr 2,5
Metern bieten.

Schritt 1: Bringen Sie Ihren Hund in die Zwei-Leinen-Position. Da Sie
ihm das Kommando *PLATZ* beibringen möchten, sollte es nichts geben,
was Ihren Hund nach oben zieht (auch nicht die Höhe des Ankers), also
achten Sie darauf, die Ankerleine in Bodennähe festzubinden. Dazu wickeln Sie das Schlaufenende der Leine am besten um den Pfosten, ziehen das Ende mit dem Clip durch die Schlaufe und befestigen den Clip
dann am Geschirr des Hundes. Nun sind Sie bereit für das große Wun-
derwerk!

Schritt 2: Locken Sie Ihren Hund mit einem Leckerli zu sich und von
dem Pfosten oder Tischbein weg, bis die Ankerleine hinter ihm straff
gespannt ist. Bei einem lebhaften, an allem interessierten Hund wie Ari
dauerte das nur den Bruchteil einer Sekunde; bei einem ängstlichen
Hund müssen Sie vielleicht erst mal ein bisschen warten, bis er zu Ihnen
kommt. Sobald der Hund das Ende der Ankerleine erreicht hat, halten
Sie das Leckerli in der einen Hand auf der Höhe seines Kopfes, und zwar
ungefähr fünfzehn Zentimeter von seiner Schnauze entfernt. Da der
Hund am Anker befestigt ist, kann er nicht nach vorn springen und sich
das Leckerli holen, also haben Sie jetzt seine volle Aufmerksamkeit.

Schritt 3: Nun senken Sie das Leckerli zu Boden, halten es dabei aber immer noch in der Hand und sagen gleichzeitig *PLATZ*. Manche Hunde lassen sich durch das Leckerli sofort in eine liegende Position ziehen. Sobald Ihr Hund sich hinlegt, loben Sie ihn in ruhigem Ton und geben ihm sofort das Leckerli.

Während Ihr Hund immer noch auf dem Boden liegt, treten Sie in einem Abstand von fünf bis zehn Zentimetern vom Clip mit dem Fuß auf die Führungsleine und loben den Hund dabei weiter. Dadurch halten Sie ihn davon ab, wieder aufzuspringen: Sobald er versucht, sich aufzurichten, zieht der Widerstand der Leine ihn wieder auf den Boden zurück. Nur sehr wenige Hunde versuchen in so einer Situation aufzustehen und sich gegen die Leine zu wehren, die sie am Boden hält, weil das zu anstrengend ist und sie außerdem weiterhin dafür belohnt werden

Bringen Sie Ihren Hund in die Zwei-Leinen-Position, und binden Sie die Ankerleine möglichst weit unten fest. Sobald der Hund die Ankerleine straff gezogen hat, halten Sie ihm das Leckerli in einem Abstand von ungefähr fünfzehn Zentimetern vor die Nase.

Lassen Sie die Hand mit dem Leckerli zu Boden sinken und sagen Sie dabei:
PLATZ.

Sobald der Hund sich hingelegt hat, loben Sie ihn in ruhigem Ton und belohnen ihn mit dem Leckerli.

möchten, dass sie liegen bleiben. Falls Ihr Hund sich gegen den Zug der Leine wehrt und aufzustehen versucht, bleiben Sie einfach weiterhin mit dem Fuß auf der Leine stehen, sagen: *PLATZ* und warten, bis er sich beruhigt hat. Wie lange das dauert, hängt davon ab, wie eigensinnig Ihr Hund ist, aber Sie müssen auf jeden Fall mehr Durchhaltevermögen haben als er. Sobald er sich wieder ruhig hingelegt hat, loben Sie ihn und geben ihm ein Leckerli, um ihm zu zeigen, dass er sich richtig verhalten hat.

Während Ihr Hund immer noch auf dem Boden liegt, treten Sie auf die Führungsleine, damit er nicht wieder aufspringen kann, und loben ihn dabei weiter.

Natürlich ist dieses Training nicht immer ganz so einfach. Nicht jeder Hund wird sich gleich auf Kommando hinlegen. Ari hat das auch nicht getan. Wie viele eigenwillige Hunde senkte er zwar den Kopf und sogar den Oberkörper auf den Boden, doch sein Hinterteil blieb in der Luft. Wenn Ihr Hund diese Position einnimmt, ist es an der Zeit, von der Führungsleine Gebrauch zu machen, die Sie in der Hand halten. Während Ihr Hund mit gesenktem Oberkörper vor Ihnen steht, treten Sie auf die

Leine und ziehen sie so straff, dass er nicht wieder aufstehen kann. Den
Hintern in die Luft zu strecken und mit dem Kopf auf dem Boden zu
liegen ist ziemlich unbequem für ihn, zumal das Leckerli immer noch
verlockend vor seiner Nase liegt. Diese Position wird ihm wahrscheinlich nicht besonders gut gefallen. Also muss er eine Entscheidung treffen: Soll er in dieser Stellung verharren und weiter versuchen, sich gegen den Zug der Führungsleine aufzurichten, oder soll er sich hinlegen?
Achten Sie darauf, dass das Leckerli außerhalb seiner Reichweite auf
dem Boden liegt, üben Sie weiterhin einen leichten Druck nach unten
auf die Leine aus, und sagen Sie dabei alle paar Sekunden in ruhigem
Ton: *PLATZ*. Nur sehr wenige Hunde werden in dieser Situation aufstehen. Die meisten werden eine Weile in ihrer unbequemen Position verharren – einige für längere Zeit, andere nur ein paar Sekunden lang.
Egal, wie lange Ihr Hund das durchhält, Sie müssen einfach nur mehr
Geduld haben als er. Glauben Sie mir: Früher oder später gibt jeder

**Wenn Ihr Hund die hier abgebildete Position einnimmt, lassen Sie das Leckerli
knapp außerhalb seiner Reichweite auf dem Boden liegen und üben so viel
Druck auf die Führungsleine aus, dass er nicht wieder aufstehen kann.
Dann warten Sie einfach, bis er sein Hinterteil zu Boden sinken lässt.**

Hund auf und legt sich hin, selbst große, sture Hunde wie Ari, die normalerweise keinen Zentimeter von der Stelle weichen. Genau in dem Moment, in dem Ihr Hund sein Hinterteil auf den Boden sinken lässt, loben Sie ihn in ruhigem Ton und geben ihm das Leckerli, mit dem Sie seine Aufmerksamkeit geweckt hatten. Und achten Sie darauf, ganz in der Nähe des Clips auf die Leine zu treten, damit der Hund nicht wieder aufspringen kann!

Beim Training mit dieser Technik sollten Sie an zwei wichtige Dinge denken:

1. Sobald Ihr Hund auf das Kommando *PLATZ* reagiert, loben Sie ihn *in ruhigem Ton*. Rufen Sie nicht laut:»Braver Hund!«, denn darüber würde er sich womöglich so aufregen, dass er sofort wieder aufspringt.
2. Wenn Ihr Hund das Kommando *PLATZ* befolgt, geben Sie ihm seine Belohnung, solange er sich noch in dieser Position befindet. Mit langen, beruhigenden Streichelbewegungen vom Kopf zum Rücken zeigen Sie ihm, dass er seine Sache gut gemacht hat, außerdem geben Sie ihm auch noch etwas zu fressen und loben ihn – also das volle Programm. Je wohler und geliebter Ihr Hund sich in der *PLATZ*-Position fühlt, umso schneller wird er sie beim nächsten Mal wieder einnehmen!

Selbst bei einem leicht erziehbaren Hund muss man dieses Training ein paarmal wiederholen, damit er begreift, für welches Verhalten er beim ersten Mal belohnt wurde. Ari stand während seiner ersten Trainingssitzung mehrmals wieder auf, also wiederholte ich die drei Schritte einfach noch einmal. Eine einzige Lektion reicht niemals aus, deshalb arbeiteten wir weiter mit dieser Technik. Auch Sie sollten mit Ihrem Hund so lange üben, bis Sie ganz sicher sind, dass er die Assoziation zwischen richtiger Befolgung des *PLATZ*-Kommandos und dem wohligen Gefühl hergestellt hat, dass seine Welt in Ordnung ist, weil er gestreichelt, gelobt und belohnt wird.

Wenn Sie dieses Kommando eine Zeitlang mit zwei Leinen eingeübt und festgestellt haben, dass Ihr Hund diese Technik mit eingeschränktem Bewegungsradius gut beherrscht, ist es an der Zeit, sie ohne Leinen auszuprobieren. Aber versuchen Sie nicht gleich, einen völlig frei herumlaufenden Hund zum Hinlegen zu bewegen! Denn in diesem Zustand würde er Ihr Kommando vielleicht nicht befolgen. Beginnen Sie diese Trainingssitzung genau wie die vorigen: Binden Sie Ihren Hund an einer Ankerleine und einer Führungsleine fest. Nachdem das Kommando in dieser Position ein paarmal gut geklappt hat, befreien Sie ihn möglichst unauffällig von der Führungsleine. Falls das gut funktioniert, können Sie als Nächstes auch die Ankerleine weglassen.

Natürlich klappt das nicht bei jedem Hund von Anfang an. Mit Ari hatte ich zum Beispiel zunächst ein Problem: Sobald er merkte, dass er nicht mehr angeleint war, holte er sich sofort sein Leckerli, statt sich hinzulegen und zu warten, bis ich es ihm gab. Genau deshalb weise ich immer wieder darauf hin, wie wichtig Konditionierung beim Hundetraining ist. Aris Verhalten war kein Misserfolg, sondern lediglich ein Zeichen dafür, dass er das Kommando noch nicht genügend verinnerlicht hatte, um es auch ohne Leinen ausführen zu können, also machte ich mit ihm noch ein paar Übungsdurchläufe mit den zwei Leinen und versuchte es dann wieder ohne. Konditionierung ist der Unterschied zwischen einem trainierten und einem gut trainierten Hund, und selbst ein großer, eigensinniger junger Vierbeiner wie Ari kann lernen, das Kommando *PLATZ* zuverlässig zu befolgen, wenn man es ein paar Tage lang konsequent mit ihm übt. Ich konditionierte ihn immer wieder mit den beiden Leinen darauf, das Kommando zu befolgen, und als ich ihm die Leinen dann eines Tages wieder abnahm, hatte sich die Ausführung dieses Kommandos inzwischen so fest in seinem Muskelgedächtnis verankert, dass er gar nicht mehr darüber nachzudenken brauchte: Er legte sich jedes Mal, wenn er das Wort *PLATZ* hörte, schlagartig hin.

Methode für kleine Hunde

Beim Training kleiner Hunde gelten andere Spielregeln, weil sie anders auf die Zwei-Leinen-Technik reagieren als mittelgroße oder große Vierbeiner. Kleinen Hunden das Hinlegen beizubringen ist oft gar nicht so einfach, denn ob Sie es glauben oder nicht: Obwohl der Weg nach unten für einen kleinen Hund sehr viel kürzer ist, wehrt er sich normalerweise mehr dagegen als ein großer. Große Hunde reagieren in der Regel besser auf den Widerstand der Leinen als kleine, deshalb arbeiten wir bei dieser Technik ganz ohne Leine. Doch wenn man keine Leine hat, muss man den Hund natürlich auf andere Weise unter Kontrolle bringen. Auf meiner Ranch verwende ich zu diesem Zweck ein Podest. Da Sie bei sich zu Hause vielleicht kein Trainingspodest haben (und diese Technik am besten funktioniert, wenn Ihr Hund sich an einem Ort befindet, an dem er sich wohlfühlt), können Sie statt des Podests auch Ihr Sofa oder einen Sessel verwenden. Wenn man diese Technik in mehrere Schritte unterteilt, ist sie sehr einfach.

Schritt 1: Stellen Sie Ihren Hund auf das vordere Ende der Sitzfläche Ihres Sofas, und achten Sie darauf, dass er nicht herunterspringt. Falls er das doch tun sollte, heben Sie ihn einfach immer wieder hinauf, bis er an Ort und Stelle bleibt. Das können Sie am besten erreichen, indem Sie seine Aufmerksamkeit auf ein Leckerli lenken, das Sie in der Hand halten.

Schritt 2: Halten Sie ihm das Leckerli in einem Abstand von ungefähr fünfzehn Zentimetern vor die Nase. Dann senken Sie Ihre Hand langsam unter die Kante des Sofas oder Sessels und geben ihm dabei gleichzeitig das Kommando *PLATZ*. Naturgemäß wird der Hund die Bewegung des Leckerlis mit den Augen genau verfolgen und seinen Kopf dabei immer weiter nach unten senken. Und jetzt kommt der besondere Trick bei diesem Training: Sie lassen das Leckerli nur ungefähr zehn Zentimeter unter die Sitzfläche des Sofas oder Sessels sinken – gerade so weit, dass Ihr Hund seinen Kopf über die Kante der Sitzfläche schiebt und

Lenken Sie die Aufmerksamkeit Ihres Hundes mit einem Leckerli auf sich.

herunterhängen lassen muss, um es nicht aus dem Blickfeld zu verlieren. Das heißt, er kann das Leckerli zwar immer noch sehen, aber nicht ins Maul nehmen, es sei denn, er verändert seine Position, oder Sie bewegen das Leckerli ein Stückchen nach oben – was Sie aber natürlich nicht tun dürfen. Von jetzt an wiederholen Sie immer wieder das Kommando *PLATZ*. Vielleicht dauert es eine Weile, doch früher oder später wird Ihr Hund sich hinlegen und das Leckerli dabei immer noch nicht aus den Augen lassen. Falls er nach wie vor stur bleibt, üben Sie leichten Druck auf seine Schultern aus, um ihm zu signalisieren, welche Position er einnehmen soll. Sobald Ihr Hund sich hinlegt, belohnen Sie ihn mit dem Leckerli und loben ihn in ruhigem Ton: »Braver Hund.«

Schritt 3: Der nächste Schritt ist sehr wichtig. Die meisten Hunde springen nämlich schon ein paar Sekunden, nachdem sie sich hingelegt haben, wieder auf. Das darf Ihr Hund aber nicht tun: Ihr Training ist lediglich dann erfolgreich, wenn er sich nicht nur hinlegt, sondern auch in dieser Position bleibt. Also »bezahlen« Sie ihn wei-

Lassen Sie die Hand mit dem Leckerli unter die Kante der Sitzfläche sinken, und geben Sie Ihrem Hund das Kommando *PLATZ*.

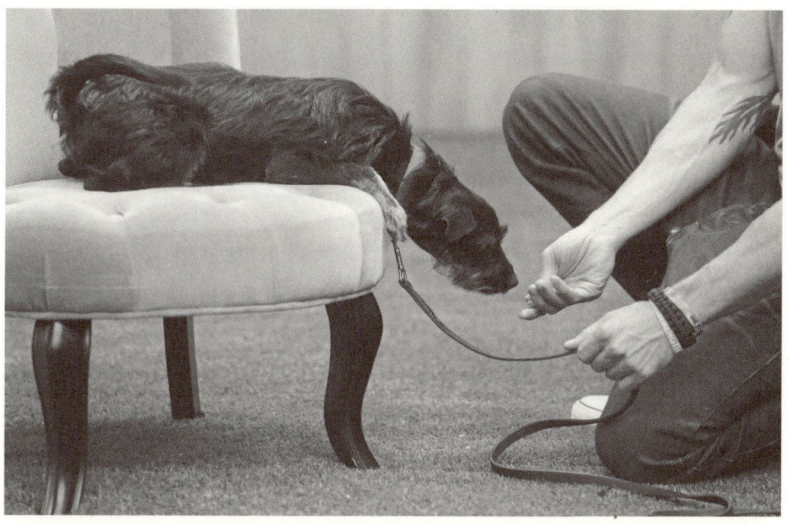

Sobald der Hund sich hingelegt hat, geben Sie ihm das Leckerli und loben ihn.

terhin dafür, indem Sie ihn langsam und beruhigend streicheln – in festen Streichbewegungen vom Kopf über den ganzen Rücken. Damit erreichen Sie gleich zweierlei: Sie loben Ihren Hund und halten ihn mit diesem festen Streicheln, das ihn vom Aufstehen abhält, gleichzeitig in der gewünschten Position. Wenn Sie merken, dass er wieder aufzustehen versucht, halten Sie ihn mit diesen Bewegungen davon ab. Dabei müssen Sie ein bisschen mehr Druck ausüben, als Sie es beim Streicheln Ihres Hundes normalerweise tun. Sobald er wieder ruhig liegen bleibt, belohnen Sie ihn weiter mit Futter und Ihrer Zuneigung. Ihr Ziel besteht darin, den Hund möglichst lange in der *PLATZ*-Position zu halten (und ihn dabei die ganze Zeit über zu belohnen), denn je länger er unten bleibt und je mehr er dafür belohnt wird, umso fester wird sich dieses Kommando in seinem Gedächtnis verankern, und umso eher wird er es befolgen, wenn Sie ihn beim nächsten Mal dazu auffordern.

Diese Technik kann man einem Hund sehr leicht beibringen, denn die meisten kleinen Hunde liegen gern auf einer weichen Unterlage und machen es sich lieber auf dem Sofa oder Bett bequem, als sich auf einen Fliesen- oder Parkettboden zu legen. Größeren Hunden ist diese Bequemlichkeit nicht so wichtig, sie liegen vielleicht genauso gern auf einer harten Unterlage. Fragen Sie sich einmal, wie oft Ihr kleiner Hund schon ein Nickerchen auf dem Holz- oder Parkettboden gemacht hat! Wahrscheinlich so gut wie nie. Deshalb kann man kleinen Hunden das Kommando *PLATZ* besonders leicht auf einem weichen Sofa beibringen – weil das seinen natürlichen Vorlieben entspricht. Wenn Sie versuchen würden, Ihrem kleinen Liebling das Hinlegen auf einer harten Oberfläche beizubringen, würde Ihnen beiden das einfach nur mehr Mühe bereiten. Nachdem Sie Ihren Hund eine Woche lang auf dem Sofa auf dieses Kommando konditioniert haben, wird er es höchstwahrscheinlich auch an allen anderen Orten befolgen. Falls nicht, verlegen Sie Ihr Training einfach wieder auf das Sofa zurück und gewöhnen ihn dann langsam und allmählich daran, es auch woanders zu befolgen.

Die Unterarm-Technik

Diese schnelle und einfache Methode eignet sich gut für besonders eigensinnige Hunde aller Formate und Größen.

Schritt 1: Setzen Sie sich neben Ihren Hund – entweder auf den Boden oder auf eine erhöhte Trainingsplattform, beispielsweise ein Sofa oder einen großen Sessel –, und stellen Sie ein Schälchen mit Leckerlis rechts neben sich. Der Hund sollte dabei auf Ihrer linken Seite sitzen. Auf diese Weise befinden Sie sich auf gleicher Höhe wie Ihr Hund; in dieser Position lässt sich die Technik besonders leicht ausführen.

Schritt 2: Nun legen Sie den linken Arm um Ihren Hund und halten sein Halsband mit der linken Hand fest. Dann strecken Sie die rechte Hand aus, beugen Ihren Ellbogen in einem Winkel von neunzig Grad und führen den Unterarm direkt hinter den Ellbogengelenken unter den Vorderbeinen Ihres Hundes durch.

**Setzen Sie sich neben Ihren Hund, und halten Sie sein Halsband
mit der linken Hand fest.**

Schritt 3: Sagen Sie: *PLATZ* und ziehen Sie Ihre rechte Hand dabei langsam zu sich hin, bis Ihr Unterarm wieder frei beweglich ist. Mit dieser Bewegung ziehen Sie die Vorderbeine Ihres Hundes leicht nach vorn. Denken Sie daran, sein Halsband dabei nicht loszulassen! Sobald Ihre Hand völlig frei ist, liegt Ihr Hund auf dem Sofa (oder auf der anderen Fläche, die Sie für dieses Training ausgewählt haben).

Schieben Sie Ihren Unterarm unter seinen Vorderbeinen durch.

Sagen Sie: *PLATZ* und ziehen Sie Ihre rechte Hand dabei langsam zurück, bis Sie den Unterarm wieder frei bewegen können. Denken Sie daran, das Halsband dabei nicht loszulassen.

Schritt 4: Sobald Ihr Hund diese Position erreicht, nehmen Sie ein paar Leckerlis aus der Schüssel und belohnen ihn dafür, dass er sich hingelegt hat. Von da an halten Sie sich an die Anleitungen in Schritt 3 der Methode für kleine Hunde (siehe S. 129f.), damit Ihr Hund lernt, dass er sich bei dem Kommando *PLATZ* nicht nur hinlegen, sondern auch in dieser Position bleiben soll.

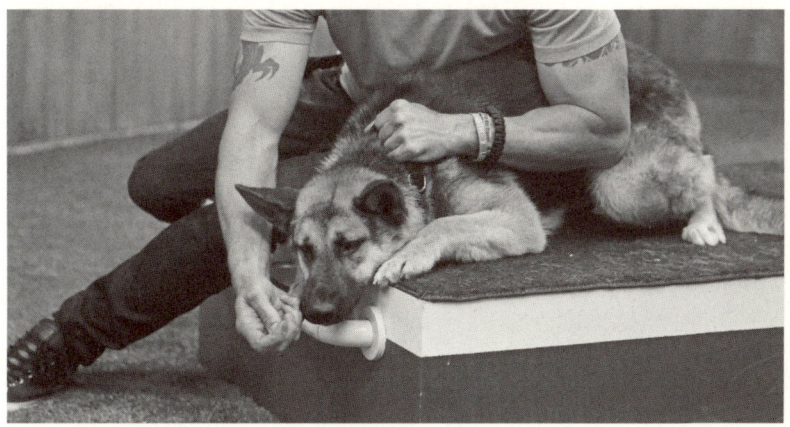

Sobald Ihr Hund sich hingelegt hat, geben Sie ihm das Leckerli.

Wichtige Trainingstipps

Seien Sie konsequent! Denken Sie beim Training jedes Kommandos daran, wie wichtig hundertprozentige Konsequenz ist. Gerade beim *PLATZ*-Training muss man so lange warten, bis der Hund nachgibt und das Kommando befolgt. Anfangs kann das ziemlich frustrierend und zeitraubend sein, doch ich habe noch nie erlebt, dass ein Hund dieses Kommando nicht erlernt hätte. Allerdings gibt es Besitzer, die zu schnell aufgeben und ihrem Hund damit genau das Gegenteil davon beibringen, was er eigentlich lernen soll – nämlich, dass der Vierbeiner mehr Ausdauer hat als sein Herrchen und seinen Willen durchsetzen kann. Und dadurch entsteht ein Problem, das sich nicht nur darauf beschränkt, dass der Hund ein bestimmtes Kommando nicht befolgt, sondern viel gravierendere Auswirkungen haben kann. Also bleiben Sie bei der Stange, und haben Sie Geduld – dann wird es mit der Zeit schon klappen.

Beim Trainieren eines großen Hundes sollten Sie aufrecht stehen. Viele Besitzer versuchen ihrem Hund das Kommando *PLATZ* im Knien beizubringen, weil sie die Hand mit dem Leckerli in dieser Haltung leichter auf den Boden herabsenken können. Aber denken Sie daran, so schnell wie möglich zu einer normalen (stehenden) Position überzugehen! Denn wenn Sie dieses Kommando immer nur im Knien mit Ihrem Hund einüben, gewöhnt er sich daran, und wenn Sie ihm das Kommando dann einmal im Stehen erteilen, bringt ihn diese ungewohnte Haltung vielleicht aus dem Konzept. Sie können dem Hund dieses Kommando also ruhig zunächst in kniender Position beibringen, doch sobald er anfängt, es zu begreifen, sollten Sie allmählich wieder zu Ihrer normalen Position zurückkehren. Nach ein paar Tagen sollten Sie stets aufrecht stehen, wenn Sie Ihrem Hund das Kommando *PLATZ* geben.

Weichen Sie nicht vor Ihrem Hund zurück. Ein weiterer Fehler vieler Hundebesitzer besteht darin, unwillkürlich zurückzuweichen, wenn sie einem großen Hund das Kommando *PLATZ* beibringen und dabei zum ersten Mal die Ankerleine weglassen. Viele Hunde fangen dann naturgemäß an vorwärtszukriechen, und dann weichen manche Besitzer ebenso unwillkürlich zurück. Tun Sie das nicht! Denn damit bringen Sie Ihrem Hund bei, dass er vorwärtskriechen *soll,* sodass er sich diese Unart mit der Zeit angewöhnt. Also geben Sie ihm einfach das Kommando, und bleiben Sie dabei an Ort und Stelle stehen. Nur wenn Sie sich nicht rühren, lernt der Hund, dieses Kommando richtig zu befolgen – und dann wird er es auch in Situationen beherrschen, in denen es wirklich drauf ankommt.

Üben Sie weiter! Das ist bei jedem Hundetraining das oberste Gebot: Wenn Sie Ihren Hund nicht tagtäglich konditionieren, wird er das

Kommando nie richtig erlernen. Denken Sie immer daran, dass die Kommandos sich im Muskelgedächtnis Ihres Hundes verankern müssen. Nur wenn Sie mit Ihrem Hund eine Woche lang mehrere Trainingssitzungen pro Tag durchführen, werden Sie mit ihm zufrieden sein, und wenn Sie die Kommandos monatelang mehrmals täglich üben, wird Ihr Hund Sie mit seinem Gehorsam total überwältigen!

Willkommen in der Welt der Selbstbeherrschung!

Ari hat das Kommando *PLATZ* gemeistert, dabei aber gleichzeitig etwas noch viel Wichtigeres gelernt: Selbstbeherrschung. Dank der Zwei-Leinen-Technik konnte er sich lange genug konzentrieren, um herauszufinden, dass er für bestimmte Verhaltensweisen belohnt wurde. Gleichzeitig hat er, ohne dass ich dazu meine Stimme oder gar meine Hand zu erheben brauchte, die Erfahrung gemacht, dass er den Kampf darum, wer den stärkeren Willen hat (denn als einen solchen Machtkampf hatte er das *PLATZ*-Training anfangs verstanden), nicht gewinnen konnte. Sobald er eingesehen hatte, dass er in dieser Situation nur mit Kooperation weiterkam, wurde ihm klar, dass Machtkämpfe sich für ihn nicht lohnten. Damit hatte Ari seine Einstellung in einem wichtigen Punkt geändert: Er war jetzt kein »Delinquent« mehr, sondern ein Schüler, und das war genau die Einstellung, die er brauchte, um noch mehr lernen zu können.

Vielleicht ist Ihr Hund kein so schwieriger Fall wie Ari. Die meisten Hunde lassen sich leichter trainieren. Trotzdem sollten Sie das Kommando *PLATZ* mit Ihrem Hund so lange üben, bis er es jedes Mal konsequent befolgt. Erst dann haben Sie ein wertvolles Werkzeug an der Hand, mit dem Sie Ihren Hund überall und jederzeit unter Kontrolle und in Sicherheit halten können.

Szenen, die aus meiner Sendung
herausgeschnitten wurden

Vor ein paar Jahren trainierte ich einen Diensthund namens Apollo –
vielleicht erinnern Sie sich noch an die Geschichte von unserer ersten
Begegnung, die ich in Kapitel 3 erzählt habe. Eines der wichtigsten
Kommandos, die jeder Arbeitshund erlernen muss, ist *PLATZ*, denn Arbeitshunde begleiten ihre Besitzer überallhin und müssen oft lange ruhig neben ihnen liegen bleiben. Als Apollo dieses Kommando erlernte,
ließ ich ihn mindestens dreißig Minuten lang still liegen. Nach einer
Weile beherrschte er das so gut, dass er mir beim Fernsehen zu Füßen
lag, ohne sich vom Fleck zu rühren.

Es lief also alles fantastisch – bis mein Schüler mich zu überlisten begann. Apollo wusste, dass er erst dann aus der *PLATZ*-Position aufstehen
durfte, wenn ich ihn dazu aufforderte. Doch sein junger, neugieriger
Geist war an allem interessiert, und wenn er im Nachbarzimmer ein Geräusch hörte, wollte er natürlich nachsehen, was da los war. Zwar wusste Apollo, dass er nicht einfach aufstehen und weggehen durfte, doch
dadurch ließ er sich nicht von seinem Vorhaben abbringen. Ich weiß
gar nicht mehr, wie oft ich beim Nach-unten-Schauen entdeckte, dass
der Hund, der eigentlich brav zu meinen Füßen liegen sollte, plötzlich
verschwunden war. Wenn ich ihn dann suchen ging, fand ich ihn in
einem anderen Zimmer. Mittlerweile passierte das jeden Tag, und ich
zerbrach mir den Kopf darüber, wie das sein konnte. Schließlich war
Apollo kein Yorkshireterrier. Ich war sicher, dass es mir aufgefallen
wäre, wenn ein sechzig Kilo schwerer Dobermann aufsteht und das
Zimmer verlässt. So etwas ist schließlich nicht zu übersehen.

Von da an passte ich auf wie ein Schießhund, um herauszufinden,
wie dieser große, schwere Hund das bewerkstelligte, und bald kam ich
hinter die Lösung des Rätsels: Apollo befolgte mein Kommando tatsächlich und blieb liegen, doch er krabbelte in dieser Position durch
die ganze Wohnung. Ich beobachtete, wie er langsam und mucks-

mäuschenstill wegkroch und von Zimmer zu Zimmer robbte. Dieser Hund beherrschte das Kommando *PLATZ* so gut, dass er glaubte, die Technik weiterentwickeln zu können, indem er sich in dieser Haltung heimlich, still und leise durchs ganze Haus bewegte. Obwohl sein Verhalten nicht richtig war, ließ ich es ihm durchgehen, weil es mich zum Lachen brachte und weil es für seinen neuen Besitzer kein Problem darstellte, schließlich würde der Hund in der Öffentlichkeit stets angeleint sein.

Ich denke noch heute an dieses Erlebnis mit Apollo zurück und muss darüber lächeln, wie dieser Hund es geschafft hat, so gehorsam und doch gleichzeitig so schlau zu sein. In diesem Moment wurde mir klar, dass er nun für seinen neuen Besitzer bereit war. Solche Erlebnisse machen mir immer wieder bewusst, dass meine Arbeit trotz aller Mühe jede Minute wert ist, die ich in sie investiere!

6

BLEIB

Ich habe schon von vielen Klienten gehört, dass das Kommando *BLEIB* ihrem Hund vielleicht sogar das Leben gerettet hat. In vielen dieser Geschichten ging es um Hunde, die sich unangeleint im Hof oder woanders aufhielten und dann plötzlich in Richtung Straße rannten. Mit dem Kommando *BLEIB* konnten ihre Besitzer sie dazu bringen, dass sie am Bordstein oder kurz davor stehen blieben, wo sie außer Gefahr waren. Über solche Geschichten freue ich mich natürlich immer sehr und engagiere mich dann noch mehr dafür, dieses Kommando möglichst vielen Hunden beizubringen.

BLEIB kann tatsächlich ein Lebensretter sein, es lohnt sich also, Ihrem Hund dieses Verhalten anzutrainieren. Üben Sie es lieber ein paarmal zu oft, um sicherzugehen, dass Ihr Hund auch wirklich weiß, was es bedeutet! Wenn Sie öfter mit Ihrem Hund fortgehen, ohne ihn anzuleinen, ist das doppelt wichtig. Für viele Hunde, die ich aus dem Tierheim gerettet habe, spielte dieses Kommando eine ganz entscheidende Rolle – zum Beispiel bei einer sehr lieben Bulldoggen-Boxer-Mischlingshündin, deren zukünftige Besitzerin eine wichtige Aufgabe für sie hatte.

Hallo, ich bin Darby! Zwischen Darby und mir war es Liebe auf den ersten Blick. Diese acht Monate alte Bulldoggen-Boxer-Mischlingshündin war so lieb, dass sie sofort versuchte, ihren Kopf durch die Gitterstäbe zu schieben, um mich zu küssen. Sie hatte das wunderschöne glänzend braune Fell eines Boxers und die eingedrückte Nase der Bulldogge, und kaum hatte ich den Zwinger betreten, krabbelte sie auch schon auf meinen Schoß, als sei sie kein fünfundzwanzig Kilo schwerer Mischling aus zwei ziemlich großen Hunderassen, sondern ein kleiner Malteser.

Darby besaß eine fast schon zen-buddhistische Gelassenheit und ein mustergültiges Benehmen, was bei Welpen selten vorkommt – vor allem, wenn es sich dabei um eine so lebhafte Hunderasse wie den Boxer handelt. Diese Hunde sind bekannt dafür, dass sie gern an Leuten hochspringen, Sachen zerkauen und (vor allem im Welpenalter) kaum zu bändigen sind. Ruhe ist so ziemlich das Letzte, was man von ihnen erwarten kann. Doch Darby war anders: Sie war offenbar eine uralte Seele, und ich sah sofort, dass sie genau die richtigen Voraussetzungen für einen guten Therapiehund mitbrachte. Fünf Minuten nach meiner ersten Begegnung mit diesem Hundemädchen hatte ich auch schon eine gute Idee, für welches neue Zuhause sie sich eignen würde.

Vor ein paar Wochen hatte ich eine E-Mail von einer Lehrerin in Simi Valley erhalten, die auf der Suche nach einem Hund war. Ihr Mann war vor Kurzem gestorben, und ihr einziges Kind sollte in Kürze aufs College gehen. Es tat mir in der Seele weh, mir vorzustellen, dass diese Frau bald ganz allein in ihrem Haus leben würde. Als Nächstes konfrontierte sie mich mit einer ganz besonderen Herausforderung: Sie schrieb, dass sie sich einen Hund wünschte, der sie bei einem Programm unterstützen konnte, das an ihrer Schule gerade durchgeführt wurde. Dabei sollten Therapiehunde Kindern helfen, die Probleme mit dem Lesen hatten. Vielen dieser Schüler fiel es leichter, Hunden etwas vorzulesen, da diese ihnen im Gegensatz zu den Menschen zuhörten, ohne ihre Leistungen zu beurteilen. Als ich das erfuhr, nahm ich mir fest vor, den perfekten Hund für diese Frau zu finden, die sich so sehr dafür engagierte, etwas für ihre Schüler und ihre Gemeinde zu tun.

Als ich Darby im Zwinger des Tierheims sah, wusste ich sofort, dass sie nicht nur eine wunderbare Gefährtin für ihre zukünftige Besitzerin abgeben, sondern ihr auch im Klassenzimmer eine große Hilfe sein würde. Doch es ist gar nicht so einfach, einen Therapiehund auszubilden. Solche Hunde müssen vorbildlich erzogen sein – oft müssen sie sogar noch bessere Manieren haben als die Menschen, denen sie helfen sollen. Und leider musste ich bald feststellen, dass Darby so gut wie gar keine Manieren hatte: Sie beherrschte nur zwei der sieben Grundkommandos. Doch trotz ihrer mangelnden Ausbildung zeigte mir das Verhalten dieser Hündin, dass sie alle Fähigkeiten, die man ihr geduldig und konsequent beibrachte, nicht nur erlernen, sondern nach ihrem Training sogar mustergültig beherrschen würde.

Das wichtigste Kommando, das ein Therapiehund erlernen muss, ist *BLEIB*. Ein Hund, der dieses Kommando beherrscht, ist gut erzogen, doch ein Therapiehund muss manchmal eine Stunde lang oder sogar noch länger an Ort und Stelle bleiben. Das war für einen acht Monate alten Hund schon ziemlich viel verlangt, doch ich glaubte fest daran, dass Darby es schaffen würde.

———————

Wie bringt man einem Hund das Kommando *BLEIB* bei?

Beim Training dieses Kommandos arbeite ich mit verschiedenen Methoden – je nach dem Lernstil des jeweiligen Hundes. Meine Lieblingstechnik ist die Methode »*BLEIB* in der Ecke«. Das ist eine sehr wirksame Technik, hinter der eine ganz besondere Logik steckt. Ich weiß zwar nicht, ob ich der Erste bin, der diese Technik eingesetzt hat; doch ich habe sie durch jahrelanges Experimentieren und Lernen entwickelt und noch nie einen anderen Trainer damit arbeiten sehen. Wenn Sie Ihrem Hund diese Technik beigebracht haben, brauchen Sie sich keine Sorgen mehr darüber zu machen, dass er ausreißen und auf die Straße rennen könnte. Das funktioniert wie folgt.

BLEIB in der Ecke

Für diese Übung brauchen Sie lediglich die folgende Trainingsausrüstung:

- eine 1,80 Meter lange Leine,
- eine Tüte mit den Lieblingsleckerlis Ihres Hundes,
- ein geeignetes Trainingsgelände.

Das Gelände spielt für diese Methode eine besonders wichtige Rolle, also wählen Sie es sorgfältig aus! Es muss unbedingt von einem Zaun oder einer Mauer umgeben sein: ein *eingezäunter* Hof oder Garten, ein unbebautes Grundstück oder irgendein anderes weiträumiges Gelände mit einer eingezäunten oder ummauerten, möglichst rechtwinkligen Ecke. Ein eingezäunter Garten eignet sich am besten für dieses Training, denn er bietet genügend Platz, und der Zaun bildet normalerweise rechte Winkel. Sie können dazu natürlich auch eine Zimmerecke in Ihrer Wohnung benutzen. Aber achten Sie darauf, dass diese Ecke genügend Bewegungsfreiheit bietet und nicht mit Möbeln oder sonstigen Gegenständen vollgestellt ist.

Unser Ziel besteht darin, bei diesem Training kontinuierliche Fortschritte zu machen, aber man sollte am ersten Tag nicht gleich zu viel erreichen wollen. In der ersten Trainingssitzung sollten Sie Ihren Hund nicht länger als sechs Sekunden lang in einer Entfernung von 1,80 Metern von Ihnen still sitzen lassen. Das ist für den Anfang mehr als genug. Sobald Sie diesen Meilenstein erreicht haben, beenden Sie die Sitzung mit einem von Ihrem Hund erfolgreich gemeisterten *BLEIB*.

Zu Beginn der zweiten Sitzung üben Sie noch einmal mit ihm, was er in der ersten Sitzung gelernt hat. Das wird jetzt schneller gehen als beim ersten Mal. Trotzdem sollten Sie Ihren Hund erst dann länger still sitzen lassen, wenn er es schafft, jedes Mal zuverlässig sechs Sekunden lang in einem Abstand von 1,80 Metern von Ihnen sitzen zu bleiben. Erst dann können Sie anfangen, das Kommando mit größeren Entfernungen und längeren Zeitfenstern zu üben.

Schritt 1: Befestigen Sie die Leine am Halsband Ihres Hundes, und verstauen Sie die Leckerlis in Ihrer Hosen- oder einer Leckerlitasche. Dann lassen Sie Ihren Hund in der Ecke sitzen, und zwar so, dass sein Hinterteil die beiden Wände berührt. Wenn nötig, schieben Sie ihn noch ein Stück nach hinten und bugsieren ihn in die Ecke hinein. Es soll eine Situation entstehen, in der der Hund keine Möglichkeit hat wegzulaufen. Das ist das Wichtigste bei dieser Methode: dass Ihrem Hund in der Ausgangsposition nicht viel anderes übrig bleibt, als sich auf Sie zu konzentrieren und zu tun, was Sie von ihm verlangen. Sobald er das Kommando besser beherrscht, können Sie ihm allmählich ein bisschen mehr Bewegungsspielraum geben.

Warum braucht man für dieses Training eine Ecke? Angenommen, Ihr Hund würde in einem freien Gelände (zum Beispiel im Mittelpunkt eines Achtecks) stehen: In dieser Position kann Ihr Hund in acht verschiedene Richtungen davonlaufen. Wenn Ihr Hund an einer Wand oder Mauer sitzt, nehmen Sie ihm lediglich drei dieser Fluchtwege weg, er kann sich jetzt aber immer noch in fünf Richtungen davonmachen.

Wenn Sie ihn dagegen in einer Ecke sitzen lassen, nehmen Sie ihm fünf Fluchtwege und lassen nur noch drei offen. Wenn Sie sich jetzt auch noch vor Ihren Hund hinstellen, versperren Sie damit einen der letzten drei Wege in die Freiheit, und wenn Sie die Hände heben, sind auch die letzten beiden Auswege blockiert. Jetzt bleibt Ihrem Hund nicht mehr viel anderes übrig, als zu bleiben, wo er ist.

Das Kommando »*BLEIB* in der Ecke« mit Handsignal.

Schritt 2: Stellen Sie sich ungefähr dreißig Zentimeter von Ihrem Hund entfernt auf, und heben Sie eine Hand wie ein Verkehrspolizist, der jemanden anhalten möchte. Das ist das Handsignal für *BLEIB*, und sobald Ihr Hund das Kommando perfekt beherrscht, wird er wahrscheinlich genauso gut auf dieses Signal reagieren wie auf den gesprochenen Befehl. Zeigen Sie Ihrem Hund das Handsignal, und sagen Sie gleichzeitig: *BLEIB*. Denken Sie daran: Sie *bitten* Ihren Hund nicht darum, sitzen zu bleiben, sondern *befehlen* es ihm. Also sprechen Sie dieses Kommando mit monotoner Stimme und in festem, selbstbewusstem Tonfall aus, um ihm zu zeigen, dass Sie es wirklich ernst meinen. Sparen Sie sich Ihre höhere Stimme und Ihre abwechslungsreichere Sprachmelodie für später auf, wenn Sie mit Ihrem Hund spielen. Nachdem Sie ihm das Kommando *BLEIB* gegeben haben, halten Sie Ihren Hund eine Sekunde lang (aber nicht länger) in dieser Position. Wenn er es schafft, diese eine Sekunde lang still zu sitzen, belohnen Sie ihn mit einem kurzen Streicheln, loben ihn, geben ihm ein Leckerli und sagen: »Braver Hund.« Wenn er sich vor Ablauf dieser Sekunde bewegt, korrigieren Sie ihn, indem Sie mit den Fingern fest auf die Mitte seines Brustkorbs klopfen. Das fasst ein Hund normalerweise als Signal auf, sich nicht weiter vorwärtszubewegen. Dann fordern Sie ihn wieder auf, sich hinzusetzen, und wiederholen das Ganze so lange, bis er es schafft, eine Sekunde lang still zu sitzen. Für diese eine Sekunde und diesen Abstand von dreißig Zentimetern werden Sie länger brauchen als für jede andere Position, weil Ihr Hund das Kommando zu diesem Zeitpunkt noch gar nicht kennt. Haben Sie Geduld: Sobald der Hund begriffen hat, worum es geht, wird Ihnen das Training leichter von der Hand gehen.

Kleiner Tipp für besonders schwierige Fälle

Falls Ihr Hund die Assoziation zwischen Kommando und Stillsitzen nicht sofort herstellt, können Sie ihm die Konzentration darauf mit einem einfachen Trick erleichtern. Um noch ein bisschen mehr Kontrolle über Ihren Hund auszuüben, brauchen Sie nur einen Stuhl. Stellen Sie den Stuhl in die Trainingsecke, und lassen Sie Ihren Hund darauf *SITZ* machen. Bei einer Dogge oder einem Rottweiler geht das natürlich nicht, doch bei den meisten kleinen, mittelgroßen und auch bei großen, aber nicht ausgesprochen riesigen Hunden funktioniert diese Methode sehr gut. Denn wenn Ihr Hund auf einer erhöhten Fläche sitzt, wird er sich jede Bewegung vorher genau überlegen, und das gibt Ihnen genau den zusätzlichen Vorteil, den Sie brauchen, um ihm das Kommando *BLEIB* beizubringen. Falls erforderlich, können Sie den Stuhl mitsamt Hund während des Trainings immer wieder in eine andere Position schieben, bis Sie bei Schritt 6 angelangt sind. Zum Schluss müssen Sie die einzelnen Schritte mit Ihrem Hund vielleicht

aber doch noch einmal auf dem Boden durchgehen, um sicherzugehen, dass er das Kommando nicht nur auf einer erhöhten Fläche, sondern auch auf Bodenhöhe beherrscht.

Schritt 3: Als Nächstes bewegen Sie sich weitere dreißig Zentimeter
von Ihrem Hund weg, sodass Sie jetzt in einer Entfernung von sechzig
Zentimetern vor ihm stehen. Diesmal soll er zwei Sekunden lang an Ort
und Stelle bleiben – Sie verdoppeln also nicht nur Ihre Distanz zum
Hund, sondern auch die Dauer seines Gehorsams. Ich weiß, das kommt
Ihnen lächerlich wenig vor – nur *zwei Sekunden lang* ruhig sitzen zu bleiben –, doch diese allmähliche Steigerung des Schwierigkeitsgrads ist der
Schlüssel zum Erfolg dieser Methode. Sobald Ihr Hund gehorcht, wird
er wieder gestreichelt, gelobt und belohnt. Wenn er sich zu bewegen
oder aufzustehen versucht, halten Sie ihn erneut mit den Händen davon ab. Normalerweise genügt dazu ein leichtes Klopfen auf seinen
Brustkorb. Dann beginnen Sie wieder mit *SITZ* und wiederholen das
Ganze, bis er es schafft, zwei Sekunden stillzusitzen.

Schritt 4: Jetzt ist es an der Zeit, das Gleiche mit drei Sekunden und
einer Entfernung von neunzig Zentimetern zu versuchen. Wenn Sie
sich weiter von Ihrem Hund entfernt aufstellen, kann er natürlich links
oder rechts von Ihnen ausscheren. Deshalb sollten Sie Ihre Position
jetzt ein bisschen verändern: Halten Sie die Hände etwas tiefer, damit
Sie den Hund aufhalten können, falls er auf die Idee kommen sollte
wegzulaufen. Die Position Ihrer Hände ist jetzt besonders wichtig: Heben Sie die Hand zum typischen *BLEIB*-Signal, doch wenn der Hund
wegzulaufen versucht, blockieren Sie ihn mit dieser Hand, sodass er direkt in Ihr »Stoppschild« hineinläuft, und schieben Sie ihn zurück. Wiederholen Sie dabei mit fester Stimme das Kommando *BLEIB*, und ver-
steifen Sie die Finger, damit der Hund spürt, dass er auf eine physische
Barriere gestoßen ist. Damit lenken Sie seine Aufmerksamkeit wieder
auf sich. Diese Bewegung erfüllt die gleiche Funktion wie eine Schran-

ke, die sich vor einem Parkplatz schließt: Vielleicht wissen Sie, dass Sie durch diese Schranke hindurchfahren können; aber Sie tun es nicht. Sie bleiben stehen, weil sich auf der Straße vor Ihnen ein Hindernis befindet; und genau das wird Ihr Hund auch tun, wenn Sie ihm den Weg versperren.

Wenn der Hund drei Sekunden lang sitzen bleibt, streicheln, loben und belohnen Sie ihn. Sobald er sich von der Stelle rührt, blockieren Sie die Lücke, durch die er ausbrechen könnte, schnell mit der Hand und sagen energisch: *BLEIB*. Jetzt wird Ihrem Hund wahrscheinlich allmählich klar, was mit diesem Kommando gemeint ist. Sobald er diesen Schritt gemeistert hat, üben Sie mit ihm, vier Sekunden lang in einer Distanz von 1,20 Metern still zu sitzen, belohnen ihn wiederum, wenn er an Ort und Stelle bleibt, und korrigieren ihn, wenn er weglaufen will. Setzen Sie Ihre Hände dabei wie ein Torwart ein, und machen Sie immer erst dann mit dem nächsten Schritt weiter, wenn er einen bestimmten Abstand mit der dazugehörigen Zeitdauer gemeistert hat.

Schritt 5: Sobald Ihr Hund zuverlässig zehn Sekunden lang in einer Distanz von drei Metern in der Ecke sitzen bleibt, ist es Zeit für die nächste große Bewährungsprobe. Vielleicht braucht er ein paar Tage, um diesen Meilenstein zu erreichen, und das macht auch nichts. *BLEIB* gehört nicht zu den einfachsten Kommandos; es ist viel wichtiger, darauf zu achten, dass Ihr Hund es richtig erlernt, als dieses Training so schnell wie möglich zu beenden. Sobald Ihr Hund für den nächsten Schritt bereit ist, holen Sie ihn aus seiner Ecke, positionieren ihn mit dem Rücken zu einer Wand oder Mauer (links und rechts sollte mindestens 1 bis 1,5 Meter freier Raum sein) und lassen ihn sich hinsetzen. In dieser Position stehen Ihrem Hund viel mehr Fluchtwege offen, deshalb sollten Sie erst dann mit diesem Schritt weitermachen, wenn er bewiesen hat, dass er zuverlässig in einer Ecke sitzen bleiben kann.

Dann machen Sie genauso weiter wie vorher: Achten Sie darauf, dass das Hinterteil Ihres Hundes beim Sitzen fest an die Wand oder Mauer gedrückt ist, sagen Sie: *BLEIB,* geben Sie ihm das dazugehörige Signal, und beginnen Sie wieder mit der kürzesten Zeitdauer und Entfernung: Er soll in einem Abstand von dreißig Zentimetern eine Sekunde lang an der Wand sitzen bleiben. Setzen Sie Ihre Hände auch hierbei wieder wie ein Torwart ein, um ihn zu stoppen, falls er wegzulaufen versucht. Die meisten Hunde, die auf dieses Kommando hin bereits ruhig in der Ecke sitzen bleiben, werden das Handsignal ihres Besitzers auch in dieser neuen Position respektieren. Falls Ihr Hund das nicht tun sollte, stoppen Sie ihn wieder mit den Fingern wie bereits beschrieben.

Gehen Sie nun nach demselben Muster vor wie bei der Variante »*BLEIB* in der Ecke«: Lassen Sie Ihren Hund zwei Sekunden lang in einem Abstand von sechzig Zentimetern drei Sekunden lang in einem Abstand von neunzig Zentimetern und so weiter ruhig sitzen bleiben. Sobald Sie bei vier Sekunden und 1,20 Metern angelangt sind, verlassen Sie sich beim Erteilen des Kommandos hauptsächlich auf Ihre Stimme, da die Reichweite Ihrer Hände jetzt nicht mehr genügt, um den Hund zu stoppen. Falls Sie noch ein zusätzliches Signal brauchen, stampfen Sie einmal kräftig mit dem Fuß auf. Bei diesem Geräusch wird er kurz erschrecken – lange genug, um sich daran zu erinnern, was er tun soll.

Schritt 6: Sobald Ihr Hund das Kommando *BLEIB* an der Wand oder Mauer erlernt hat, ist es Zeit für den letzten Schritt: Jetzt positionieren Sie ihn inmitten einer freien Fläche. Da es nun gar keine Hindernisse mehr gibt, stehen ihm unbegrenzte Fluchtwege offen. So können Sie überprüfen, ob er das Kommando auch wirklich verstanden und akzeptiert hat. Wiederholen Sie wieder Schritt 2 und 3, und steigern Sie den Schwierigkeitsgrad allmählich bis auf dreißig Zentimeter, sechzig Zentimeter und so weiter. Falls notwendig, stampfen Sie mit dem Fuß auf, um seine Aufmerksamkeit auf sich zu lenken. Jetzt dürfte Ihr Hund jedes Mal sitzen bleiben, wenn Sie ihn dazu auffordern. Sie sehen: Die Konditionierungsarbeit hat sich gelohnt! Doch selbst wenn er nicht sitzen bleibt, bedeutet das noch lange nicht, dass er dieses Kommando nicht

Sobald Ihr Hund das Kommando »*BLEIB* in der Ecke« beherrscht, fordern Sie ihn auf, sich mit dem Rücken an eine Wand oder Mauer zu setzen, und gehen die gleichen Schritte noch einmal mit ihm durch, wobei Sie Abstand und Zeitdauer schrittweise erhöhen.

Falls Ihr Hund wegzulaufen versucht, halten Sie ihn mit den Fingern auf. Dazu genügt ein leichtes Klopfen auf den Brustkorb.

erlernen kann, sondern nur, dass Sie dabei zu schnell vorwärtsgegangen sind. Also lassen Sie Ihren Hund wieder in die Ecke zurückkehren, und üben Sie das Kommando so lange, bis er es begriffen hat.

Jede Minute, die Sie in dieses Training investieren, lohnt sich, denn dieses Kommando ist für die Sicherheit Ihres Hundes lebenswichtig.

Letzter Schritt: Training des Kommandos *BLEIB* in offenem Gelände.

Wichtige Trainingstipps

Wie immer liegt das Erfolgsrezept auch bei diesem Training im Detail. Es gibt viele Kleinigkeiten, auf die man bei dieser Methode achten sollte:

Beginnen Sie mit dem Training, wenn Ihr vierbeiniger Schüler müde und hungrig ist. Denn wenn der Hund aufgedreht ist und vor lauter Energie aus allen Nähten platzt, wird er herumrennen wie ein Verrückter – und Ihnen beiden das Training damit unnötig schwer machen. Also bringen Sie ihm dieses Kommando lieber bei, wenn er müde ist! Dann lässt er sich schneller darauf konditionieren und gerät nicht so leicht in Versuchung wegzulaufen. Beginnen Sie am besten am Abend oder nach einem Spaziergang mit dem Training und denken Sie auch daran, dass ein hungriger Hund sich sehr viel leichter trainieren lässt als ein satter! Schließlich soll er sich voll und ganz auf Sie und die tollen Leckerlis konzentrieren, die er bekommen wird, wenn er Ihr Kommando befolgt.

Bleiben Sie ruhig. Genau wie beim Training des Kommandos *PLATZ* sollten Sie auch bei diesem Kommando möglichst viel Ruhe ausstrahlen. Mit einer lebhaften oder aufgeregten Stimme und Körpersprache erreichen Sie genau das Gegenteil von dem, was Sie wollen: Dann wird Ihr Hund sich von Ihrer Stimmung anstecken lassen und ebenfalls lebhaft sein oder in Aufregung geraten – keine guten Voraussetzungen für das Training eines Kommandos, bei dem er still sitzen soll. Auch wenn Sie ihn loben und belohnen, sollten Sie das mit leiser, sanfter Stimme tun und ihn dabei mit langsamen, ruhigen Streichbewegungen liebkosen. Denken Sie immer wieder daran: Ihr Hund spiegelt Ihnen genau das Gesicht wider, das Sie ihm zeigen! Wenn Sie bei diesem Training zu viel Energie ausstrahlen, Angst oder Nervosität zeigen, kann sich das sehr leicht auf Ihren Hund übertragen.

Blockieren Sie Ihren Hund nicht zu unsanft! Sie sollen Ihre Finger nicht in den Brustkorb Ihres Hundes rammen – und auf so eine Idee würden Sie wahrscheinlich auch gar nicht kommen. Der Hund soll vielmehr in Ihre Finger *hineinlaufen.* Das ist ein großer Unterschied: Ihre Hand sollte wie ein Zaun sein, der Ihrem Hund im Weg steht, er soll sich dadurch also nicht angegriffen fühlen. Wenn Ihr Hund einmal in Ihre Hand hineingerannt ist, wird ihm das wahrscheinlich kein zweites Mal mehr passieren. Kein Tier möchte immer wieder in dasselbe Hindernis hineinlaufen, aber viele Tiere – auch die meisten Hunde – spielen gern Fangen. Also seien Sie kein Verfolger, sondern ein Hindernis! Größere Hunde kann man vielleicht besser stoppen, indem man ihnen in den Weg tritt. In diesem Fall nutzen Sie Ihren ganzen Körper als Blockade, und das kann bei einem großen Hund wirksamer sein, als ihm den Weg nur mit den Händen zu versperren. Der einzige Nachteil dieser Technik besteht darin, dass Sie für den Einsatz Ihres ganzen Körpers ein bisschen länger brauchen, als wenn Sie einfach nur die Hand heben, und dass Sie Ihren Körper schnell in die richtige Position bringen müssen, um den Hund zu stoppen. Gewöhnen Sie sich an, schnell zu reagieren! Dann wird Ihr Hund bald begreifen, was Sie ihm mit Ihrer Körpersprache sagen möchten.

Mit dem Fuß aufzustampfen ist eine hervorragende Methode, um Ihren Hund aufzuhalten, wenn er weglaufen will und Sie einige Meter von ihm entfernt stehen: Damit wecken Sie für den Bruchteil einer Sekunde seine Aufmerksamkeit, sodass er sich wieder auf Sie konzentriert. Ich rate Ihnen dringend zu dieser Technik – sie ist eine meiner Lieblingsstrategien, um einen Hund zu stoppen, der sich bereits in Bewegung gesetzt hat.

Gehen Sie bei diesem Training langsam vorwärts. Ich weiß schon, das predige ich Ihnen immer wieder – aber ich wiederhole diese Ermahnung nur deshalb so oft, weil sie so wichtig ist: Machen Sie erst dann mit dem nächsten Schritt weiter, *wenn Ihr Hund so weit ist!* Zu schnelles Vorwärtsgehen ist der Hauptgrund dafür, warum manche Hundebesitzer bei diesem Training vor lauter Frustration irgendwann das Handtuch werfen und es nicht schaffen, ihrem Hund dieses wichtige Kommando beizubringen. Vielleicht macht Ihr Hund in den ersten Minuten so schnelle Fortschritte, dass Sie glauben, Sie könnten ruhig ein paar Trainingsstufen überspringen und statt mit zwei Sekunden und sechzig Zentimetern gleich mit vier Sekunden und 1,20 Metern weitermachen. Tun Sie das bitte nicht! Einem Hund dieses Kommando richtig beizubringen dauert schon ein paar Tage. Nur *sehr* wenige Hunde schaffen es gleich am ersten Tag bis zum letzten Schritt. Also gehen Sie die Sache langsam an, dann wird Ihr Hund das Kommando *BLEIB* am Ende so gut beherrschen wie ein Profi.

Variante für schwierige Fälle: Lassen Sie Ihren Hund statt in einer Ecke im Eingang eines dunklen Zimmers sitzen. (Das heißt, im Zimmer hinter dem Hund sollten sämtliche Lichter gelöscht sein.) Natürlich wird der Hund zunächst weglaufen wollen; doch Sie blockieren den Türeingang und geben ihm dabei das Kommando *BLEIB*. Dann machen Sie genauso weiter wie oben beschrieben: Treten Sie bei jedem Trainingsschritt dreißig Zentimeter zurück, und fügen Sie der Wartezeit Ihres Hundes dabei jeweils eine Sekunde hinzu – so lange, bis er zehn Sekunden lang in einem Abstand von drei Metern still sitzen kann. Üben Sie das jeden Tag ein paarmal in jeweils fünfzehnminütigen Trainingssitzungen – dann werden Sie bald Erfolge sehen. Der Vorteil dieser Methode liegt darin, dass sie schnell und einfach ist und sich für Hunde aller Größen eignet. Der Nachteil ist, dass man es sich dabei – wie bei jeder schnellen Methode – ein bisschen zu einfach macht und der Hund das Stillsitzen dann womöglich nicht richtig erlernt. Mit dieser Methode können Sie Ihrem Hund zwar die Grundbegriffe des Kommandos *BLEIB* beibringen, doch früher oder später werden Sie mit ihm doch ins Freie gehen müssen, damit er es richtig erlernt und zuverlässig befolgt.

Variante für »langsame Starter«: Lassen Sie Ihren Hund auf dem Sofa *SITZ* machen, und gehen Sie dann genauso vor wie oben beschrieben: Treten Sie von Trainingsschritt zu Trainingsschritt jeweils dreißig Zentimeter weiter zurück, und fügen Sie seiner Wartezeit dabei jedes Mal eine Sekunde hinzu. Das Training dürfte ein »Heimspiel« für Sie sein, denn die meisten Hunde sitzen lieber auf einem bequemen Sofa als auf dem harten Boden. Vorteil: Auch diese Methode ist schnell und einfach, und das Sofa gibt Ihnen eine gute Kontrolle über Ihren Hund. Nachteil: Dabei handelt es sich gewissermaßen um die Kindergartenversion des Kommandos *BLEIB.* Damit können Sie Ihrem Hund zwar die elementarsten Grundlagen dieses Kommandos beibringen, doch ich empfehle Ihnen dringend, mit der Methode »*BLEIB* in der Ecke« weiterzumachen, sobald Ihr Hund diese einfachere Variante erlernt hat.

Eine echte Musterschülerin

Darby musste nicht nur sämtliche Trainingsschritte des Kommandos »*BLEIB* in der Ecke« meistern, sondern weit darüber hinausgehen. Bevor sie den Therapiehundetest machen konnte, musste sie erst mal beweisen, dass sie dieses Kommando in allen Situationen mustergültig beherrschte: an verschiedenen Orten, über lange Zeiträume und ohne sich durch irgendetwas ablenken zu lassen. Und Darby hat mich tatsächlich nicht enttäuscht.

Als ich schließlich mit ihr zu der Schule ihrer neuen Besitzerin fuhr, schlossen die beiden sofort Freundschaft miteinander: Sarah ging in ihrem Klassenzimmer in die Hocke, und Darby kam auf sie zugeschossen, setzte sich auf die Hinterbeine, legte ihr liebevoll beide Vorderpfoten auf die Schultern und lehnte den Kopf an ihre Schulter – eine typische Boxerhaltung, mit der diese Hunde einem Menschen ihre Zuneigung zeigen –, und bei diesem Anblick wurde allen Kindern im Klassenzimmer schlagartig klar, dass dieser liebevolle Hund und diese gütige, großmütige Lehrerin hervorragend zusammenpassten.

7

NEIN

Ein Wort werden Sie zu einem Hund, der noch neu bei Ihnen ist, wahrscheinlich besonders oft sagen müssen: *NEIN*. Schließlich ist es ganz normal, dass ein Neuankömmling die in Ihrem Haus herrschenden Spielregeln noch nicht kennt. Tierheimhunde kommen aus einem Umfeld, in dem es ganz andere Spielregeln – oder vielleicht sogar überhaupt Regeln – gibt, und ein Welpe ist, wenn er zu Ihnen nach Hause kommt, noch ein völlig unbeschriebenes Blatt. Doch egal, wo Ihr Hund herkommt – ihm das Kommando *NEIN* beizubringen ist unverzichtbar, denn damit können Sie ihn von unerwünschtem Verhalten wie Knabbern, übermäßigem Bellen oder sonstigen Unarten abhalten, auf die junge (oder auch ältere) Hunde leider manchmal verfallen.

Auch für die Sicherheit Ihres Hundes ist dieses Kommando unerlässlich. Zum Beispiel kann man ihn damit daran hindern, sich irgendwelche»Leckerbissen«einzuverleiben, die er beim Spaziergang findet. Denn was er da auf dem Bürgersteig oder im Gebüsch aufliest, ist wahrscheinlich nicht unbedingt reich an Vitaminen und Mineralstoffen – manchmal können solche Fundstücke sogar gefährlich für ihn sein. Und wenn Sie Ihrem Vierbeiner schon mal ein totes Tier – sei es ein Vogel, eine Kröte oder ein Eichhörnchen – aus dem Maul zerren mussten, war das vielleicht auch für Sie eine recht unerquickliche Situation.

Auch in der Küche können Sie Ihren Hund mit dem Kommando *NEIN* vor so mancher Gefahr bewahren. Denn viele Lebensmittel, die wir Menschen bedenkenlos essen können – beispielsweise Zwiebeln, Schokolade, Hühnerknochen, Weintrauben, Kaffee und bestimmte Arten von Nüssen –, sind für den Hund schädlich oder gar giftig. Die beste Methode, ihn von solchen Gefahren fernzuhalten, ist ein energisches *NEIN*. Dieses Kommando kann jeder Hund erlernen, auch wenn er bisher noch gar keine Ausbildung genossen und einen schon fast lächerlich starken Futtertrieb hat. Das weiß ich aus eigener Erfahrung, denn ich musste sogar einmal Überstunden machen, um dem Hund eines Familienmitglieds, das mir sehr am Herzen liegt, dieses Kommando beizubringen.

———

Hallo, ich bin Poppi! Poppi war ein ganz besonderer Hund für mich, denn ich adoptierte ihn für meine Tante, die meine eigene Hündin Lulu so lange mit Beschlag belegte, bis ich endlich einen Ersatz für sie fand. Dieser drei Jahre alte Cockerspaniel schien tatsächlich der ideale Gefährte für sie zu sein. Im Tierheim hatte sich kein Interessent für ihn gefunden – vielleicht, weil ihm die Hälfte eines Ohrs fehlte. Wahrscheinlich war es irgendwann einmal einer schlimmen Verletzung oder Infektion zum Opfer gefallen. Viele Menschen, die einen Hund wie Poppi im Tierheim sehen, haben nur Augen für seine Fehler und Macken und übersehen dabei viel wichtigere

Eigenschaften wie beispielsweise Charakter und Temperament. Doch als ich Poppi kennenlernte, erkannte ich sofort, dass er von diesen beiden wichtigsten Eigenschaften jede Menge besaß. Er war ein fröhlicher Hund mit einem Schwanzstummel, der ständig wedelte, und hatte so einen herrlich »dümmlichen« Gesichtsausdruck – leicht vertrottelt, aber niedlich. Am Rücken hatte er ein großes abstehendes Haarbüschel, das aussah, als trage er ein Toupet, und noch zu der unfreiwilligen Komik beitrug, die er ausstrahlte.

Als Poppi sein Training bei mir begann, hatte er keine Ahnung von den sieben Kommandos, doch da er unbedingt gefallen wollte und sich ungeheuer leicht durch Futter motivieren ließ, begriff er sie ziemlich schnell. Das einzige Problem war Poppis starker Futtertrieb: Er stürzte sich mit dem Tempo einer Klapperschlange auf jeden Bissen Futter, der auf den Boden fiel. Poppi hatte immer Hunger und war ständig auf der Suche nach kleinen Leckerbissen, die er vielleicht irgendwo erbetteln oder stehlen konnte. Meine Tante ist eine hervorragende Köchin, die auch gern leckere Mahlzeiten zubereitet. Doch viele der Zutaten, die sie in ihrer Küche aufbewahrt (und die bei den meisten Menschen dort zu finden sind), waren für einen Hund schädlich. Bevor ich auch nur daran denken konnte, Poppi bei meiner Tante unterzubringen, musste er also lernen, absolut zuverlässig auf das Kommando *NEIN* zu hören. Wenn mir das nicht gelang, würde ich Lulu vielleicht nie wieder zurückbekommen!

Wie bringt man einem Hund das Kommando *NEIN* bei?

Das Kommando *NEIN* kann Ihnen und Ihrem Hund das Leben sehr erleichtern, wenn er es richtig beherrscht. Manche Menschen sagen stattdessen: *LASS DAS*, und dagegen ist auch nichts einzuwenden, doch ich persönlich bevorzuge *NEIN*. Wie immer gibt es auch bei diesem Kommando viele verschiedene Möglichkeiten, es einem Hund beizubringen, doch die Methode, die ich hier beschreibe, funktioniert bei den meisten Hunden am besten. Dafür brauchen Sie nichts weiter als ein paar Leckerlis. Halten Sie am besten mehrere verschiedene Arten davon bereit, die Ihr Hund gern mag, und trainieren Sie immer nur dann mit ihm, wenn er Hunger hat.

Schritt 1: Halten Sie eines seiner Lieblingsleckerlis auf der Höhe seiner Augen ungefähr fünfzehn Zentimeter von seinem Maul entfernt in der flachen Hand, und sagen Sie dabei: *NEIN*. Wenn Ihr Hund sich für dieses Leckerli interessiert, wird er natürlich versuchen, danach zu schnappen. Sobald er das tut, sagen Sie einfach wieder: *NEIN*, und schließen die Hand mit dem Leckerli blitzschnell zur Faust. Ihre Stimme darf dabei ruhig ein bisschen energisch klingen. Sie sollten Ihren Hund zwar nicht anschreien, ihm mit Ihrem Tonfall aber unmissverständlich klarmachen, dass das weder ein Spiel noch eine Verhandlung ist. Viele Hunde werden jetzt versuchen, das Leckerli mit dem Maul aus Herrchens Hand herauszuholen, doch die meisten geben

Halten Sie dem Hund das Leckerli in einem Abstand von ungefähr fünfzehn Zentimetern vor die Nase, und sagen Sie: *NEIN*. Wenn er es sich zu schnappen versucht, sagen Sie wieder: *NEIN*, und schließen Ihre Hand mit dem Leckerli schnell zur Faust.

diesen Versuch schon nach ein paar Sekunden wieder auf. Falls Ihr Hund nicht damit aufhören sollte, ziehen Sie Ihre Hand einfach weg und geben ihm ein paar Minuten Zeit, sich zu beruhigen.

Schritt 2: Sobald der Hund sich beruhigt hat, halten Sie Ihre geöffnete Hand mit dem Leckerli wieder ungefähr fünfzehn Zentimeter von seinem Maul entfernt auf Augenhöhe vor ihn hin. Wenn er nach dem Leckerli zu schnappen versucht, ballen Sie die Hand wieder zur Faust und sagen: *NEIN.* Wiederholen Sie diesen Vorgang fünfmal hintereinander, und machen Sie dann fünf Minuten Pause. Jede Trainingssitzung besteht aus dieser Abfolge von fünfmaligem Leckerli-Hinhalten und fünfminütiger Pause. Es ist sehr wichtig, Ihrem Hund dieses Kommando in kurzen Sitzungen beizubringen, damit er ein bisschen Zeit hat, es zu verarbeiten. Die meisten Hunde brauchen fünf bis zehn über ein bis zwei Tage verteilte Trainingssitzungen, um das Kommando zu erlernen.

Schritt 3: Sobald Ihr Hund dabei Fortschritte macht, wird er nicht mehr versuchen, sich auf das Leckerli zu stürzen oder es Ihnen aus der Hand zu nehmen. Jetzt können Sie Trainingsschritt 1 und 2 mit geöffneter Hand wiederholen und Ihren Hund nur noch mit dem Kommando *NEIN* unter Kontrolle halten. Aber bleiben Sie dabei wachsam, denn manche Hunde können ziemlich hinterlistig sein, wenn man ihnen eine so verlockende Belohnung vor die Nase hält, und schnappen womöglich irgendwann doch zu. Sobald Sie sich darauf verlassen können, dass Ihr Hund das Kommando *NEIN* auch bei geöffneter Hand respektiert, können Sie ihn auf die Probe stellen: Legen Sie das Leckerli zwischen sich und ihn auf den Boden, und sagen Sie: *NEIN.* Sobald der Hund nicht mehr in Versuchung gerät, sich das Leckerli zu schnappen, hat er das Kommando erlernt.

Sobald Ihr Hund das Kommando *NEIN* auch bei geöffneter Hand respektiert, stellen Sie ihn auf die Probe und legen das Leckerli zwischen sich und ihn auf den Boden.

Schritt 4: Nun, da Ihr Hund das Kommando aus allernächster Nähe beherrscht, ist es an der Zeit, es ihm auch aus der Ferne beizubringen. Beginnen Sie mit dem letzten Teil von Schritt 3: Legen Sie ein Leckerli vor Ihren Hund hin, sagen Sie energisch: *NEIN*, und weichen Sie dann ein Stück vor ihm zurück. In den ersten paar Sekunden sollten Sie sich dabei nur ungefähr dreißig Zentimeter weit entfernen. Beobachten Sie Ihren Hund aus dieser Distanz ganz genau; und wenn er keine Anstalten macht, sich auf das Leckerli zu stürzen, treten Sie noch 0,5, 1 oder 1,5 Meter weiter zurück. So vergrößern Sie die Entfernung zwischen sich und Ihrem Hund allmählich immer mehr und sagen dabei immer wieder: *NEIN*, bis zwischen Ihnen und dem Leckerli ein Abstand von drei Metern liegt. Dann kehren Sie allmählich wieder zu Ihrem Hund zurück.

Schritt 5: Sobald Ihr Hund den Sinn des Kommandos *NEIN* begriffen hat, können Sie ihm etwas beibringen, was ihm viel besser gefallen wird: *OKAY.* Das ist das Gegenteil von *NEIN:* Mit diesem Kommando erlauben Sie Ihrem Hund, sich das Leckerli zu nehmen. Diese Erlaubnis sollten Sie ihm aber erst dann erteilen, wenn er den Sinn des Kommandos *NEIN* verstanden und gelernt hat, es zu befolgen: Sobald er sich bei diesem Kommando mehrmals beherrschen konnte, sagen Sie einfach: *OKAY,* und halten ihm das Leckerli direkt vors Maul. Damit haben Sie ihm die Grundbegriffe von Respekt und gutem Benehmen beigebracht. *NEIN* heißt *NEIN,* dieses Kommando ist nicht verhandelbar. *OKAY* bedeutet: »Nimm es dir ruhig. Ich gebe dir die Erlaubnis dazu.« Das Schöne an diesem Kommando ist: Am Ende wird Ihr Hund es so weit verinnerlicht haben, dass er in jeder Situation, in der er nicht sicher ist, ob er sich etwas nehmen darf oder nicht, zu Ihnen hinschaut; und dann brauchen Sie nur noch *NEIN* oder *OKAY* zu sagen, um ihm zu signalisieren, was er tun soll. Dieses Kommando beschränkt sich nicht nur auf verbotene und erlaubte Lebensmittel, sondern lässt sich auch auf viele andere Lebensbereiche anwenden.

Wichtige Trainingstipps

Seien Sie flink! Sie müssen Ihre Hand mit dem Leckerli schnell schließen. Wenn Sie Ihrem Hund während des Trainings zu oft Gelegenheit geben, es Ihnen aus der Hand zu reißen, lernt er, dass er Sie bei diesem Spiel schlagen kann. Dann wird er Ihre Autorität vielleicht auch in anderen Trainingsbereichen infrage stellen – und das ist wirklich das Allerletzte, was Sie als Hundebesitzer gebrauchen können. Wenn Ihr Hund bei den ersten Malen schneller ist als Sie, halten Sie Ihre Hand mit dem Leckerli in Zukunft etwas weiter von ihm entfernt (dreißig Zentimeter dürften genügen).

Versuchen Sie, ihn mit Geräuschen abzulenken. Sobald Sie dazu übergehen, das Leckerli vor Ihrem Hund auf den Boden zu legen, wird die Verlockung, es sich einfach zu schnappen, für ihn vielleicht zu groß sein. Dann können Sie seine Aufmerksamkeit auf sich und das Kommando

NEIN zurücklenken, indem Sie mit der Hand direkt neben dem Leckerli auf den Boden schlagen, sobald er sich darauf zubewegt. Mit dieser Bewegung und dem Geräusch Ihrer Hand lenken Sie seine Aufmerksamkeit vorübergehend von dem Leckerli ab und helfen ihm, der Versuchung zu widerstehen. Mit einer mit Münzen gefüllten Flasche oder dem Shake-&-Break-Trainingsgerät lässt sich übrigens der gleiche Effekt erzielen. Falls es Ihnen beim Training dieses Kommandos anfangs schwerfallen sollte, Ihren Hund unter Kontrolle zu halten, und ein bloßer Schlag auf den Boden nicht den gewünschten Erfolg bringt, versuchen Sie es ruhig einmal mit diesem Trainingsgerät, denn das erzeugt mehr Lärm!

Nehmen Sie Ihren Hund an die Leine. Besonders eigensinnige Hunde, die immer wieder nach dem Leckerli schnappen, ohne auf das Kommando *NEIN* zu hören, sollte man anleinen und ihr Verhalten mithilfe der Leine korrigieren, sobald sie versuchen, sich auf das Leckerli zu stürzen. Dazu halten Sie es in einer Hand ganz nah an Ihrem Körper und

Wenn Ihr Hund immer wieder nach dem Leckerli springt, korrigieren Sie ihn mithilfe der Leine.

halten mit der anderen Hand die Leine hinter dem Kopf Ihres Hundes fest. Damit kann man selbst Welpen oder schwierige Hunde, die sich beim besten Willen nicht beherrschen können, zur Vernunft bringen. Denken Sie daran: Bei diesem Spiel müssen Sie öfter gewinnen als Ihr Hund! Nur so verankert sich das Kommando in seinem Gehirn. Sobald er begreift, dass er diesen Kampf ja doch immer wieder verliert und sein Leckerli erst bekommt, wenn er das Kommando *NEIN* befolgt hat und Sie ihm ein klares *OKAY* gegeben haben, wird er Ihnen keine Schwierigkeiten mehr bereiten.

Variante für besonders schwierige Fälle: Wenn Ihr Hund dieses Kommando beim besten Willen nicht befolgen will, können Sie noch einen Schritt weitergehen: In diesem Fall zwingen Sie den Hund mit der Leine zu Boden, während Sie ihm das Kommando *NEIN* beibringen. Dazu wickeln Sie die Leine einfach um das Bein eines stabilen Tischs oder Sofas und befestigen das andere Ende am Halsband Ihres Hundes. Positionieren Sie den Hund so, dass die Leine hinter ihm straff gespannt ist und er Ihnen gegenübersteht. Dann legen Sie ein Leckerli auf den Boden, und zwar so, dass es (in einer Entfernung von ungefähr fünfzehn Zentimetern) gerade außerhalb der Reichweite seines Mauls liegt. Sagen Sie dabei energisch: *NEIN*. Wahrscheinlich wird Ihr Hund jetzt versuchen, sich auf das Leckerli zu stürzen, aber die Leine wird ihn daran hindern. Solange der Hund sich bemüht, das Leckerli zu erreichen, wiederholen Sie alle paar Sekunden das Wort *NEIN*, bis er sich beruhigt hat und nicht mehr danach zu schnappen versucht. Sobald er ruhig geworden ist, warten Sie drei ganze Sekunden (Fangen Sie bei null an, und zählen Sie nicht zu schnell!). Dann loben Sie ihn, geben ihm das Leckerli und sagen: *OKAY*. Wiederholen Sie diesen Vorgang mehrmals, und warten Sie dabei jedes Mal eine Sekunde länger. Achten Sie darauf, genau in dem Moment, in dem Sie das Leckerli vor Ihrem Hund auf den Boden legen, *NEIN* zu sagen und es so hinzulegen, dass es sich knapp außerhalb seiner Reichweite befindet, und denken Sie auch daran zu warten, bis er den Kampf völlig aufgegeben hat, bevor Sie mit dem Zählen beginnen.

Nach ein paar Tagen – sobald Sie das Gefühl haben, dass er so weit ist – haken Sie die Leine einfach aus seinem Halsband aus und wiederholen die gleichen Trainingsschritte ohne Leine. Wenn er sich jetzt gleich auf das Leckerli stürzt, ohne auf das Kommando *NEIN* zu hören, war es dafür noch zu früh. Ihr Hund beherrscht das Kommando *NEIN* erst dann hundertprozentig, wenn er es befolgt und auf Ihr *OKAY* wartet. Diese Variante eignet sich sehr gut für Hunde, die ein bisschen zu unbändig sind, um die Technik von S. 159ff. zu erlernen.

In besonders schwierigen Fällen zwingen Sie Ihren Hund mit der Leine auf den Boden, indem Sie die Leine am Bein eines stabilen Tischs oder Sofas befestigen.

Variante für extrem schwierige Fälle: Führen Sie die gleichen Schritte durch wie bei der oben beschriebenen »Variante für besonders schwierige Fälle«, arbeiten Sie dabei aber mit einer mit Münzen gefüllten Flasche oder einem Shake-&-Break-Trainingsgerät. Immer wenn Ihr Hund sich auf das Leckerli stürzen will, sagen Sie: *NEIN*, schütteln die Flasche und wiederholen das Kommando dann noch einmal. Mithilfe dieses Geräuschs können Sie ihm leichter begreiflich machen, was er tun soll.

Und zu guter Letzt: Denken Sie daran, dass das Kommando *NEIN* nur in dem Moment wirksam ist, in dem Sie es aussprechen! Vielleicht ge-

166 DIE SIEBEN GRUNDKOMMANDOS

lingt es Ihnen damit tatsächlich, Ihrem Hund ein bestimmtes Verhalten abzugewöhnen, wenn Sie es über längere Zeit konsequent anwenden – mit anderen Worten: Vielleicht kapiert er dadurch irgendwann, dass er etwas Bestimmtes nicht tun soll. Doch normalerweise kann man einen Hund auf diese Weise nicht zuverlässig von unerwünschtem Verhalten abhalten, wenn man gerade nicht dabei ist und ihm das Kommando daher nicht geben kann. Um das zu erreichen, müssen Sie an jeder dieser Verhaltensweisen gesondert arbeiten, Ihrem Hund beibringen, dass sie verboten ist, und sichergehen, dass er sich auch dann an diese Spielregeln hält, wenn Sie nicht in Sichtweite sind. Ein paar Beispiele dazu, wie man das macht, finden Sie in Teil 3 dieses Buches.

Vielleicht müssen Sie ein paar Tage lang konsequent mit Ihrem vierbeinigen Freund trainieren, bis sich dieses Kommando in seinem Gedächtnis verankert hat, doch früher oder später lernt es jeder Hund. Ich habe das Training im Lauf der Jahre schon mit Tausenden von Hunden praktiziert, und es war noch keiner dabei, der es irgendwann begriffen hätte. Aber natürlich gibt es Hunde, die besonders lange dafür brauchen. Falls Ihr Vierbeiner zu dieser Kategorie gehören sollte, bleiben Sie einfach bei der Stange, und geben Sie nicht auf!

Willkommen in deiner neuen Familie, Poppi!

Nachdem ich Poppi alle sieben Grundkommandos beigebracht hatte (auch das Kommando *NEIN*, gegen das er sich anfangs gewehrt hatte), konnte ich ihn endlich zu meiner Tante Patti bringen. Sie brauchte nur einen Blick auf diesen einohrigen Cockerspaniel zu werfen, der im Tierheim von so vielen Besuchern übersehen worden war, um in ihm genau das Gleiche zu erkennen wie ich: einen absolut perfekten Hund. Patti umarmte Poppi und sagte: »Guck mal – ist der nicht fantastisch?« Seitdem gehört Poppi zur Familie.

Und um noch eine weitere Frage zu beantworten, die Sie sich vielleicht gestellt haben: Meiner Tante gefiel Poppi tatsächlich so gut, dass sie mir meinen Hund an diesem Tag wieder zurückgegeben hat: Lulu durfte wieder zu mir nach Hause. Es gibt immer viele Hunde in meinem Leben, doch ohne Lulu war es auf meiner Ranch einfach nicht mehr so schön gewesen wie vorher.

8

AUS

An anderen Menschen hochzuspringen ist eine der häufigsten – und störendsten – Unarten vieler Hunde. Sie beschmutzen nicht nur die Kleidung ihrer »Opfer« oder verschrecken Freunde und Besucher, die Angst vor Tieren haben, sondern können dabei auch versehentlich jemanden zu Fall bringen, zerkratzen, umwerfen oder womöglich sogar verletzen. Jedem Hund mit dieser schlechten Angewohnheit sollte man das Kommando *AUS* beibringen. Doch selbst wenn Ihr Hund irgendwann begriffen hat, dass er nicht an anderen Menschen hochspringen darf, sollten Sie dafür sorgen, dass er dieses Kommando nie wieder vergisst, denn es erfüllt gleichzeitig auch noch die Funktion, ihn von Ihren Möbeln fernzuhalten. Wahrscheinlich werden Sie es also jeden Tag brauchen.

Natürlich weiß ich, dass die meisten Hundebesitzer sich schwören, ihren Hund nie auf ihre Möbel zu lassen, aber ich weiß auch, dass viele in dieser Hinsicht nicht ganz konsequent sind. Dafür habe ich übrigens vollstes Verständnis: Auch ich gehöre keineswegs zu den Hundetrainern, die der Meinung sind, dass ein Hund auf dem Sofa nichts zu suchen hat. Mein Zuhause steht auch meinen Hunden offen – selbst wenn sie während ihres Trainings nur ein paar Tage oder Wochen bei mir verbringen. Ich bin in dieser Hinsicht sogar ganz besonders nachsichtig, weil viele der Hunde, die ich bei mir aufnehme, aus dem Tierheim stammen und kein anderes Zuhause kennen als einen Zwinger mit kaltem Betonboden. Deshalb möchte ich, dass sie es bei mir bequem haben und sich sicher und geborgen fühlen. Sie sollen darauf vertrauen, dass ihr Leben von nun an besser wird, und diese Botschaft kann ich einem Hund am besten vermitteln, indem ich ihn neben mir auf dem Sofa sitzen lasse und den Arm um ihn lege. In dieser Hinsicht gelten bei mir ganz einfache Spielregeln: Solange ein Hund kein Besitzverhalten an den Tag legt oder das Mobiliar ruiniert, darf er jederzeit auf meinem Sofa liegen oder in meinem Bett schlafen. Damit meine Hunde nicht überall ihre Haare hinterlassen, richte ich auf meinen Möbeln bestimmte »hundefreundliche« Bereiche ein, auf die ich eine Decke lege, die wie ein Magnet auf Hundehaare wirkt. Manche Hunde ermutige ich sogar ausdrücklich dazu, aufs Sofa zu springen, indem ich ihr Bettchen dorthin lege. So weiß jeder Neuankömmling gleich, dass er dort liegen darf.

Meine Lulu schläft auf jedem Bett, Sofa oder Sessel in meinem Haus – ich glaube, dass es ihr einfach Spaß macht, mal hier und mal da zu liegen. Doch wenn sie ihren Platz verlassen soll, brauche ich nur *AUS* zu sagen, und schon verschwindet sie. Auf diese Weise kann ich sie leicht in Schach halten, wenn ich Besuch bekomme oder den Platz, den sie gerade mit Beschlag belegt, für irgendetwas anderes brauche. Natürlich geht das nicht bei jedem Hund so einfach; bei einer sieben Monate alten frechen kleinen Göre, die ich erst vor Kurzem aus dem Tierheim gerettet hatte, machte ich zum Beispiel die Erfahrung, dass sie dieses Kommando dringender erlernen musste als jedes andere.

Hallo, ich bin Jemma! Als ich Jemma im Tierheim kennenlernte, war sie ein trauriger Welpe – eine Schäferhund-Mischlingshündin mit niederge-schlagenen Augen, die sich in die hinterste Ecke ihres Zwingers verkroch, als sie mich kommen sah. Jemma war zusammen mit einem Wurfge-schwisterchen gerettet worden, doch der andere kleine Hund, der ihr seit ihrer Geburt Gesellschaft geleistet hatte, war inzwischen vermittelt wor-den, und nun lebte dieses kleine Hundemädchen ganz allein im Tierheim.

Als ich sie aus ihrem Zwinger holte, blieb Jemma am Ende des Bürger-steigs wie angewurzelt stehen und stemmte sich gegen die Leine – wahr-scheinlich aus Angst davor, wo ich sie wohl als Nächstes hinführen würde. Es war gar nicht so einfach, Jemma in meinen Wagen zu bekommen, denn sie war zwar noch ein Welpe, aber ziemlich groß und hing wie ein nasser Sack an der Leine, weil sie nicht hineinwollte. Als wir auf meiner Ranch an-kamen, hob Jemma nicht einmal den Kopf, um aus dem Fenster zu schau-en, und ich musste sie aus dem Auto heben und auf den Boden setzen. »Wahrscheinlich braucht sie erst mal ein paar Tage, um sich einzugewöh-nen, bevor wir mit dem Training anfangen können«, dachte ich. Ob sie nun immer noch über den Verlust ihres Geschwisterchens trauerte oder an ei-nem Tierheimschock litt (oder beides), sie würde auf jeden Fall ein bisschen Zeit und Ruhe brauchen, um ihre bisherigen Erlebnisse zu verarbeiten.

Doch wider Erwarten war dieser todtraurige Hund bereits am nächsten Tag wie ausgewechselt. Schon am folgenden Morgen hatte sich das verängstigte Tier, das ich aus dem Zwinger tragen musste, in einen Welpen mit völlig anderer Persönlichkeit verwandelt. Jemma machte die schnellste Wandlung vom todunglücklichen Vierbeiner zum Partylöwen durch, die ich je erlebt hatte. Sie sprang auf sämtliche Möbelstücke – nicht nur Sofas oder Betten, sondern auch auf Wohnzimmertische, Nachttischchen, ja sogar auf mein Klavier. Wenn sie Saugnäpfe an den Füßen gehabt hätte wie eine Eidechse, wäre sie wahrscheinlich auch an den Wänden hochgeklettert. Doch Jemmas Übermut machte beim Mobiliar keineswegs halt – sie sprang auch an mir und sämtlichen anderen Bewohnern der Lucky Dog Ranch hoch. Da wurde mir klar, dass diese Hündin nicht nur noch nie in ihrem Leben trainiert worden war, sondern auch nicht die geringsten Manieren hatte. Um sie vermittelbar zu machen (und meine Möbel vor dem sicheren Ruin zu retten), musste ich ihr unbedingt sofort beibringen, auf das Kommando *AUS* zu hören.

Wie bringt man einem Hund das Kommando *AUS* bei?

Da dieses Kommando so viele wichtige Zwecke erfüllt, möchte ich Ihnen dazu gleich mehrere Techniken für verschiedene Situationen erklären, zum Beispiel, wenn Ihr Hund Sie oder andere Leute anspringt oder auf Möbel klettert. Es gibt unzählige verschiedene Techniken und Methoden, einem Hund das Kommando *AUS* beizubringen, und ebenso viele Arten, wie die Tiere darauf reagieren. Man muss also manchmal schon ein bisschen experimentieren, um die richtige Methode für einen bestimmten Hund zu finden. Da keine der Techniken, mit denen ich dabei arbeite, besonders zeitaufwendig ist, führe ich hier zuerst die einfachen und dann die komplizierteren Methoden auf. Denken Sie immer daran, dass jeder Hund anders reagiert. Wenn

Sie also mit einer bestimmten Methode keinen Erfolg haben, versuchen Sie es einfach mit einer anderen. Irgendwie werden Sie es schon schaffen.

So bringen Sie Ihrem Hund bei, nicht an Ihnen hochzuspringen

Methode Nr. 1

Wenden Sie dem Tier den Rücken zu. Das ist die einfachste Methode, um einen Hund am Hochspringen zu hindern; nur funktioniert sie leider nicht bei jedem Vierbeiner. Ob sie bei Ihrem Hund hilft, können Sie nur herausfinden, indem Sie sie ausprobieren – und wenn nicht, machen Sie einfach mit den unten beschriebenen Methoden weiter, die ein bisschen mehr Zeit und Mühe kosten.

Warten Sie ab, bis Ihr Hund Sie anspringt (wenn er das oft tut, brauchen Sie wahrscheinlich nicht lange zu warten). Dann sagen Sie in Ihrem energischsten Ton: *AUS,* kehren ihm den Rücken zu und kümmern sich nicht weiter um ihn. In dem Moment, in dem man ihnen dieses Kommando in scharfem Ton gibt und ihnen seine Aufmerksamkeit entzieht, kehren viele Hunde wieder in den Vierfüßlerstand zurück. Wenn man das ein paar Tage lang mehrmals wiederholt, werden die meisten Hunde, die sich durch die Aufmerksamkeit motivieren ließen, die ihnen beim Hochspringen zuteilwurde, diese Gewohnheit ablegen, weil sie ihr Ziel damit nicht mehr erreichen.

Methode Nr. 2

Halten Sie seine Pfoten fest. Eine zweite wirksame Methode besteht darin, die Pfoten des Hundes zu ergreifen und ungefähr dreißig Sekunden lang festzuhalten. Leider funktioniert dieser Trick nur bei großen und mittelgroßen Tieren; wenn Sie also einen Pinscher haben, der immer wieder an Ihnen hochspringt, ignorieren Sie diese Methode, und lesen Sie gleich bei der nächsten weiter. Wie viele wirksame Trainingsmethoden beruht auch diese auf umgekehrter Psychologie: Genau wie man einen Menschen manchmal dazu bringen kann, sich etwas abzugewöhnen, indem man einfach dafür sorgt, dass sein eige-

Eine der einfachsten Methoden, einem Hund das Hochspringen abzugewöhnen, besteht darin, ihm den Rücken zuzukehren.

nes negatives Verhalten ihm zu viel wird, kann man auch einem Hund mit solch einer Strategie das Hochspringen verleiden.

Und so funktioniert diese Methode: Sobald Ihr Hund an Ihnen hochspringt, greifen Sie nach seinen Pfoten, halten sie fest und geben ihm das Kommando *AUS*. Und nun müssen Sie sich auf einen kleinen Kampf mit Ihrem Hund gefasst machen, denn nach ein paar Sekunden wird er versuchen, seine Pfoten wegzuziehen. Aber das dürfen Sie nicht zulassen, das ist ein sehr wichtiger Bestandteil dieses Trainings! Wiederholen Sie das Kommando *AUS* dabei alle paar Sekunden, damit es sich im Gedächtnis des Hundes verankert, während Sie einander in dieser für ihn unbequemen Position gegenüberstehen.

Manche Hunde versuchen bei dieser Technik nicht nur, ihre Pfoten wegzuziehen, sondern bekommen sogar einen Wutanfall oder fangen laut an zu winseln. Geben Sie nicht nach! Ich schwöre Ihnen: Sie tun Ihrem Hund damit nicht weh. Außerdem halten Sie ihn ja auch nur ein paar Sekunden lang in dieser Position – doch währenddessen nehmen Sie ihm die Kontrolle über seinen Körper, und das gefällt ihm gar nicht. Ich habe sogar schon Hunde erlebt, die in dieser Situation nach meinen Händen zu schnappen versuchten. Was in diesen sehr wichtigen dreißig Sekunden in Ihrem Hund vorgeht, ähnelt dem Wutausbruch eines kleinen Kindes: Er benimmt sich jetzt wie ein zweijähriger Junge, der ausrastet, weil er sich das »Recht« erkämpfen möchte, seinen Bruder an den Haaren zu ziehen oder sich im Auto nicht anschnallen zu müssen. Doch in solchen Angelegenheiten darf man einem Kind nicht nachgeben, und ebenso wenig dürfen Sie einem Hund, der immer wieder an Ihnen hochspringt, seinen Willen lassen. Denn diese Unart kann gefährlich werden, und Sie können sie ihm sehr leicht abgewöhnen, indem Sie dieses Training konsequent durchziehen.

Also halten Sie seine Pfoten weiter fest, und wiederholen Sie dabei immer wieder das Kommando *AUS*. Währenddessen wird der Hund diese Situation in seinem jungen, unerfahrenen Gehirn verarbeiten und begreifen, was er tun (oder besser gesagt: nicht tun) soll. Das dauert natürlich ein bisschen – normalerweise braucht er dazu zwanzig bis vierzig Sekunden. Dann wird er sich beruhigen. Sein Wutanfall wird abflau-

Eine weitere wirksame *AUS*-Strategie ist das Festhalten der Pfoten.

en, und er wird Ihnen auf den Hinterbeinen gegenüberstehen, Sie anschauen und hören, wie Sie mit ruhiger, fester Stimme das Wort *AUS* wiederholen. Sobald Ihr Hund ganz ruhig geworden ist und sich nicht mehr gegen Sie wehrt, warten Sie noch drei Sekunden, sagen noch ein letztes Mal: *AUS*, und lassen seine Pfoten dann los. So einfach ist diese Methode! Vielleicht wird der Hund versuchen, seine Grenzen auszutesten, und ein paar Minuten später wieder an Ihnen hochspringen. Das ist völlig normal! Dann wiederholen Sie diese Lektion eben noch einmal. Ein drittes Mal wird er es höchstwahrscheinlich nicht mehr probieren, denn jetzt macht ihm das Hochspringen plötzlich keinen Spaß mehr.

Methode Nr. 3

Gewöhnen Sie ihm das Anspringen mit einer mit Münzen gefüllten Flasche oder einem Shake-&-Break-Trainingsgerät ab. Diese Methode eignet sich ganz hervorragend für besonders eigensinnige Hunde. Wer mich kennt und meine Fernsehserie schon öfter gesehen hat, weiß, dass ich auf solche einfachen und doch unglaublich wirksamen Trainingsgeräte schwöre. Mit einer mit Münzen gefüllten Flasche oder einem Shake-&-Break-Trainingsgerät kann man so gut wie alle Verhaltensprobleme lösen. Diese beiden Trainingswerkzeuge gehören zu den einfachsten Methoden, um einem Hund das Hochspringen abzugewöhnen.

Das funktioniert so: Warten Sie, bis Ihr Hund an Ihnen hochspringt, und halten Sie die Flasche dabei in der Hand (am besten hinter Ihrem Rücken versteckt). Sobald der Hund Sie anspringt, sagen Sie energisch: *AUS,* schütteln anschließend die Flasche und wiederholen das *AUS*-Kommando dann noch einmal. Das Klirren des Metalls wird Ihren Hund so erschrecken, dass er von Ihnen ablässt. Wiederholen Sie diesen Vorgang bei Bedarf mehrmals. Genau wie die Methode mit dem Festhalten der Pfoten begreifen die meisten Hunde auch diese Strategie schon ziemlich bald und werden dann also nicht mehr allzu oft an Ihnen hochspringen, das heißt, Sie werden die Flasche (stets in Kombination mit dem Kommando *AUS)* während Ihrer Trainingswoche mit der Zeit immer seltener brauchen – bis Ihr Hund schließlich bereits ohne das unangenehme

Bei besonders eigensinnigen Hunden hilft eine mit Münzen gefüllte Flasche oder ein Shake-&-Break-Trainingsgerät.

Klirren auf Ihr Kommando hört. Am Ende der Woche werden Sie die Flasche wahrscheinlich gar nicht mehr benötigen: Jetzt dürfte der Hund bereits auf Ihr verbales Kommando reagieren.

So bringen Sie Ihrem Hund bei, nicht an anderen hochzuspringen

Methode Nr. 1

Verwenden Sie eine mit Münzen gefüllte Flasche oder ein Shake-&-Break-Trainingsgerät. Warten Sie mit der Flasche in der Hand, bis Ihr Hund an jemandem hochspringt. Sobald er das tut, sagen Sie energisch: *AUS,* schütteln anschließend die Flasche und wiederholen das *AUS*-Kommando dann noch einmal. Dabei sollten Sie nur dreißig bis sechzig Zentimeter von Ihrem Hund entfernt stehen. Das Klirren des Metalls wird ihn erschrecken, sodass er sich wieder auf alle viere begibt. Fordern Sie die Person, an der Ihr Hund hochspringt, auf, ebenfalls energisch *AUS* zu sagen.

Methode Nr. 2

Korrigieren Sie Ihren Hund mithilfe einer Leine. Die meisten Hunde verstehen genug von Physik, um zu begreifen, dass es besser ist, dem Zug einer Leine zu folgen, als sich dagegen zu wehren. Wenn Ihr Hund in angeleintem Zustand normalerweise kooperativ ist, wird er das Kommando *AUS* mithilfe dieser Methode vielleicht am ehesten erlernen. Sie funktioniert am besten bei Hunden mit einem Gewicht von mindestens fünfundzwanzig Pfund. Wenn Sie wissen, dass Sie demnächst Besuch bekommen, befestigen Sie vor Ankunft der Gäste eine Leine am Halsband Ihres Hundes. Dann warten Sie mit der Leine in der Hand, bis er an einem der Besucher hochspringt. Sobald er das tut, sagen Sie: *AUS,* und ziehen die Leine in gerader Linie oder seitlich nach unten. Dabei kommt es auf den richtigen Zeitpunkt an: Am besten ist es, Ihren Hund genau

in dem Augenblick zu korrigieren, in dem er im Begriff ist, den Gast anzuspringen. Wenn Sie das erst hinterher machen, ist es nicht mehr ganz
so wirkungsvoll. Also behandeln Sie die Sache als eine Art Spiel – und
lassen Sie Ihren Hund dabei nicht gewinnen!

Aber auch die richtige Technik ist wichtig: Achten Sie darauf, weder
zu fest noch zu schwach an der Leine zu ziehen. Am besten ist es, die
Leine zuerst mit der Hand straff zu ziehen und die Arme dann nach unten auszustrecken. Sie sollen bei dieser Methode nicht an Ihrem Hund
herumzerren, sondern ihn in seiner Vorwärtsbewegung stoppen und
vom Hochspringen abhalten.

**Sagen Sie: *AUS*, und ziehen Sie die Leine dann in gerader Linie oder seitlich nach
unten, um Ihren Hund vom Anspringen anderer Personen abzuhalten.**

Wenn Ihr Hund sehr groß ist und Sie ihn mit einem einfachen Ziehen
an der Leine nicht zur Räson bringen können, halten Sie das Ende der
Leine fest an Ihre Hüfte gepresst, und treten Sie einen Schritt zurück.
Auf diese Weise üben Sie den Zug auf die Leine nicht mit den Armen,
sondern mit Ihrem Körpergewicht aus. Die meisten Hunde erlernen an-

hand dieser einfachen Leinenkorrektur, was sie tun sollen, wenn man sie lange genug darauf konditioniert. Allerdings hat diese Methode auch einen Nachteil: Die meisten Tiere reagieren nur in angeleintem Zustand darauf, fallen aber vielleicht wieder in ihre alte Unart zurück, sobald sie keine Leine umhaben.

Falls Sie einen großen Hund haben, bei dem Sie mit dieser Methode nicht weiterkommen, halten Sie das Ende der Leine fest an Ihre Hüfte gepresst, und treten Sie einen Schritt zurück.

So bringen Sie Ihrem Hund bei, nicht auf Möbel zu springen

Wie gesagt: Ich gehöre keineswegs zu den Leuten, bei denen Hunde auf dem Sofa nichts zu suchen haben. Mein Zuhause ist auch das Zuhause meines vierbeinigen Freundes; von mir aus darf er es sich überall bequem machen, wo er möchte. Doch wenn ich Besuch bekomme und meine sieben Pfund schwere Chihuahuahündin es wieder mal irgendwie geschafft hat, die halbe Couch mit Beschlag zu belegen, erwarte ich, dass sie meinem Gast auf Befehl Platz macht. Also brauche ich das Kommando *AUS* ziemlich oft. Es ist nichts dagegen einzuwenden, Hunde auf dem Sessel oder Sofa sitzen zu lassen, doch wenn sie nicht bereit sind, der Großmutter oder der Freundin Platz zu machen, muss man sie dazu auffordern. Einem Hund das Kommando *AUS* zu diesem Zweck beizubringen ist so einfach, dass ich Ihnen dafür nur eine einzige Methode erklären muss. Und für diese Methode braucht man – Sie haben es wahrscheinlich schon geahnt – wieder mal eine mit Münzen gefüllte Flasche oder ein Shake-&-Break-Trainingsgerät! Aber bitte applaudieren Sie mir erst, wenn Sie Ihrem Hund mit diesem fast schon magischen Tool auch wirklich beigebracht haben, das Kommando *AUS* zu befolgen.

Dazu halten Sie das Trainingsgerät wieder in der Hand (und zwar am besten hinter dem Rücken) und gehen auf den Hund zu, der irgendwo sitzt oder liegt, von wo Sie ihn vertreiben wollen – auf dem Sofa, dem Bett oder (wenn er ein größeres Verhaltensproblem hat, so wie beispielsweise Jemma) vielleicht sogar auf dem Wohnzimmertisch. Sagen Sie: *AUS,* schütteln Sie die Flasche ein oder zwei Sekunden lang, und wiederholen Sie das Kommando dann noch einmal. Nur wenige Hunde bleiben trotzdem an Ort und Stelle sitzen. Sie mögen dieses schrille, klirrende Geräusch nun einmal nicht. Falls Ihr Hund sich trotzdem nicht vom Fleck rühren sollte, wiederholen Sie diesen Vorgang noch einmal, bis er sich erhebt, und das tun selbst die eigensinnigen Tiere früher oder später, weil ihnen das Klirren des Metalls auf die Nerven geht. Nachdem Sie das mit Ihrem Hund ein paarmal geübt haben, wird er lernen, das Kommando auch ohne geräuschvolle Gedächtnisstütze zu befolgen.

Ja, es ist tatsächlich so einfach! Ich habe diesen Ratschlag schon vielen Hundebesitzern auf der ganzen Welt per E-Mail gegeben. Meistens bekomme ich schon nach ein paar Tagen die Rückmeldung, dass es hervorragend geklappt hat. Ein paar euphorisierte Hundebesitzer meinten sogar, da diese Technik bei Hunden so hervorragend funktioniere, könne man sie doch auch mal bei der Gattin ausprobieren ...? Davon möchte ich *ausdrücklich* abraten!

Weg von den Möbeln – und ab in ein neues Zuhause

Nachdem Jemma gelernt hatte, keine Menschen mehr anzuspringen und auch meine Möbel in Ruhe zu lassen, war sie bereit für ihr neues Zuhause in einer Pension in Kalifornien. Jemma war schon ein sehr wohlerzogener Hund gewesen, bevor sie mich verließ, doch von dem alten Hund, der bereits in dieser Pension lebte, lernte sie dann sogar noch bessere Manieren. Ich bin sicher, dass ihr eine lange, erfolgreiche Karriere in dieser Herberge bevorsteht, in der sie alle Gäste willkommen heißen und dafür sorgen wird, dass sie sich wie zu Hause fühlen.

Szenen, die aus meiner Sendung herausgeschnitten wurden

Vor ungefähr zehn Jahren hatte ich eine Klientin mit einem blonden Labrador namens Jack, der an allen Leuten hochsprang und vor dem kein Möbelstück sicher war. Wir arbeiteten im Haus meiner Klientin tagelang an dem Problem, und schließlich lernte er tatsächlich, dort auf das Kommando *AUS* zu hören, doch in der Öffentlichkeit hatte seine Besitzerin nach wie vor Schwierigkeiten mit ihm. Um ihm seine Unart direkt am »Tatort« abzugewöhnen, traf ich mich mit den beiden in einem Hundepark ihrer Stadt – und tatsächlich: Schon nach ein paar Minuten lief Jack auf einen ihm völlig fremden Menschen zu und sprang ihn an.

Ich forderte meine Klientin auf, *AUS* zu sagen, doch Jack tobte einfach weiter herum und war völlig außer Rand und Band. Da wurde mir endlich klar, wo das Problem lag: Draußen im Freien, von vielen anderen Menschen und Hunden umgeben, stürmten jede Menge Sinneseindrücke auf Jack ein. Er hörte die verschiedensten Stimmen und auch Kommandos, denn in jedem Hundepark wimmelt es von Menschen, die ihren Hunden sagen, was sie tun oder lassen sollen. In dieser Hektik und diesem Lärm ging die Stimme von Jacks Besitzerin völlig unter, also forderte ich sie auf, ihre Stimme zu erheben und zunächst den Namen

ihres Hundes und erst dann das Kommando zu rufen. Sie befolgte meinen Rat und rief mit lauter, energischer Stimme immer wieder: *AUS*,
während sie Jack durch den Park verfolgte – so lange, bis sie seine
schlechte Angewohnheit allmählich in den Griff bekam: Irgendwann
begann er tatsächlich, auf sie zu hören, und seitdem befolgt er dieses
Kommando wie ein Profi.

9

KOMM

Das Kommando *KOMM* ist nicht nur ein wichtiger Grundpfeiler jedes Gehorsamstrainings, sondern gehört ebenfalls zu denen, die Ihrem Hund unter Umständen sogar das Leben retten können. Ich weiß gar nicht mehr, wie oft ich Hundebesitzer schon dabei beobachtet habe, wie sie die Hügel rund um Los Angeles durchstreiften und dabei aus Leibeskräften nach ihren Vierbeinern schrien – obwohl diese »entlaufenen« Hunde in Wirklichkeit nur in die entgegengesetzte Richtung trotteten, gar nicht darauf achteten, dass sie gerufen wurden, und sich dabei womöglich in Gefahr begaben. In solch einer Situation sind Katastrophen leider oft vorprogrammiert. In jedem Land und jeder Region lauern andere Gefahren: Straßenverkehr, Schlangen, Kojoten, fremde Hunde oder vielleicht auch etwas ganz anderes. Daher muss Ihr Hund, wie professionelle Hundetrainer es ausdrücken, abrufbar sein – oder auf das Kommando *KOMM* hören, wie die meisten »normalen« Menschen sagen.

Oft ist es gar nicht so einfach, einem Hund dieses Kommando beizubringen, vor allem, wenn man es mit einem Welpen zu tun hat. Denn der Gehorsam eines Welpen hängt in erster Linie von den Möglichkeiten ab, die ihm offenstehen. Das Gehirn eines jungen Hundes funktioniert wie genau getimt: Es stellt sich alle zehn Sekunden auf null zurück und beschäftigt sich dann wieder mit etwas Neuem. Deshalb ist es recht schwierig, einem jungen Hund ein Kommando beizubringen, das ziemlich viel Konzentration erfordert. Doch trotz dieser Probleme kenne ich eine Methode, mit der man Hunden aller Größen und Altersgruppen das Kommando *KOMM* beibringen kann. Ich habe damit schon Hunde aller Rassen trainiert – sogar eine Golden-Corgi-Hündin, die ich in einem Tierheim meiner Stadt entdeckt hatte und die nahezu perfekt auf dieses Kommando hören musste, bevor ich sie in ihrem neuen Zuhause würde unterbringen können.

Hallo, ich bin Leah! Leah war eine wunderschöne, ein Jahr alte Golden-Retriever-Corgi-Mischlingshündin. Sie war auf der Straße gefunden und im Tierheim abgegeben worden. Doch obwohl es sich bei Leah um eine Mischung aus zwei sehr beliebten Hunderassen handelte, kam niemand, um sie abzuholen; sie trug keinen Mikrochip, mit dessen Hilfe das Tierheim ihre Besitzer hätte ausfindig machen können, und es fanden sich auch keine Interessenten für sie. Nach einer Weile rief mich die Leiterin des Tierasyls an.

Als ich Leah in ihrem Zwinger besuchte, fiel mir als Erstes ihre ruhige, freundliche Art auf: Sie kuschelte sich sofort an mich, als ich mich zu ihr auf den Boden setzte. Da wusste ich, dass sie für eine glückliche Familie ein

wunderbares Haustier abgeben würde. Das Zweite, was mir an Leah auf-
fiel, waren ihre vielen Flöhe und Zecken und ihre raue, gerötete Haut, und
ich fragte mich wohl schon zum millionsten Mal in meinem Leben, wie
manche Menschen es fertigbringen können, einen Hund so zu vernachläs-
sigen. Dann füllte ich die notwendigen Formulare aus und nahm Leah mit.

Auf meiner Ranch angekommen, wedelte Leah ständig mit dem
Schwanz und schien fest entschlossen, mir zu zeigen, was für ein braver,
anhänglicher Hund sie war. Bei ihrer Erstbeurteilung stellte sich heraus,
dass sie die Kommandos SITZ und PLATZ bereits beherrschte, und sie lernte auch ziemlich schnell, auf KOMM zu hören. Doch ich hatte eine Adoptivfamilie für sie gefunden, die ihren Hund auf Wanderungen mitnehmen
wollte – und zwar ohne Leine. Dieses Ehepaar hatte bereits zwei kleine
Söhne, auf die es achtgeben musste, und brauchte daher einen Hund, der
aufs Wort gehorchte, wenn man ihn rief.

Nicht alle Hunde gehorchen so gut, dass man ohne Leine mit ihnen
spazieren gehen kann. Hin und wieder muss ich entscheiden, ob ein Hund,
den ich aus dem Tierheim gerettet habe, sich dafür eignet. Das ist immer
wieder eine wichtige Entscheidung, denn ich stecke viel Herzblut in diese
Hunde, und deshalb möchte ich natürlich nicht, dass einer von ihnen
wegläuft oder womöglich gar verletzt wird, indem ich seinen neuen Besitzern grünes Licht für Aktivitäten ohne Leine gebe, obwohl das Tier mit
so viel Bewegungsfreiheit vielleicht gar nicht umgehen kann. Denn wenn
ein Hund abrufbar ist, bedeutet das noch lange nicht, dass er in allen Situationen zuverlässig auf das Kommando KOMM reagieren wird. Leah befand sich in dieser Hinsicht in einer Grauzone: Im Trainingsschuppen hörte
sie hervorragend auf dieses Kommando, doch im Hof vor meinem Haus
ließ sie sich ziemlich leicht ablenken. Das war ein Alarmsignal für mich.
Würde sie sich auf einer Wanderung, wo es keine Zäune, aber dafür jede
Menge Ablenkungen gab, wirklich zuverlässig abrufen lassen?

Ich wollte gern glauben, dass das neue Zuhause, das ich für Leah ausgewählt hatte, sich tatsächlich für sie eignete, doch bevor ich sie dieser
liebevollen Familie anvertrauen konnte, musste sie mir erst einmal bewei-

sen, dass sie in der Lage war, das Kommando *KOMM* jederzeit, an jedem Ort und trotz aller Ablenkungen zu befolgen – und für einen Hund ist die Welt voller Ablenkungen!

Wie bringt man einem Hund das Kommando *KOMM* bei?

Die Methode, die ich Ihnen hier erklären möchte, habe ich selbst entwickelt und im Lauf der Jahre bei Hunderten von Hunden eingesetzt. Wir werden damit ganz klein anfangen (nämlich in einer Situation, in der Ihr Hund sich im selben Zimmer befindet wie Sie) und uns dann allmählich bis zu immer höheren Schwierigkeitsgraden vorarbeiten – so lange, bis er das Kommando auch auf größere Entfernungen befolgt. Dazu brauchen Sie:

- eine 7,5 Meter lange Leine,
- ein Geschirr,
- einen Clicker,
- verschiedene Leckerlis, bei denen Ihrem Hund das Wasser im Mund zusammenläuft.

Eine kurze Gedächtnisauffrischung zur Arbeit mit dem Clicker finden Sie in Kapitel 3. Falls Ihr Hund aus der Übung geraten sein sollte, üben Sie das richtige Reagieren auf den Clicker lieber erst mal in ein paar kurzen Trainingssitzungen mit ihm ein. Das ist die einfachste Lektion der Welt: Nehmen Sie eine Handvoll Leckerlis, geben Sie sie Ihrem Hund der Reihe nach, und betätigen Sie dabei jedes Mal vorher den Clicker, damit er lernt, dieses Geräusch mit einer verführerischen Belohnung zu assoziieren.

Normalerweise kann man seinem Hund die sieben Grundkommandos in beliebiger Reihenfolge beibringen (obwohl es bei den meisten Hunden am besten ist, mit dem Kommando *SITZ* zu beginnen und ihnen die übrigen Kommandos dann in der in diesem Buch beschriebenen Reihenfolge beizubringen). Doch das Kommen erlernt ein Hund am besten, wenn er das Kommando *BLEIB* bereits gut beherrscht. Falls Ihr Hund dieses Kommando also noch nicht kennen sollte, gehen Sie lieber erst einmal zu Kapitel 6 zurück, und bringen Sie es ihm bei, dann wird er das Kommen schneller und leichter erlernen.

Und nun wollen wir uns Schritt für Schritt dem Kommando *KOMM* nähern.

Schritt 1: Beginnen Sie mit diesem Training in einem Raum, in dem Ihr Hund zwar ein bisschen Bewegungsfreiheit hat, aber nicht so viel, dass er sich außer Sichtweite oder in eine Entfernung von mehr als ein bis zwei Metern von Ihnen begeben kann. Dieser Raum sollte frei von Ablenkungen sein – das heißt, hier sind keine anderen Hunde oder Menschen, keine Spielsachen, und hier finden auch keine anderen Aktivitäten statt außer derjenigen, die Sie Ihrem Hund beibringen möchten. Schließlich wollen Sie Ihren Vierbeiner auf Erfolg programmieren! Wenn er ein oder zwei Meter von Ihnen entfernt ist, rufen Sie mit fröhlicher Stimme *KOMM* (Sie können dabei auch in die Hände klatschen), und dann warten Sie ab, wie er reagiert. Wenn er sich daraufhin umwendet und Sie anschaut, betätigen Sie den Clicker. Kommt er auf Sie zu, clicken Sie noch einmal, und sobald er bei Ihnen angekommen ist, clicken und loben Sie ihn, geben ihm seine Belohnung und sagen: »Braver Hund.«

Wenn Sie sich im selben Raum befinden wie der Hund und ein paar Leckerlis griffbereit haben, dürfte es ziemlich einfach sein, ihm das beizubringen. Falls Ihr Hund nicht zu Ihnen kommt und sich Ihnen auch nicht zuwendet, müssen Sie ihn auf den richtigen Weg bringen: Nehmen Sie die Leine in die Hand, und ziehen Sie sie einmal kurz zu sich hin, dann lassen Sie sie wieder fallen. Das sollte kein hartes Rucken an der Leine sein – Sie wollen damit nur erreichen, dass der Hund seine Richtung ändert. Der Zug, den Sie dabei ausüben, sollte der Größe Ihres Hundes entsprechen: Kleine Hunde brauchen nur einen ganz leichten Zug, bei einer größeren

Rasse muss man vielleicht ein bisschen kräftiger ziehen. Durch den Zug an der Leine dreht der Hund sich in Ihre Richtung. Sobald er das getan hat, clicken Sie, geben ihm nochmals das Kommando *KOMM* und belohnen ihn, sobald er zu Ihnen kommt. Diesen Schritt wiederholen Sie mehrmals, bis Sie merken, dass Ihr Hund eine Gedankenverbindung zwischen Kommando *(KOMM)* und Aktivität (zu Ihnen kommen) hergestellt hat.

Wenn Ihr Hund sich sehr leicht durch Belohnungen motivieren lässt, werden Sie bald verstehen, warum er das Kommando *BLEIB* bereits beherrschen sollte, bevor Sie anfangen, ihm das Kommen beizubringen: Sobald Ihr Hund weiß, dass Sie Leckerlis oder Spielsachen bei sich haben, die Sie ihm geben, nachdem er zu Ihnen gekommen ist, wird er Ihnen nicht mehr von den Fersen weichen. Doch leider ist diese plötzliche Nähe kontraproduktiv, wenn man einem Hund das Kommando *KOMM* beibringen will, denn wenn Sie eine viertelstündige Trainingssitzung geplant haben und Ihr Hund zwölf Minuten davon förmlich an Ihnen klebt, um möglichst viele Belohnungen zu ergattern, werden Sie nicht viel Gelegenheit zu diesem Training bekommen.

Um dieses Problem zu beheben, lassen Sie Ihren Hund in den für die einzelnen Trainingsschritte angegebenen Abständen sitzen und geben ihm dann das Kommando *KOMM*. Auf diese Weise können Sie Ihrem Hund im Rahmen einer fünfzehnminütigen Trainingssitzung auch wirklich etwas beibringen, sodass er dieses Kommando schnell erlernt.

Schritt 2: Sobald Ihr Hund das Kommando *KOMM* aus allernächster Nähe beherrscht, bringen Sie ihm bei, auch dann zu Ihnen zu kommen, wenn Sie ein bisschen weiter von ihm weg sind. Auch dazu müssen Sie die lange Leine am Halsband Ihres Hundes befestigt lassen für den Fall, dass Sie daran ziehen oder darauf treten müssen. Außerdem sollten Sie Ihren Clicker in der Hand und ein paar Leckerlis griffbereit haben; doch diesmal begeben Sie sich mit Ihrem Hund an einen Ort, an dem er die Möglichkeit hat, sich ins nächste Zimmer und außer Sichtweite zu begeben. Am besten ist es, wenn er sich gleich um die

Ecke befindet, sodass Sie ihn zwar im Blick haben, aber nicht direkt vor ihm stehen. Geben Sie ihm wieder in fröhlichem Ton das Kommando *KOMM,* und clicken Sie, wenn er sich Ihnen zuwendet. Sobald er zu Ihnen kommt, clicken Sie noch einmal und geben ihm eine leckere Belohnung.

Falls Ihr Hund auf das Kommando hin nicht kommen sollte, ziehen Sie wieder an seiner Leine, damit er sich in die richtige Richtung dreht, und clicken noch einmal, sobald er sich Ihnen zugewandt hat. Wiederholen Sie diesen Schritt so oft, bis Ihr Hund auch aus einem anderen Zimmer heraus zuverlässig auf Abruf zu Ihnen kommt.

Schritt 3: Beim nächsten Trainingsschritt spielt die Länge der Leine eine wichtige Rolle. Auch diesmal wiederholen Sie den gleichen Vorgang wie in *Schritt 1* und *2,* geben Ihrem Hund aber jetzt mehr Bewegungsspielraum als vorher. Testen Sie seine Reaktion auf das Kommando *KOMM* aus verschiedenen Bereichen Ihrer Wohnung oder Ihres Hauses – aus dem nächsten, übernächsten oder einem noch weiter entfernten Zimmer. Gehen auch Sie dabei von Zimmer zu Zimmer, damit Ihr Hund lernt, auf dieses Kommando hin zu Ihnen zu kommen, egal, wo Sie gerade sind – auch wenn Sie sich nicht an dem Ort befinden, an dem er ursprünglich auf dieses Kommando trainiert wurde. Falls Ihr

Sie können beim Trainieren des Kommandos *KOMM* ruhig in die Hände klatschen, um Ihrer Aufforderung Nachdruck zu verleihen.

Hund an bestimmten Orten oder aus bestimmten Entfernungen Schwierigkeiten mit dem Kommen haben sollte, ziehen Sie wieder an der Leine, um ihn daran zu erinnern, was er tun soll.

Schritt 4: Sobald Ihr Hund das Kommando *KOMM* im Haus beherrscht, ist es an der Zeit, es auch im Freien mit ihm zu üben. Das ist ein sehr wichtiger Teil dieses Trainings, denn wenn Ihr Hund irgendwann einmal aus Sicherheitsgründen *unbedingt* zu Ihnen kommen muss, wird diese kritische Situation höchstwahrscheinlich irgendwo draußen eintreten. Beim Training im Freien herrschen ganz andere Bedingungen als in Ihren eigenen vier Wänden, denn zu Hause können Sie alle Ablenkungen von Ihrem Hund fernhalten, während das unterwegs nicht immer möglich ist – es handelt sich einfach um ein ganz anderes Umfeld.

Wenn Ihr Hund sich umdreht und Sie anschaut, betätigen Sie den Clicker.

Sobald er bei Ihnen angekommen ist, clicken und loben Sie ihn und geben ihm eine Belohnung.

Trainieren Sie das Kommando *KOMM* stets auf einem umfriedeten Gelände – am besten in einem eingezäunten Hof. Sobald Sie dort angekommen sind, legen Sie die siebeneinhalb Meter lange Leine Ihres Hundes auf den Boden und lassen ihm völlige Bewegungsfreiheit. Wahrscheinlich wird er jetzt im Hof herumlaufen und nachschauen, ob es irgendwo etwas Interessantes zu sehen, riechen oder tun gibt. Sobald er ungefähr drei Meter von Ihnen entfernt ist, rufen Sie seinen Namen und sagen mit lauter, fröhlicher Stimme: *KOMM* (auch diesmal können Sie dabei wieder in die Hände klatschen, um Ihrem Kommando Nachdruck zu verleihen). Sobald der Hund sich daraufhin umdreht und Sie anschaut, clicken Sie. Wenn er auf Sie zukommt, clicken Sie noch einmal, und wenn er bei Ihnen angekommen ist, clicken und loben Sie ihn und geben ihm seine Belohnung.

Natürlich ist das nicht immer ganz so einfach, wie es klingt. Selbst wenn Ihr Hund das Kommando im Haus oder in der Wohnung bereits gut beherrscht, lässt er sich draußen vielleicht von den vielen Verlockungen der freien Natur ablenken und wird daher nicht unbedingt gleich auf Sie zugelaufen kommen, wenn Sie ihn rufen. In diesem Fall ziehen Sie wieder an der Leine, damit er sich Ihnen zuwendet. Sobald er anfängt, seine Richtung zu ändern, lassen Sie die Leine zu Boden sinken und clicken, und wenn er bei Ihnen angekommen ist, clicken Sie nochmals, loben ihn und geben ihm seine Belohnung. Das Klickgeräusch verrät Ihrem Hund bei jedem Schritt dieses Vorgangs, was er richtig macht, und zwar auch dann, wenn Sie anfangen, ihm das Kommando *KOMM* auf größere Entfernungen beizubringen.

Wiederholen Sie diesen Vorgang immer wieder, und vergrößern Sie die Distanz zwischen Ihnen und Ihrem Hund dabei jedes Mal um dreißig bis sechzig Zentimeter. Sobald Sie merken, dass er die Bedeutung des Wortes *KOMM* begriffen hat und jedes Mal zuverlässig darauf reagiert, üben Sie es ohne Leine. Das erfordert viel Übung – also stellen Sie sich darauf ein, dieses Training eine Woche lang mehrmals täglich wiederholen zu müssen.

Schritt 5: Sobald Ihr Hund das Kommando *KOMM* begriffen hat, müssen Sie sichergehen, dass er es in- und auswendig kennt, damit Sie sich darauf verlassen können, dass er auch dann zu Ihnen kommt, wenn Sie ohne Leine mit ihm unterwegs sind. Zu diesem Zweck sollten Sie ein paar Ablenkungen in Ihr Training einbauen. Wenn Sie noch einen zweiten Hund haben, holen Sie ihn dazu, um zu prüfen, ob Ihr Hund das Kommando auch im Beisein eines anderen Vierbeiners befolgt. Fordern Sie jemanden auf, während des Trainings an der Tür zu klingeln. Bitten Sie einen Freund, beim Training Ihres Hundes im Hof dabei zu sein, um seine Aufmerksamkeit von Ihnen abzulenken. Üben Sie das Kommando trotz all dieser Hindernisse konsequent weiter.

Wenn Ihr Hund all diese Bewährungsproben gemeistert hat und Sie überprüfen wollen, ob er das Kommando auch ohne Leine zuverlässig befolgt, begeben Sie sich mit ihm in ein sicheres offenes Gelände und beginnen wieder bei *Schritt 4*. Aber vergessen Sie nicht, dabei die lange Leine in Griffweite zu haben! Denken Sie daran: Nicht jeder Hund gehorcht so gut, dass man ohne Leine mit ihm spazieren gehen kann. Im Abschnitt »Wichtige Trainingstipps« (siehe nächste Seite) werde ich noch näher auf dieses Thema eingehen. Hören Sie dabei auf Ihr Bauchgefühl: Wenn es Ihnen sagt, dass Ihr Hund bei der ersten größeren Ablenkung davonlaufen wird, lassen Sie ihn auf Wiesen, Feldern, im Wald oder Park lieber nicht von der Leine. Im Zweifelsfall ist es besser, auf Nummer sicher zu gehen!

Schritt 6: Wenn Ihr Hund das Kommando mit der Zeit immer besser beherrscht, sollten Sie dazu übergehen, ihm weniger Leckerlis zu geben und ihn stattdessen mehr zu loben. Mit dieser allmählichen Verringerung der Anzahl der Belohnungen verhindern Sie, dass er in seinem Gehorsam allzu futterabhängig wird. Schließlich soll der Hund Ihre Kommandos nicht nur dann befolgen, wenn Sie eine Handvoll Leckerlis dabeihaben! Also hören Sie allmählich auf, Ihren Hund für jede Befolgung Ihres Kommandos zu belohnen, und steigen Sie stattdessen auf eine Art Lotteriesystem um, bei dem er nicht jedes Mal, sondern nur noch hin und wieder für seinen Gehorsam belohnt wird. Dann wird er Ihre Kommandos eifrig befolgen, weil er stets hofft, diesmal vielleicht doch wieder ein Leckerli dafür zu bekommen.

Wichtige Trainingstipps

Vorsicht ist die Mutter der Porzellankiste: Ich habe in der Liste des Zubehörs für dieses Training ein Geschirr aufgeführt, das Sie Ihrem Hund dabei unbedingt anlegen sollten. Ein Würge-, Stachel- oder Martingalehalsband oder auch ein ganz normales flaches Halsband ist für diese Trainingsmethode nicht geeignet: Jedes Band, das direkt am Hals Ihres Hundes anliegt, könnte seine Luftröhre schädigen, wenn Sie an der langen Leine ziehen, während er in die entgegengesetzte Richtung rennt. Das ist einer der seltenen Fälle, in denen Sie meinem Beispiel *nicht* folgen sollen! In meiner Sendung haben Sie mich diese Trainingsmethode vielleicht an Hunden mit Martingalehalsbändern oder flachen Halsbändern vorführen sehen. Doch ich besitze jahrzehntelange Erfahrung im Hundetraining und habe inzwischen ein feines Gespür dafür entwickelt, wann ich an der Leine ziehen und wie viel Druck ich dabei ausüben darf. Aber wenn Sie als weniger erfahrener Hundebesitzer mit einer so langen Leine arbeiten, kann es sehr leicht passieren, dass Sie sie zu fest anziehen und Ihren Hund dadurch verletzen. Um dieses Risiko zu umgehen, empfehle ich Ihnen, das Training mit einem Geschirr durchzuführen.

Beginnen Sie das Training in einer Umgebung mit möglichst wenig Ablenkung! Es ist schwierig, einem Hund – vor allem einem Welpen – dieses Kommando beizubringen, wenn er dabei vielen Ablenkungen ausgesetzt ist. In den ersten Tagen sollten Sie dieses Training daher in einem völlig ablenkungsfreien Umfeld durchführen. Danach können Sie schrittweise immer mehr Zerstreuungen in das Training einbauen. So geben Sie Ihrem Hund eine Chance, die Bedeutung des Kommandos zu verstehen, bevor Sie zum nächsten Schwierigkeitsgrad übergehen. Schließlich wollen Sie sein Gehirn nicht überfordern, denn sonst kann es passieren, dass er »dichtmacht«. Gerade für dieses Training gilt daher der Grundsatz »Eile mit Weile«.

Wirken Sie möglichst aufmunternd! Wenn Sie einem Hund das Kommando *KOMM* beibringen möchten, sollten Sie ihn nicht in strengem Ton dazu auffordern. Denn dann haben Hunde normalerweise das Gefühl, in Schwierigkeiten zu sein – und die meisten Vierbeiner würden sich hüten, auch noch freiwillig zu Herrchen oder Frauchen zu kommen, um sich ihre Strafe abzuholen. Also geben Sie ihm dieses Kommando in fröhlichem, einladendem Ton. Wenn nötig, können Sie sich dazu auch hinknien. Das mache ich zwar normalerweise nicht gern, doch manchmal muss man gerade zu Beginn eines Trainings alle Strategien nutzen, um das Tier zu motivieren. Sobald Ihr Hund durch Konditionierung gelernt hat, auf Abruf zu Ihnen zu kommen, gehen Sie allmählich dazu über, dieses Kommando wieder in Ihrem normalen Tonfall und im Stehen zu erteilen. Und denken Sie auch daran, Ihren Hund niemals anzuschreien, wenn er auf Zuruf nicht sofort zu Ihnen kommt! Denn wenn er das Kommando *KOMM* mit etwas Negativem assoziiert, wird er vielleicht von vornherein keine Lust haben, es zu lernen.

Futter ist die Währung des Hundes! Also achten Sie darauf, dass er Hunger hat, wenn Sie mit diesem Training beginnen. Ich empfehle Ihnen dringend, ihm dieses Kommando zur Fütterungszeit beizubringen, denn dann ist seine Motivation, zu Ihnen zu kommen, naturgemäß besonders hoch. Einen Hund trainieren zu wollen, der gerade erst gefressen hat, ist so, wie wenn man einem Millionär einen Mindestlohnjob anbieten wollte: Mit vollem Magen sinkt die Motivation der meisten Hunde rapide ab!

Und denken Sie beim Training des Kommandos *KOMM* auch daran, dass Sie dabei mit jedem Eichhörnchen, Kind, Geräusch oder Geruch in Ihrer Umgebung konkurrieren müssen. Da Futter für einen Hund das Gleiche ist wie Geld für uns Menschen, sollten Sie verschiedene »Münzen« und »Scheine« griffbereit haben, um es mit Ablenkungen jeder Größenordnung aufnehmen zu können. Auf diese Weise lenken Sie garantiert die ungeteilte Aufmerksamkeit Ihres Hundes auf sich. Heben Sie sich Ihre leckersten Köder für Situationen auf, in denen Sie sie unbedingt brauchen, und denken Sie daran, dass ein Gehorsam in Situationen mit höherem Schwierigkeitsgrad ein größeres Lob und eine hochwertigere Belohnung verdient. Wenn Ihr Hund aus einer Entfernung von fünfzehn Metern auf Abruf zu Ihnen kommt, geben Sie ihm eine doppelt so hohe Belohnung wie bei einer Entfernung von sechs Metern! Und seine absoluten Lieblingsleckerlis sollte er nur dann bekommen, wenn er eine Spitzenleistung erbracht hat. Mit anderen Worten: Falls es für Ihren Hund nichts Köstlicheres gibt als Speck, geben Sie ihm nur dann ein Stück davon, wenn er auf Abruf aus großer Entfernung und trotz unzähliger Ablenkungen zu Ihnen gekommen ist.

Da wir gerade beim Thema Belohnungen sind: Erinnern Sie sich noch an das Lotteriesystem, von dem wir in Kapitel 3 gesprochen haben? Auch wenn Sie die Anzahl Ihrer Belohnungen allmählich verringern, ist es wichtig, den ersten und letzten Gehorsamsakt eines Hundes in jeder Trainingssitzung zu honorieren. Mit der ersten Belohnung stimmen Sie ihn auf das Training ein. Während der Trainingssitzung können Sie ihm nach dem Zufallsprinzip immer wieder mal eine Belohnung zustecken, damit er nie genau weiß, wann er die nächste bekommt. Am Ende der Sitzung sollte er *immer* eine Belohnung erhalten. Denn dadurch bleibt das Kommando Ihrem Hund in positiver Erinnerung, sodass er sich mit Feuereifer auf die nächste Trainingssitzung stürzen wird. Das ist eine sehr wichtige Spielregel, denn letztendlich besteht Ihr Ziel darin, den Hund von Belohnungsleckerlis zu entwöhnen, damit er nicht total abhängig davon wird.

Verwenden Sie Spielsachen. Denken Sie daran: Hunde haben einen angeborenen Beutetrieb. Mit Spielsachen können Sie sich diesen Instinkt am
besten zunutze machen. Spielzeuge sind oft wirksamere Trainingswerkzeuge als Futter, wenn man einem Hund das Kommando *KOMM* beibringen möchte, denn sie quietschen und wecken die Aufmerksamkeit
des Hundes selbst dann, wenn er gerade abgelenkt ist – Sie können ihn
damit also gewissermaßen »von anderen Ablenkungen ablenken«. Ich
verwende als Anreiz beim Trainieren gern sowohl Futter als auch Spielzeug, doch jeder Hundebesitzer muss nach dem Versuch-und-Irrtum-Prinzip selbst herausfinden, was bei seinem Vierbeiner am besten
funktioniert.

Gewähren Sie Ihrem Hund nicht zu viel Freiheit! Eines möchte ich hier betonen: Man kann nicht jeden Hund von der Leine lassen! Diese wichtige Spielregel gilt es stets zu beachten. Das ist der Unsicherheitsfaktor bei
jedem Hund, mit dem ich arbeite: Ich weiß erst dann, ob ich ihn frei
laufen lassen kann, wenn ich anfange, ihn darauf zu trainieren. Selbst
ein Hund, der das Kommando *KOMM* gut beherrscht, lässt sich im Frei-
en vielleicht nicht zuverlässig abrufen – denn dort herrschen ja ganz
andere Bedingungen. Daher können Sie die Entscheidung, ob Sie Ihren
Hund problemlos von der Leine lassen können, erst während des Trainings treffen, und ich empfehle Ihnen dringend, dabei im Zweifelsfall
lieber auf Nummer sicher zu gehen – wenn Ihr Hund sich nicht hundertprozentig zuverlässig abrufen lässt, sollten Sie es nicht riskieren.
Welpen und junge Hunde sind normalerweise überhaupt noch nicht
reif genug dafür, von der Leine gelassen zu werden. Bei jedem Hund, der
sich leicht ablenken lässt und noch nicht gelernt hat, sich auf Kommando auf Sie zu konzentrieren, stellt es ein erhebliches Risiko dar, ihn
frei laufen zu lassen. Das bedeutet natürlich nicht, dass Ihr Hund dieses
Kommando niemals richtig erlernen wird, aber es ist auf jeden Fall ein
Zeichen dafür, dass man ihn vorläufig noch nicht frei herumlaufen lassen kann.

Dieser allerletzte Schritt des Kommandos *KOMM* ist etwas für Fortgeschrittene; viele Hunde erreichen das Stadium niemals, und schon gar nicht innerhalb einer Woche. Also seien Sie im Zweifelsfall lieber ein bisschen übervorsichtig, statt unnötige Risiken einzugehen!

Leah kommt in ihr neues Zuhause

Ich trainierte Leah mehrere Tage lang an der langen Leine, und am Ende bewies sie mir, dass ich mich hundertprozentig auf sie verlassen konnte: Sie kam jedes Mal auf Abruf zu mir zurück. Als Leah ihre Adoptivfamilie kennenlernte, schien sie instinktiv zu wissen, dass das ihre neuen Besitzer waren. Gemeinsam machten wir mit ihr einen langen Spaziergang durch die Hügel, damit sie ihrer neuen Familie zeigen konnte, wie gut sie auch ohne Leine gehorchte, und sie lief dabei abwechselnd neben jedem Familienmitglied her – Herrchen, Frauchen und den beiden kleinen Jungen. Als ich Leah an diesem Tag verließ, hatte sie sich bereits zutraulich an ihre neuen Besitzer gekuschelt – müde vom Spazierengehen und sicher und geborgen in ihrem neuen Zuhause. Ich bekomme heute noch Fotos und Videos von gemeinsamen Wanderungen dieser Familie im Hügelland und positive Rückmeldungen darüber, wie viel Verantwortungsbewusstsein die beiden Kinder dadurch entwickelt haben, dass sie sich jetzt um einen Hund kümmern müssen. Einen Vierbeiner so gut unterzubringen ist für mich immer wieder ein echtes Erfolgserlebnis.

10

FUSS

Eine der größten Freuden jedes Hundebesitzers sind die gemeinsamen Spaziergänge – allerdings nur, wenn Ihr Hund Ihnen dabei nicht ständig vor den Füßen herumläuft oder so heftig zieht, dass er Ihnen fast den Arm ausrenkt. Mit dem Kommando *FUSS* erreichen Sie, dass Ihr Hund genau im gleichen Tempo wie Sie neben Ihnen herläuft, also weder an der Leine zieht noch zurückbleibt. Ich begegne immer wieder Hundebesitzern, die sich inzwischen schon so sehr an das ständige Hin-und-her-Gezerre beim Spaziergang gewöhnt haben, dass sie gar nicht wissen, ob ein gemütliches Nebeneinander-Hergehen überhaupt möglich ist, aber glauben Sie mir: Das geht tatsächlich! Jeder Hund kann lernen, *FUSS* zu gehen.

Bei einem kleinen oder mittelgroßen Hund dient das Kommando *FUSS* in erster Linie der Bequemlichkeit und ist außerdem eine gute Methode, den Hund an Ihrer Seite zu halten. Doch bei einem großen Hund ist dieses Kommando eine absolute Notwendigkeit. Es gibt kaum etwas Stressigeres, als mit einem Hund spazieren gehen zu müssen, mit dem man nicht fertigwird, und leider bekommen Hunde, die das Kommando *FUSS* nicht erlernen, oft zu wenig Auslauf und spielen dann natürlich erst recht verrückt, wenn Herrchen oder Frauchen doch einmal die Leine hervorholt – ein verhängnisvoller Teufelskreis aus einem ungebärdigen, dauernd eingesperrten Hund und einem frustrierten, unglücklichen Besitzer.

Wenn ich einen Therapie- oder Diensthund für einen behinderten Kriegsveteranen ausbilde, muss ich mich darauf verlassen können, dass er auf Kommando *FUSS* geht – und zwar *immer*. Ganz besonders wichtig war das bei Sandy, einem Hund, den ich aus dem Tierheim gerettet und zum Begleiter eines tapferen jungen Marinesoldaten ausgebildet habe, der bei der Explosion einer unkonventionellen Spreng- und Brandvorrichtung in Afghanistan beide Beine verloren hatte. Nach seiner Rückkehr in die USA bekam dieser junge Mann Beinprothesen und musste sich dann auf den langen, mühsamen Prozess einlassen, wieder laufen zu lernen. Ein gut ausgebildeter Diensthund kann einem Menschen diese schwierige Umstellung sehr erleichtern.

––––––––––––

Hallo, ich bin Sandy! Durch meinen Beruf lerne ich immer wieder Hunde kennen, die während ihrer Zeit im Tierheim einen psychischen Schaden erlitten haben. Viele der Tiere ziehen sich dadurch innerlich zurück oder werden depressiv. Doch als ich in einem Tierasyl in Los Angeles dem zwei Jahre alten Sandy begegnete, sagte mein Bauchgefühl mir, dass mit diesem Golden Retriever während seines Tierheimaufenthalts etwas ganz anderes passiert war. Sandy war nach dem Tod seines Besitzers in dieses Heim gebracht worden. Er war ein Rassehund, der vor diesem Unglücksfall ein sehr bequemes Leben geführt hatte. Das sah man ihm auf den ersten Blick an: Er war außer Form geraten, etwas verwöhnt, vielleicht auch ein bisschen faul. Man hatte ihn aus seinem wunderschönen Zuhause in Beverly Hills herausgeholt und in einen Zwinger gesteckt, und er hatte keine Ahnung, warum. Doch statt sich in sein Schneckenhaus zurückzuziehen, schien Sandy durch seine Erfahrungen im Tierheim eine gewisse Widerborstigkeit entwickelt zu haben: Seine Kraft und sein inneres Feuer hatten dafür gesorgt, dass er während dieser schlimmen Erfahrung nicht die Hoffnung aufgab; statt sein Selbstvertrauen zu verlieren, schien er sogar welches dazugewonnen zu haben. Als er mich ansah, erkannte ich sofort, dass dieser Hund »Biss« hatte.

Obwohl ich seine Fähigkeiten noch nicht getestet hatte, wusste ich, dass ein Hund mit diesen besonderen Eigenschaften gern arbeiten und etwas Neues lernen würde – und das war alles, was ich wissen musste, um ihn als geeigneten Kandidaten für eine Ausbildung zum Diensthund einzuschätzen. Mein Bauchgefühl sagte mir, dass Sandy genau der Hund war, auf den ich gewartet hatte – ein Vierbeiner, den ich in einem ganz besonderen neuen Zuhause unterbringen würde. Sandys neuer Besitzer war exakt der richtige Mann, um die innere Kraft zu respektieren, die dieser Hund in einer schwierigen Lebenssituation entwickelt hatte. Denn Tim hatte selbst mit einem schweren Schicksalsschlag zu kämpfen.

Es macht mir ungeheure Freude, Hunde zu trainieren und ein neues Zuhause für sie zu finden, doch bei Aufgaben wie dieser – einen Hund wie Sandy zum Diensthund für einen Mann wie Tim auszubilden – blühe ich richtig auf.

Ich wusste, dass das Vorhaben mir viel Mühe bereiten würde, doch gleichzeitig war mir klar, dass es für Tim, während ich in Kalifornien mit Sandy trainierte, an der gegenüberliegenden Küste noch viel mühevoller war, mit seinen Beinprothesen gehen und das Gleichgewicht halten zu lernen und mit seinem neuen Leben als behinderter Kriegsveteran zurechtzukommen.

Wie bringt man einem Hund das Kommando *FUSS* bei?

Das Kommando *FUSS* ist ein absolutes Muss für jeden Hund. Leider kann das *FUSS*-Training besonders frustrierend sein – vor allem, wenn man noch keine Erfahrung mit Hunden besitzt und es mit einem großen, kräftigen oder sehr lebhaften Hund zu tun hat. Ich möchte Ihnen hier zwei Methoden erklären: Die eine funktioniert am besten bei großen Hunden, die andere eignet sich besser für kleinere. Falls Sie noch weitere Ratschläge benötigen, finden Sie im Abschnitt »Wichtige Trainingstipps« am Ende dieses Kapitels ein paar Hinweise, wie Sie dieses Training auf die besonderen Eigenschaften und Probleme abstimmen können, die Ihr Hund mitbringt.

FUSS-Training für große Hunde

Denken Sie daran, dieses Kommando immer nur dann mit Ihrem Hund zu üben, wenn er hungrig ist! Idealerweise sollte er genügend Kohldampf haben, um motiviert zu sein, aber keineswegs so darben, dass er sich auf nichts anderes mehr konzentrieren kann als auf seinen knurrenden Magen. Für dieses Training brauchen Sie:

- ein paar wirklich verlockende Leckerlis,
- eine 1,20 bis 1,80 Meter lange Leine.

Schritt 1: Halten Sie ein Leckerli in der rechten Hand, und positionieren Sie den Hund an Ihrer linken Seite. (Wenn Sie möchten, können Sie dieses Training auch mit vertauschten Seiten durchführen, doch normalerweise führt man seinen Hund links.) Die Leine befindet sich aufgerollt in Ihrer linken Hand, sodass der Hund nur ein klein wenig Bewegungsspielraum hat. Halten Sie das Leckerli in der rechten Faust, und zwar ungefähr fünfzehn Zentimeter von der Schnauze Ihres Hundes entfernt.

Halten Sie ein Leckerli in der rechten Hand, und positionieren Sie den Hund an Ihrer linken Seite.

Schritt 2: Beginnen Sie in normalem Tempo zu gehen, und sagen Sie: *FUSS.* Die meisten Hunde werden jetzt naturgemäß anfangen, an ihrem Besitzer hochzuspringen, und versuchen, ihm das Leckerli aus der geschlossenen Hand zu nehmen. Das ist völlig normal, doch Sie sollten Ihre Hand trotzdem weiterhin geschlossen halten und warten, bis er damit aufhört. Also lassen Sie sich die Hand ruhig ein bisschen besabbern, schließlich dient es einem guten Zweck! Die meisten Hunde hören nach zehn Sekunden auf, bei manchen dauert es ein bisschen länger. Wie auch immer – Sie müssen auf jeden Fall mehr Geduld haben als Ihr Hund! Danach wird er ein paar Sekunden lang ganz manierlich neben Ihnen hergehen – bis er wieder anfängt, an Ihnen hochzuspringen und nach dem Leckerli zu schnappen. Das Entscheidende an diesem Training ist die Wahl des richtigen Zeitpunkts: Sie müssen Ihren Hund während dieser kurzen Zeit, in der er ganz normal neben Ihnen hergeht, ohne nach Ihrer Hand zu schnappen, loben und belohnen. Wie die meisten Tiere lernen auch Hunde nach dem Versuch-und-Irrtum-Prinzip: Sie begreifen sehr schnell, dass sie eine Belohnung bekommen, wenn sie im gleichen Tempo gehen wie ihr Besitzer und aufhören, ihm das Leckerli aus der Hand entwinden zu wollen. Wenn Sie das immer wieder praktizieren, wird der Hund für stets etwas länger normal neben Ihnen hergehen und immer seltener nach dem Leckerli schnappen. Ihr Ziel besteht darin, dass Ihr Hund bei jeder Trainingssitzung ein paar Sekunden länger brav neben Ihnen herläuft.

Schritt 3: Es dürfte Ihrem Hund nicht allzu schwerfallen herauszufinden, dass er dafür belohnt wird, ganz normal neben Ihnen herzugehen, doch um das Kommando *FUSS* richtig zu beherrschen, muss er noch viel mehr können: Er muss die Assoziation zwischen Kommando und richtigem Verhalten herstellen, darf Ihnen also nicht von der Seite weichen – egal, wohin Sie gehen. Um ihm dieses sehr viel komplexere Verständnis des *FUSS*-Kommandos zu vermitteln, sollten Sie Ihr Gangmuster beim Training immer wieder variieren: zum Beispiel nach links oder rechts abbiegen, kehrtmachen oder sich nach einem Muster bewegen, das Ihr Hund nicht voraussehen kann. Beim Abbiegen oder Umkehren sollten Sie die linke Hand mit der Leine ganz nah an Ihrer Hüfte halten, sodass der Hund nicht viel Bewegungsspielraum hat, und ihm dabei wieder das Kommando *FUSS* geben. Ihr Ziel besteht darin, den Hund dazu zu bringen, dass er – was auch immer Sie machen – stets links neben Ihnen herläuft. Haben Sie Geduld! Das ist kein einfaches Konzept, doch wenn Sie es immer wieder üben, wird Ihr Hund es irgendwann begreifen.

Schritt 4: Ihr Hund sollte nicht ständig mit Leckerlis gefüttert werden müssen, um das zu tun, was Sie von ihm erwarten. Sobald er das Kommando begriffen hat, sollten Sie ihm daher abgewöhnen, dass er für seinen Gehorsam jedes Mal etwas zu fressen bekommt. Und das geht so: Sie beginnen wieder mit *Schritt 1*, halten dabei aber nur in acht von zehn Fällen ein Leckerli in der Hand. Bei den beiden Malen, in denen Ihr Hund kein Leckerli bekommt, loben Sie ihn besonders ausgiebig, um ihm zu zeigen, dass er seine Sache gut gemacht hat. Aber achten Sie darauf, ihn beim ersten und letzten Mal jeder Trainingssitzung stets mit einem Leckerli zu belohnen! Beenden Sie niemals eine Sitzung, ohne dem Hund eine Belohnung zu geben. Das hinterlässt einen bleibenden Eindruck bei ihm und könnte seine Motivation für die nächste Trainingssitzung positiv beeinflussen. Ihr Ziel besteht darin, ihm im Lauf der Woche allmählich immer weniger Leckerlis zu geben, bis er schließlich gar keine mehr bekommt.

Schritt 5: Sie sollten Ihrem Hund aber nicht nur abgewöhnen, dass er jedes Mal, wenn er das Kommando *FUSS* befolgt, ein Leckerli bekommt; er muss lernen, auch dann Fuß zu gehen, wenn Ihre Hand sich nicht direkt vor seiner Schnauze befindet. Also nehmen Sie im Lauf der Woche von Mal zu Mal eine etwas normalere Handposition ein. Wenn Ihre Hand am Anfang ungefähr fünfzehn Zentimeter von seiner Schnauze entfernt war, wird es ein paar Tage dauern, bis Sie sie wieder ganz normal an Ihrer rechten Seite hin und her baumeln lassen können. Denken Sie daran, dass diese Hand für Ihren Hund ein Signal war – falls ihm dieses Kommando also Schwierigkeiten bereiten sollte, halten Sie ihm Ihre Hand lieber wieder vor die Schnauze, um ein bisschen mehr Klarheit und Motivation in das Training hineinzubringen.

FUSS-Training für kleine Hunde

Wenn Sie einen kleinen Hund haben, ist es nicht sonderlich praktisch oder bequem, sich dauernd zu ihm hinunterzubücken, während Sie ihm dieses Kommando beibringen. Außerdem ist das auch nicht besonders effizient; denn schließlich soll Ihr Hund sich in der Anfangsphase dieses Trainings ja auf das Leckerli konzentrieren – also muss es sich in seiner Nähe befinden. Ein preiswertes Werkzeug kann Ihnen beiden das Training erleichtern: der Leckerlistab. Ich habe diesen Stab, schon lange bevor ich anfing, Hunde damit zu trainieren, bei der Dressur von Großkatzen wie beispielsweise Tigern für Filme und Werbesendungen eingesetzt. Denn beim Training solcher Tiere gibt es eine sehr sinnvolle

Faustregel, die besagt, dass man einen Tiger nicht mit der Hand füttern sollte – es sei denn, es stört einen nicht, hinterher eine Hand weniger zu haben! »Leckerlis« für einen Tiger – beispielsweise große rohe Fleischstücke – steckt man einfach ans Ende eines solchen Stabs; auf diese Weise bleiben die Hände des Trainers in Sicherheit.

Wenn Sie für das Training des Kommandos *FUSS* einen Leckerlistab verwenden, überbrücken Sie damit den Abstand zwischen Ihrer Hand und der Schnauze Ihres Hundes.

Schritt 1: Positionieren Sie den Hund zu Ihrer Linken, und halten Sie die Leine aufgerollt in der linken Hand, sodass der Hund nur ein kleines bisschen Bewegungsspielraum hat. Halten Sie den Stab in der rechten Hand, und befestigen Sie ein Leckerli daran.

Schritt 2: Jetzt kommt der schwierige Teil dieses Trainings: Beginnen Sie in normalem Tempo zu gehen, und halten Sie den Leckerlistab dabei fünf bis zehn Zentimeter vor und oberhalb der Schnauze Ihres Hundes – *aber passen Sie auf, dass er es sich nicht schnappt!* Wenn Ihr Hund nach dem Leckerli zu springen versucht, ziehen Sie ihn an der Leine zurück und gehen weiter. Wiederholen Sie das so lange, bis Ihr Hund ganz brav neben Ihnen hergeht, ohne nach dem Leckerli zu schnappen oder zu springen – und wenn auch nur für ein paar Sekunden. In diesem Moment sagen Sie: »Braver Hund!«, und geben ihm die Belohnung. Wenn Sie das mehrmals wiederholen, wird Ihr Hund bald begreifen, dass er etwas bekommt, sobald er mit dem Springen aufhört und im gleichen Tempo läuft wie Sie. Hat er das verstanden, warten Sie jedes Mal ein bis zwei Sekunden länger, bevor Sie ihm das Leckerli geben.

Sobald Ihr Hund diese beiden Schritte beherrscht, machen Sie bei *Schritt 3* (siehe oben) weiter und befolgen die restlichen Anleitungen für das *FUSS*-Training. Beim letzten Schritt halten Sie allmählich immer seltener den Leckerlistab in der Hand, ansonsten verfahren Sie dabei genau nach dem gleichen Muster.

**Der Leckerlistab – ein hilfreiches, preisgünstiges Werkzeug für das
FUSS-Training bei kleinen Hunden.**

Wichtige Trainingstipps

Schränken Sie den Bewegungsspielraum Ihres Hundes ein. Wenn es ihm
schwerfällt, das Kommando *FUSS* zu erlernen, können Sie ihm dieses
Training erleichtern, indem Sie ihm weniger Bewegungsspielraum bieten. Auf meiner Lucky Dog Ranch errichte ich zu diesem Zweck ungefähr sechzig Zentimeter vom Zaun des Trainingshofs entfernt eine pro-
visorische Barriere, die den Hund dazu zwingt, in meiner Nähe zu
bleiben – noch bevor er das Kommando *FUSS* verstanden hat. Zu Hause
können Sie den gleichen Effekt mit ein paar auf die Seite gekippten
Klappstühlen oder Kartentischen erreichen. Sobald Ihr Hund das Kommando zu begreifen beginnt, schieben Sie die Barriere neunzig und
schließlich hundertzwanzig Zentimeter weiter von ihm weg, bis Sie sie
schließlich gar nicht mehr brauchen.

Falls es Ihrem Hund schwerfallen sollte, das Kommando *FUSS* zu erlernen, schaffen Sie mithilfe einer provisorischen Barriere einen Korridor, um seinen Bewegungsspielraum einzuschränken.

Bringen Sie Ihrem Hund bei, Abstand zu halten. Manche Hunde möchten am liebsten immer in der Nähe ihres Herrchens oder Frauchens sein – selbst bei einem Spaziergang. Wenn Ihr Hund dazu neigt, sich beim Spazierengehen an Sie heranzudrängen oder Ihnen vor den Füßen herumzulaufen, sollten Sie ihm klarmachen, dass *FUSS* bedeutet, *neben Ihnen* herzulaufen. Um Ihrem Hund das beizubringen, müssen Sie Ihr eigenes Gangmuster vorübergehend ändern. Angenommen, Ihr Hund läuft links neben Ihnen her und fängt plötzlich an, Sie zu bedrängen: Dann strecken Sie das linke Bein aus und treten damit vor ihn hin – Sie machen also im Grunde genommen einen sehr großen, unbeholfen wirkenden Schritt nach links. Mit dieser Bewegung geben Sie Ihrem Hund einen kleinen Stoß, schieben ihn ein paar Zentimeter von Ihrer Seite weg und sagen dabei gleichzeitig: *FUSS,* damit der Hund lernt, eine Gedankenverbindung zwischen diesem Kommando und dem gewünschten Verhalten herzustellen. Wiederholen Sie diesen Vorgang so lange, bis Ihr Hund begriffen hat, dass es ganz wunderbar ist, neben Ihnen herzulaufen, er aber nicht weiterkommt, wenn er sich beim Gehen an Sie herandrängt oder Ihnen vor den Füßen herumläuft. Denken Sie daran, ihn immer wieder zu loben, wenn er richtig Fuß geht, damit er versteht, was er tun soll.

Sobald Ihr Hund anfängt, Sie zu bedrängen, strecken Sie das linke Bein aus und treten damit vor ihn hin. Geben Sie dem Hund einen kleinen Stoß, schieben Sie ihn ein paar Zentimeter von Ihrer Seite weg, und sagen Sie: *FUSS!*

Und wenn der Hund immer ein paar Schritte vor Ihnen herläuft? Diese Frage bekomme ich von Hundebesitzern immer wieder zu hören: »Mein Hund läuft ständig vor mir her. Was soll ich dagegen tun?« Der erste Schritt zur Lösung dieses Problems ist ganz einfach: Achten Sie darauf, dass Ihr Hund Hunger hat, wenn Sie mit dem Training beginnen! *FUSS* gehen zu lernen ist ein hartes Stück Arbeit, und genau wie Sie nicht gern umsonst arbeiten würden, möchte Ihr Hund das auch nicht. Wenn er hungrig genug ist und Sie ein Leckerli für ihn dabeihaben, wird ihm bald klar werden, dass er an Ihrer Seite bleiben muss, um es zu bekommen. Entwöhnen Sie Ihren Hund bei dieser Trainingsmethode nicht zu schnell von seinen Futterbelohnungen! Hundetraining ist ein Marathon. Wenn Sie Ihrem Vierbeiner alles so schnell wie möglich beibringen, ist er hinterher zwar ein trainierter Hund, doch nur durch langsames Training bekommen Sie einen gut trainierten Hund.

Wenn Ihr Hund ständig vor Ihnen herläuft, drehen Sie sich auf dem linken Bein herum, heben den rechten Fuß und halten ihn direkt vor den Brustkorb Ihres Hundes. Dabei sollen Sie ihn nicht physisch stoppen, sondern Ihren Fuß lediglich wie eine Art Schranke einsetzen – eine Barriere, die er sich nicht so ohne Weiteres zu überwinden traut.

Man kann einen Hund, der immer wieder zu führen versucht, aber auch mit geschickter Beinarbeit unter Kontrolle bringen. Diese Trainingsmethode eignet sich *nicht* für Hunde, die heftig ziehen – denn so ein Hund könnte Sie dabei leicht zu Fall bringen. Doch ansonsten ist sie bei Hunden, die dazu neigen, immer ein paar Zentimeter vor ihrem Besitzer herzulaufen, sehr wirksam. Die Methode funktioniert folgendermaßen: Lassen Sie Ihren Hund zunächst langsam und in gleichmäßigem Tempo neben Ihnen herlaufen. Sobald er wieder die Führung übernehmen will, drehen Sie sich auf dem linken Bein herum, heben den rechten Fuß, halten ihn direkt vor den Brustkorb Ihres Hundes und sagen dabei gleichzeitig: *FUSS*. Bei dieser Methode setzen Sie Ihren Fuß nicht dazu ein, Ihren Hund physisch zu stoppen (falls er daraufhin in Ihren Fuß hineinlaufen sollte, überspringen Sie diese Technik und versuchen es mit einem der weiter unten beschriebenen Tipps für Hunde, die an der Leine ziehen). Sie setzen Ihren Fuß vielmehr wie eine Art Schranke ein:

Wenn Sie ihn dem Hund vor die Brust halten, wird er zögern, diese Barriere zu überwinden. Damit geben Sie ihm eine Chance, sich an die Bedeutung des Kommandos *FUSS* zu erinnern: dass er dabei nicht *vor* Ihnen, sondern *neben* Ihnen herlaufen soll.

Und wenn der Hund zieht? Bei Hunden, die heftig an der Leine ziehen, muss man schon ein bisschen kreativ werden, um ihnen das Kommando *FUSS* beizubringen. Wie bei der obigen Methode ist es auch hier wichtig, mit dem Training zu beginnen, wenn der Hund hungrig ist. Legen Sie ihm für diese Trainingsmethode am besten ein Martingalehalsband um, und begeben Sie sich mit ihm in einen schmalen Durchgang. Das kann zum Beispiel ein Korridor oder ein Bürgersteig sein, der an einer Seite von einer Mauer gesäumt ist – oder irgendetwas anderes, was Ihren Hund zwingt, in gerader Linie zu gehen.

Dann schieben Sie das Halsband weit oben an seinen Hals, positionieren ihn zu Ihrer Linken, sagen: *FUSS,* und setzen sich in Bewegung. Wahrscheinlich wird Ihr Hund daraufhin sofort anfangen zu ziehen. Sobald er das tut, drücken Sie die Leine an die Oberseite Ihrer rechten Hüfte, wenden im Uhrzeigersinn (achten Sie dabei darauf, auch den Kopf mitzubewegen!) und gehen in die entgegengesetzte Richtung. Dabei wird zwangsläufig auch der Hund seine Richtung ändern – und höchstwahrscheinlich gleich wieder zu ziehen anfangen. Daraufhin sagen Sie wieder: *FUSS,* halten die Leine oben an Ihrer rechten Hüfte, wenden im Uhrzeigersinn und gehen schnell in die andere Richtung. Wiederholen Sie diesen Vorgang immer wieder. Nach ein paar Minuten werden Sie feststellen, dass Ihr Hund nicht nur weniger zieht, sondern Sie auch öfter anschaut, weil er inzwischen schon darauf wartet, dass Sie wieder umdrehen und in die entgegengesetzte Richtung gehen. Jetzt ist es sehr wichtig, Ihren Hund zu loben (»Braver Hund!«) und zu belohnen, sobald er ein paar Sekunden lang genau neben Ihnen herläuft, während er herauszufinden versucht, was Sie als Nächstes vorhaben. Damit zeigen Sie ihm, dass er sich richtig verhält.

Es ist sehr wichtig, dieses Training in irgendeinem schmalen Durchgang durchzuführen. Auf diese Weise gibt es nur wenige Richtungen, die Ihr Hund einschlagen kann. Und denken Sie daran, dass es auch bei diesem Training auf das richtige Timing ankommt! Halten Sie sein Futter in Ihrer Hosen-, Jacken- oder Leckerlitasche griffbereit, und belohnen Sie ihn genau in dem Moment, in dem er korrekt Fuß geht. Denn wenn Sie damit warten, bis er wieder außer Kontrolle gerät, gewinnt er den Eindruck, dass er fürs Ziehen belohnt wird – und in dieser Unart möchten Sie ihn ja nicht auch noch bestärken.

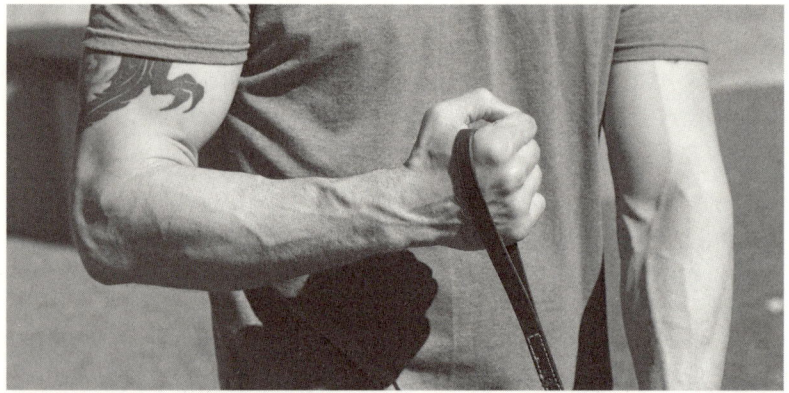

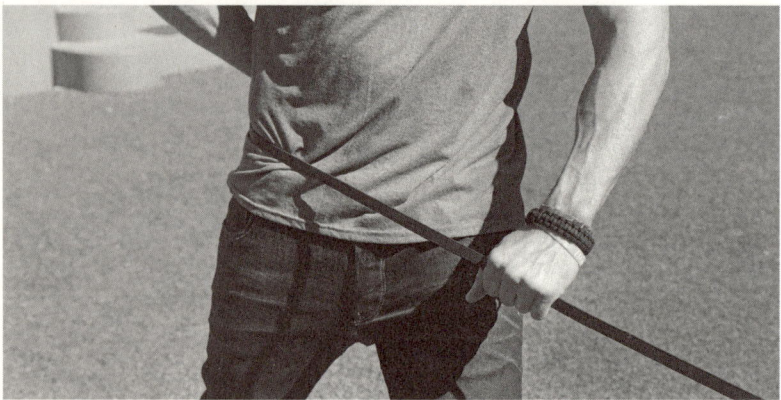

Sobald Ihr Hund zu ziehen beginnt, halten Sie den Griff der Leine in einer Faust hinter Ihrem Rücken und drücken die Leine an die Oberseite Ihrer rechten Hüfte.

Drehen Sie den Kopf und Ihren ganzen Körper im Uhrzeigersinn.

Gehen Sie in die entgegengesetzte Richtung.

Kleiner Tipp für Hunde, die besonders heftig ziehen: Man kann jeden Hund, der an der Leine zieht, mit der bereits beschriebenen Methode zur Räson bringen, doch manche Hunde brauchen noch ein bisschen mehr Hilfe, um beim *FUSS*-Training Fortschritte zu machen. Für solche Vierbeiner gibt es ein paar sehr hilfreiche Trainingswerkzeuge. Um ganz ehrlich zu sein: Meiner Meinung nach kommt es beim Trainieren von Tieren stets auf die Technik an. Training ist der beste Problemlöser, den es gibt, und ich glaube nicht, dass irgendein Trainingswerkzeug ein Ersatz dafür sein kann. Doch manchmal muss man einen Hund zunächst einmal unter Kontrolle bringen, um mit seiner Erziehung beginnen zu können. Wenn Ihr Hund beim Training des Kommandos *FUSS* eine besonders »lange Leitung« zu haben scheint, kann ein Kopfhalfter oder Anti-Zieh-Geschirr aus dem wie verrückt ziehenden Vierbeiner am anderen Ende der Leine einen Hund machen, der sich zumindest so weit zur Ruhe bringen lässt, dass Sie ihm das *FUSS*-Gehen beibringen können.

Das erste Werkzeug – ein Kopfhalfter oder »Halti« – gehört zu meinen Lieblings-Trainingswerkzeugen für die Arbeit mit Hunden, die sehr heftig an der Leine ziehen. Eines der Grundprinzipien beim Training jedes Hundes besteht darin, dass er seinen Körper stets in die gleiche Richtung bewegt wie den Kopf, und dieses Halfter gibt Ihnen eine sehr gute und gleichzeitig doch behutsame Kontrolle über die Kopfposition Ihres Hundes. Das Problem ist nur, dass Hund und Besitzer sich erst mal an dieses Werkzeug gewöhnen müssen. Wenn Sie ihm das Halfter nicht richtig anlegen, kann er seinen Kopf rückwärts herausziehen – und dann haben Sie ein sehr viel größeres Problem als das An-der-Leine-Ziehen Ihres Hundes. Außerdem muss er sich auch erst daran gewöhnen, einen Riemen um die Schnauze zu tragen. Dieses Kopfhalfter kann ein ganz hervorragendes Werkzeug sein, doch bevor Sie es einsetzen, sollten Sie sich den richtigen Umgang damit von jemandem zeigen lassen, der sich damit auskennt, beziehungsweise sich ein Demovideo dazu anschauen (oder beides).

Das Kopfhalfter (Halti) – eines meiner Lieblings-Trainingswerkzeuge für Hunde, die heftig an der Leine ziehen.

Ein zweites Werkzeug, mit dem man einen an der Leine ziehenden Hund auf das *FUSS*-Training vorbereiten kann, ist das Anti-Zieh-Geschirr. Solche Geschirre sind einfach, wirksam und benutzerfreundlich. Doch obwohl das Anti-Zieh-Geschirr Ihnen dabei helfen wird, Ihren Hund unter Kontrolle zu bekommen, müssen Sie dann vielleicht ein bisschen mehr Zeit in das *FUSS*-Training investieren. Denn mit diesem Geschirr bekommt man zwar den Rumpf, nicht aber den Kopf des Hundes unter Kontrolle, und er erlernt das Kommando automatisch langsamer, wenn nicht sein ganzer Körper (der naturgemäß der Richtung des Kopfes folgt) in dieses Training mit einbezogen wird.

Sandy tritt seinen Dienst an

Während seines mehr als zwanzigwöchigen intensiven Trainings hat Sandy bewiesen, dass mein Bauchgefühl richtig gewesen war: Er eignete sich tatsächlich zum Arbeitshund. Sandy entwickelte einen geradezu mustergültigen Gehorsam: Zuerst erlernte er alle sieben Grundkommandos, und dann meisterte er auch kompliziertere Anweisungen wie das Aufheben und Bringen von Gegenständen. Die Grundzüge des Kommandos *FUSS* hatte er innerhalb von ein paar Tagen begriffen und entwickelte sich in den darauffolgenden Wochen zu einem Diensthund, der mustergültig Fuß ging. Und das war noch lange nicht alles: Sandy lernte sogar, auf Kommando seine Muskeln anzuspannen, um Tim stützen zu können, wenn dieser aus dem Gleichgewicht geriet oder Treppen steigen musste.

Der Tag, an dem ich einen von mir ausgebildeten Hund seinem neuen Besitzer übergebe, ist für mich stets ein bittersüßer Abschied, doch zu den *Dienst*hunden, die ich trainiere, entwickle ich eine ganz besonders enge Beziehung, denn während dieses Trainings sind wir monatelang fast ständig zusammen. Manchmal ist so eine Trennung auch ein bisschen schwierig für die Hunde, die nach dieser intensiven Ausbildung ebenfalls sehr an mir hängen. Dieser Gedanke beschäftigte mich, als ich Sandy zum ersten Mal zu Tim mitnahm: Natürlich wünschte ich mir, dass die beiden sich auf den ersten Blick hervorragend miteinander verstünden, aber es bestand auch das Risiko, dass Sandy sich zu sehr an mich klammern würde.

Doch wie sich herausstellte, war das überhaupt kein Problem: Sandy ging sofort zu Tim hinüber und blieb an seiner Seite. Während wir uns miteinander unterhielten, streichelte Tim den Kopf seines neuen Hundes. Ich bin sicher, dass jeder, der die beiden zum ersten Mal zusammen sah, geglaubt hätte, Sandy sei schon immer Tims Hund gewesen. Und als Tim dann am nächsten Tag lernte, mit Sandy zu arbeiten, entstand zwischen den beiden sofort jene selbstverständliche Partnerschaft, die man niemandem beibringen kann. Als ich Tim aufforderte, mit Sandys Hilfe das Treppensteigen auszuprobieren, rissen die beiden mich förmlich vom Hocker, indem sie nicht nur drei oder vier Stufen, sondern gleich die ganze aus *dreißig* Stufen bestehende Treppe bewältigten. Bei dieser Gelegenheit konnte Tim sich wieder einmal beweisen, dass er eine Kämpfernatur war, und Sandy zeigte, dass er jeder Aufgabe gewachsen war.

Ich telefoniere bis zum heutigen Tag sehr oft mit Tim und höre, dass Sandy mit zunehmender Erfahrung immer besser wird. Er hilft ihm fast überall, wo die beiden zusammen hingehen, und alle Menschen sind beeindruckt von ihrer perfekten Kooperation. Ich würde niemals irgendeinen Vierbeiner als meinen Lieblingshund bezeichnen, doch ich muss zugeben, dass es mich ganz besonders stolz macht, an der Entstehung dieser hervorragenden Partnerschaft mitgewirkt zu haben.

Teil 3

Lösungen
für sieben häufige
Verhaltensprobleme

11

Mangelnde Stubenreinheit und Markieren in der Wohnung

Niemand wusste, warum dieser fünf Monate alte Pointermischling von Flöhen befallen die Slums durchstreifte. Doch es lag auf der Hand, dass der Welpe dringend ein Zuhause brauchte. So jung und so überaus lieb, wie er war, konnte ich gar nicht begreifen, dass seine Besitzer ihn so schnell aufgegeben hatten. Als ich Chance im Tierheim begegnete, war er für einen so jungen Hund außergewöhnlich ruhig, hatte bisher aber noch nicht die geringste Erziehung genossen. Ich fragte mich, ob er überhaupt jemals ein richtiges Zuhause gehabt hatte, und führte erst einmal eine einfache Konzentrationsübung mit ihm durch, um herauszufinden, wie lange er aufmerksam bleiben konnte – er hielt gerade mal drei Sekunden durch und ließ sich dann sofort von etwas Interessanterem ablenken. Auf meiner Ranch lief es auch nicht viel besser: Sein fröhliches, neugieriges, leicht vertrotteltes Gehabe verriet mir, dass alles Neue, das ihm begegnete, seine Aufmerksamkeit fesselte, und für ihn war so gut wie alles neu – was bei einem so jungen, unerfahrenen Hund auch völlig normal ist. Man muss sich das folgendermaßen vorstellen: Wenn Sie zum ersten Mal vor dem Empire State Building stehen, sind Sie sicherlich über alle Maßen beeindruckt davon; doch wenn Sie in New York wohnen und es jeden Tag sehen, erscheint es Ihnen mit der Zeit gar nicht mehr so glamourös, sondern einfach nur wie ein normales Gebäude. Als ich Chance kennenlernte, wurde sein junger, unerfahrener Geist tagtäglich mit sehr vielen neuen Eindrücken konfrontiert, von denen er sich erst mal einen Eindruck verschaffen musste, doch mir war klar, dass er mit der Zeit ruhiger werden würde. Was Chance an Konzentrationsvermögen fehlte, machte er zum Glück durch seinen Lerneifer wett. Er erlernte das Kommando *SITZ* im Handumdrehen, brauchte für *PLATZ* aber ziemlich lange. Pointer lernen normalerweise recht langsam, weil sie sensibel und eigenwillig zugleich sind. Mit anderen Worten: Manchmal muss man bei ihnen ein bisschen mehr Überzeugungskraft einsetzen als bei einer weniger sturen Hunderasse. Doch sobald Chance seine Probleme, sich hinzulegen, überwunden hatte, lernte er die Kommandos *BLEIB* und *NEIN* im Handumdrehen.

Diese ersten Meilensteine feierten Chance und ich, indem wir Seite an Seite faul auf dem Sofa herumlümmelten. Doch als ich kurz in die Küche ging, um mir eine Flasche Wasser zu holen, wurde mir bei meiner Rückkehr rasch klar, dass die größte Herausforderung dieses Hundes nicht darin liegen würde, die sieben Grundkommandos zu erlernen: Er hatte vielmehr Probleme mit der Stubenreinheit. Irrtümlicherweise hatte ich angenommen, dass Chance bereits wusste, wo man sich als Hund erleichtern darf und wo nicht. Denn dieser Pointer war in einem Alter, in dem ein Hund normalerweise schon längst stubenrein sein müsste; trotzdem war ihm der Unterschied zwischen Teppich und Rasen nicht klar. Er benutzte die ganze Welt als Toilette – und mit solch einem Problem fällt es natürlich jedem Hund schwer, ein Zuhause zu finden (und auch dauerhaft zu behalten). Es war mein Fehler gewesen, diesem Hund, der noch ganz neu auf meiner Ranch war, von Anfang an zu viel zuzutrauen, und nun war es meine Aufgabe, ihm alles beizubringen, was er lernen musste.

Von allen häufigeren Verhaltensproblemen lässt mangelnde Stubenreinheit sich am leichtesten beheben, denn sich reinlich zu verhalten entspricht eigentlich dem Instinkt eines Hundes. Obwohl mangelnde Stubenreinheit also nicht unbedingt ein großes oder unüberwindliches Problem für Hundebesitzer zu sein braucht, ist sie nach wie vor einer der Hauptgründe, warum Hunde im Tierheim abgegeben oder zurückgebracht werden. Niemand möchte einen Hund, der Teppiche oder Sofas ruiniert und hinter dem man ständig herputzen muss, daher verlieren viele Hundebesitzer schon beim leisesten Stubenreinheitsproblem das Interesse an ihrem Hund.

Die neue Besitzerin, die ich für Chance ins Auge gefasst hatte, durfte ihren neuen Hund ins Büro mitnehmen, doch mit diesem jungen Pointer, der sein Geschäft überall erledigte, war daran natürlich nicht zu denken. Also verschob ich das Training der sieben Grundkommandos auf später und konzentrierte mich darauf, ihn erst einmal zur Stubenreinheit zu erziehen.

Das Problem: Stubenreinheit

Egal, ob Welpe oder ausgewachsener Hund – ein nicht ganz stubenreiner Vierbeiner stellt immer ein ernstes Problem dar. Daten von Tierheimen aus den ganzen USA deuten darauf hin, dass zwanzig Prozent aller Hunde, die im Tierasyl abgegeben werden, dort landen, weil sie Probleme mit der Stubenreinheit haben. Manchmal ist das auf nicht diagnostizierte oder unbehandelte gesundheitliche Probleme zurückzuführen, doch in den meisten Fällen ist es schlicht und einfach eine Frage der Erziehung. Es ist traurig, dass so viele Hunde, die wunderbare Haustiere sein könnten – liebe, gut trainierbare Vierbeiner wie Chance –, ausgesetzt werden, im Tierheim landen oder vielleicht sogar ums Leben kommen, nur weil sie nie richtig gelernt haben, wann und wo sie ihre Notdurft erledigen dürfen.

Bei Welpen ist so ein Schicksal ganz besonders ungerecht; denn ihnen passiert vor allem deshalb öfter ein Malheur im Haus, weil ihre Blase noch nicht stark genug ist, um den Urin so lange zurückzuhalten, wie ein ausgewachsener Hund es kann: Diese Muskeln entwickeln sich erst im Lauf der Zeit und mit ein bisschen Übung. Denken Sie einmal daran zurück, wie Ihre eigenen Muskeln sich entwickelt haben! Wenn Sie etwas in der Faust zusammendrücken, üben Sie einen festen Griff aus. Doch Babys und Kleinkinder können noch nicht so fest zugreifen, ihre Muskeln entwickeln sich erst nach und nach und lernen, etwas festzuhalten. Das Gleiche gilt auch für die Blase eines Welpen: Je besser er lernt, seinen Urin zu halten, umso intensiver werden seine Muskeln dadurch trainiert, sodass sie mit der Zeit immer stärker werden, bis er schließlich mehrere Stunden lang durchhalten kann, ohne die Kontrolle über seine Blase zu verlieren.

Obwohl es ein gravierendes Problem ist, wenn Haustiere in der Wohnung markieren oder Häufchen und Pfützen hinterlassen, und die meisten Tiere unter solchen Umständen kein Zuhause finden, lässt sich dieses Problem durch sorgfältige, konsequente Erziehung beheben.

Das Drei-Schritte-Stubenreinheitstraining

Ich bekomme wahrscheinlich mehr Anrufe zum Thema »Stubenreinheitserziehung« als zu allen anderen Verhaltensproblemen, die es bei Hunden gibt; deshalb habe ich viel Energie in den Versuch hineingesteckt, eine wirklich gute Lösung dafür zu finden. Manche Vierbeiner, mit denen ich zu tun habe, sind noch Welpen, andere sind junge Hunde und viele sogar bereits ausgewachsen. Jeder Fall geht mit besonderen Problemen einher, doch im Grunde wende ich bei allen Tieren das gleiche Trainingsprinzip an – eine Technik, die ich als »Drei-Schritte-Stubenreinheitstraining« bezeichne. Mir gefällt diese Methode gerade deshalb so sehr, weil sie dem Hund vor Augen hält, dass er seine Sache gut macht, wenn er sein Geschäft draußen erledigt – statt ihn einfach nur zu bestrafen, wenn ihm ein Malheur passiert.

An späterer Stelle in diesem Kapitel will ich Ihnen auch noch eine Methode erklären, mit der man Hunden das Markieren in der Wohnung abgewöhnen kann. Obwohl es sich dabei genau genommen ebenfalls um ein Stubenreinheitsproblem handelt, hat es eine ganz andere Ursache. Ein Hund, der überall im Haus sein Geschäft verrichtet, hat schlicht und einfach nicht gelernt, wo er sich erleichtern darf. Ein Hund, der Ihre Möbel oder Wände immer wieder mit ein paar Tröpfchen Urin markiert, weiß dagegen genau, was er tut – obwohl er ganz bestimmt nicht weiß, dass es falsch ist, so mit Ihrer Einrichtung umzugehen. Wie ein kleines Kind, das seinen Namen auf all seine Besitztümer schreibt, etikettiert ein markierender Hund alles in seinem persönlichen Umfeld als mein, mein, mein, indem er seine Duftmarken dort hinterlässt.

Doch wir wollen die Probleme eins nach dem anderen behandeln. Zunächst einmal möchte ich Ihnen eine Stubenreinheitserziehungsmethode erklären.

Ein Schritt-für-Schritt-Plan

Von allen Methoden finde ich diejenigen am besten, die auf einer Art Boxentraining beruhen. Warum funktionieren diese Methoden so gut? Vor allem deshalb, weil sie sich den Instinkt des Hundes zunutze machen, die Bereiche, wo er frisst und schläft, sauber zu halten. Das ist eine wichtige Spielregel, gegen die nur sehr wenige Hunde verstoßen. Doch Boxentraining allein reicht leider nicht aus, um den Hund stubenrein zu bekommen: Sie müssen ihm auch immer wieder Gelegenheit geben, sich am richtigen Ort zu erleichtern, damit er begreift, was Stubenreinheit bedeutet. Mein Drei-Schritte-Stubenreinheitstraining ist eine ganz einfache Methode – und wenn man sie richtig praktiziert, ist sie auch sehr wirksam. Die meisten Hunde werden damit innerhalb von höchstens einer Woche stubenrein, und selbst den eigensinnigsten oder langsamsten Schülern gelingt das bei konsequentem Üben zumindest nach ein paar Wochen.

Meine Methode besteht aus drei Schritten, während denen der Hund teilweise frei in der Wohnung herumläuft, teilweise in seiner Box eingesperrt ist und teilweise draußen sein Geschäft erledigt. Sie trägt

übrigens auch dazu bei, Missgeschicken während des Trainings vorzubeugen, und das ist ein wichtiger Erfolgsfaktor. Denn je mehr »Unfäl-
le« Ihrem Hund im Haus passieren und je stärker der Boden danach
riecht, umso normaler wird es ihm vorkommen, sein Geschäft auch
weiterhin in Ihren vier Wänden zu verrichten. Und nicht nur das:
Mehr Missgeschicke ziehen auch mehr Verweise nach sich – und so
wird die Stimmung bei diesem Training allmählich immer unerfreuli-
cher. Je öfter Ihr Hund im Haus das Bein hebt oder ein Häufchen
macht, ohne dabei auf frischer Tat ertappt zu werden, als umso normaler empfindet er das, und umso häufiger wird er es tun. Das ist einer der
Hauptgründe, warum es bei vielen Hunden mit der Stubenreinheit nie
so richtig klappt.

Um Ihren Hund mit dieser Methode zur Stubenreinheit zu erziehen,
brauchen Sie:

- eine Box oder einen kleinen Hundelaufstall,
- eine Leine,
- ein paar Leckerlis,
- viel Geduld.

Bei dieser Methode kommt es auf die richtige Auswahl der Box oder
des Laufstalls an: Der Behälter sollte weder zu groß noch zu klein
sein. Ihr Hund soll darin bequem sitzen, stehen und sich hinlegen
können – mehr nicht. Wenn er darin herumlaufen oder womöglich
gar sein Geschäft in einer Ecke verrichten kann, hat er zu viel Bewegungsspielraum. Falls Sie eine größere Box für ihn gekauft haben,
weil Sie diese hinterher noch für andere Zwecke verwenden möchten
(oder weil Sie einen Welpen haben, der noch wächst), können Sie
problemlos einen Teil der Box mit einer Trennwand oder einem
Pappkarton abteilen, damit sie die richtige Größe erhält: Sie sollte
nur ein kleines bisschen größer sein als die jetzige Höhe, Länge und
Breite Ihres Hundes.

Für Chance stellte ich einen kleinen, oben offenen Hundelaufstall in meinem Wohnzimmer auf. Die meisten Hunde gewöhnen sich schnell an so eine Box und fühlen sich darin sehr wohl, doch wenn Ihr Hund zu den seltenen Vierbeinern gehört, die nicht gern auf so engem Raum eingesperrt sind, wenn er schon älter und nicht an Boxen gewöhnt ist oder wenn Sie Ihren Hund lieber in einem Innenzwinger aus Draht oder Plastik unterbringen möchten, ist ein kleiner Hundelaufstall eine sehr gute Alternative.

Mit diesem Training beginnt man am besten, wenn der Hund ungefähr zwölf Wochen alt und seine Blase bereits so stark ist, dass er seinen Urin die ganze Nacht über halten kann. Im Schlaf verlangsamen sich die Or-

Diese Box hat genau die richtige Größe für Lulu. Sie kann darin bequem sitzen, stehen und liegen – mehr Bewegungsspielraum braucht sie nicht.

ganfunktionen des Hundes, deshalb hält er nachts länger durch als tagsüber, wenn er aktiv ist. Wenn Ihr Hund noch keine zwölf Wochen alt ist, können Sie trotzdem schon mit dieser Trainingsmethode beginnen, doch dann müssen Sie in den nächsten Wochen vielleicht einmal pro Nacht mit ihm Gassi gehen. Auch nach der zwölften Woche fangen viele Hunde nachts aus Einsamkeit oder Protest immer noch zu winseln an, aber die meisten schlafen nach einer Viertelstunde wieder ein. Wenn Ihr Hund weiterwinselt und Sie daraufhin mit ihm Gassi gehen, warten Sie damit so lange, bis er gute dreißig Sekunden lang Ruhe gibt, damit er nicht auf die Idee kommt, Sie durch nächtliches Winseln zu einem außerplanmäßigen Spaziergang bewegen zu können.

Schritt 1: Um sicherzugehen, dass Ihr Hund sich mit leerer Blase schlafen legt, geben Sie ihm ungefähr zwei Stunden vor der Schlafenszeit kein Wasser mehr. Nach dem letzten Gassigehen sperren Sie ihn in die Box oder den Laufstall. Am nächsten Morgen holen Sie ihn zuallererst aus seinem Nachtquartier und gehen sofort mit ihm hinaus. Gehen Sie nicht »über Los«, bummeln Sie nicht herum, und machen Sie auch keinen Zwischenstopp in der Küche, um dem Hund ein paar Leckerlis zu geben – nicht mal für ein paar Sekunden. Denn jetzt muss Ihr Hund wirklich dringend sein Geschäft erledigen, und diesen Drang sollten Sie sich für Ihre Zwecke zunutze machen. (Außerdem gibt es keinen unangenehmeren Start in den Tag, als noch vor dem Frühstück Hundeurin vom Teppich wegschrubben zu müssen.) Also nehmen Sie Ihren Hund entweder auf den Arm, und gehen sofort mit ihm hinaus, oder Sie befestigen eine lange Leine an seinem Halsband und schicken ihn in den Garten. Ihr Ziel besteht darin, möglichst jedes Missgeschick zu vermeiden.

Schritt 2: Sobald Sie draußen sind, fordern Sie Ihren Hund auf: MACH GASSI, und warten, bis er fertig ist. Natürlich können Sie auch ein anderes Kommando dafür verwenden, doch Sie sollten Ihren Hund stets mit dem gleichen Wortlaut dazu auffordern, sein Geschäft zu verrichten. Während Sie warten, geben Sie ihm dieses Kommando immer wieder in dem Wissen, dass Ihr Hund jetzt wirklich dringend »muss«, weil er ja die ganze Nacht über eingesperrt war. Wenn Ihr Hund sich erleichtert, warten Sie, bis er damit fertig ist, und wiederholen das Kommando dann noch einmal. Anschließend loben Sie ihn und geben ihm ein Leckerli. Auch dabei kommt es wieder auf den richtigen Zeitpunkt an: Achten Sie darauf, ihm seine Belohnung sofort zu geben, nachdem er sein Geschäft erledigt hat! Wenn Sie zu lange warten, werden Sie damit keinen Erfolg haben, weil Ihr Hund dann keine Assoziation zwischen richtigem Verhalten und Belohnung herstellt. Halten Sie das Leckerli griffbereit – aber nicht in der Hand, sondern in der Hosen- oder Jackentasche. Denn wenn der Hund das Leckerli sieht (und die ganze Zeit daran denkt), lenkt ihn das womöglich von seinem Geschäft ab.

Schritt 3: Nachdem Ihr Hund sein Geschäft (am besten das große und das kleine) draußen erledigt hat, darf er wieder ins Haus zurück und kann sich – unter Aufsicht – frei bewegen. Aber wohlgemerkt nur unter Aufsicht! Genau wie in *Schritt 1* besteht auch hierbei Ihre Hauptaufgabe darin, darauf zu achten, dass ihm in der Wohnung kein Malheur passiert. Also sorgen Sie dafür, dass er sich im selben Zimmer aufhält wie Sie, behalten Sie ihn im Auge, und stellen Sie sich einen Küchenwecker auf eine Stunde (bei kleineren Rassen auf dreißig bis fünfundvierzig Minuten). Danach setzen Sie Ihren Hund wieder in die Box oder den Laufstall und stellen den Wecker auf zwei Stunden. Nun nehmen Sie den Hund an die Leine, gehen sofort mit ihm Gassi und wiederholen den gleichen Vorgang noch einmal. Falls erforderlich, können Sie den Zeitabstand zwischen den Gassigängen ein bisschen verkürzen oder verlängern – je nachdem, wie groß Ihr Hund ist und wie lange er erfahrungsgemäß durchhält. Große Hunde müssen sich normalerweise nicht so oft erleichtern wie kleine.

Diese regelmäßige Abfolge aus Zwingerzeit, Gassigehen und freier Bewegung im Haus ist das Drei-Schritte-Programm zur Stubenreinheitserziehung. Wenn Sie das Programm ein paar Tage lang konsequent durchhalten, lernt Ihr Hund erstens, dass er sein Geschäft nur draußen verrichten darf, und zweitens, dass er das so schnell wie möglich tun soll, wenn Sie ihm das Kommando MACH GASSI geben. Denn wenn Sie in einer Gegend mit kaltem oder regnerischem Klima leben, werden Sie bei schlechtem Wetter heilfroh sein, nach dem Gassigehen alsbald wieder in Ihre vier Wände zurückkehren zu können!

Schritt 4: Mit der Zeit sollten Sie dieses Stubenreinheitstraining ein bisschen abwandeln: Sperren Sie Ihren Hund von Tag zu Tag für etwas kürzere Zeit in die Box oder den Laufstall, und geben Sie ihm dementsprechend mehr Zeit, frei in der Wohnung herumzulaufen. Wenn Ihrem Hund während der einstündigen Freilaufzeit an Tag eins kein Malheur passiert, geben Sie ihm an Tag zwei neunzig Minuten und an Tag drei zwei Stunden »Freizeit«. Danach verringern Sie seine Zwingerzeit jeden Tag um fünfzehn Minuten und fügen dreißig Minuten zu seiner Freilaufzeit hinzu. Am Ende der Woche sollte Ihr Hund dreißig bis sechzig Minuten in der Box verbringen und ungefähr fünf Stunden lang frei in der Wohnung herumlaufen. Sobald er dieses oder ein ähnliches Muster erreicht hat, können Sie allmählich anfangen, ganz auf die Box zu verzichten.

Wichtige Trainingstipps

Wie immer habe ich wieder ein paar Tipps für Sie zusammengestellt, um Ihnen den Erfolg mit dieser Trainingsmethode zu erleichtern.

Überwachen Sie Ihren Hund während seiner Freilaufzeit so lange, bis er begriffen hat, dass er nur draußen Gassi machen darf. Das ist ein absolutes Muss! Immer wenn Sie Ihren Hund bei einem Missgeschick ertappen, sagen Sie sofort energisch: *NEIN* (oder setzen Sie die weiter unten beschriebene Methode ein, mit der man einem Hund das Markieren in der Wohnung abgewöhnt). Falls Sie Ihren Hund nicht auf frischer Tat ertappen, sondern die Bescherung erst ein bis zwei Stunden später entdecken, bleibt Ihnen nichts anderes übrig, als sie einfach wegzuputzen,

denn Ihren Hund nach so langer Zeit noch dafür zu tadeln wäre zweck-
los – er wüsste gar nicht mehr, was er falsch gemacht hat. Deshalb ist es
am besten, Ihren Hund in den ersten Trainingstagen nicht aus den Augen zu lassen.

*Füttern Sie den Hund ungefähr zehn Minuten, bevor Sie mit ihm Gassi gehen,
in seiner Box.* Bei den meisten Hunden (vor allem Welpen) kommt das
Verdauungssystem nach dem Fressen ziemlich schnell in Gang. Wenn
Sie auf den richtigen Zeitpunkt zum Gassigehen achten, wird Ihr Hund
das Kommando MACH GASSI schneller erlernen und Ihnen unangenehme Putzaktionen ersparen.

Gestalten Sie seine Box so gemütlich wie möglich! Eine Box soll kein Kerker
sein, sondern ein Platz, an dem Ihr Hund sich ausruht oder etwas lernt
und den er mit positiven Erfahrungen assoziieren soll. Dieses Gefühl
können Sie ihm mit Spielsachen, Kauknochen, bequemen Decken oder
Hundebettchen vermitteln. (Allerdings sollten Sie ihm während dieses
Trainings keine richtigen Knochen mit Fleischresten und auch keine
Kauleckerli geben, die sich auflösen, denn das beschleunigt die Verdau-
ungstätigkeit, sodass er dann womöglich öfter und dringender Gassi
gehen muss.)

Halten Sie sich konsequent an Ihren Plan! Viele Hunde – vor allem Welpen –
veranstalten in den ersten Tagen in der Box oder im Laufstall gern Pro-
testaktionen und bellen dann pausenlos. Für dieses Problem gibt es
zwei Lösungsmöglichkeiten (und keine davon besteht darin, nachzu-
geben und den Hund aus seiner Box zu befreien): Entweder Sie ignorieren das Gebell einfach, oder Sie bringen Ihrem Hund mithilfe einer mit
Münzen gefüllten Flasche oder eines Shake-&-Break-Trainingsgeräts das
Kommando RUHIG bei. (Wie das geht, erfahren Sie in Kapitel 14.) Viele
Menschen scheitern bei der Stubenreinheitserziehung an diesem laut-
starken Protest ihres Vierbeiners, doch damit bringen sie ihrem Hund

bei, dass er einfach nur lange genug bellen muss, um zu erreichen, was er will. Also halten Sie sich konsequent an Ihr Programm, und zeigen Sie dem Hund, dass Sie einen stärkeren Willen haben als er!

Motivieren Sie Ihren Hund! Wenn Sie ihn in seine Box sperren und wieder herausholen, sollten Sie ihm dabei ein freundliches Gesicht zeigen. Viele Hundebesitzer schreien ihren Hund an oder bestrafen ihn, wenn ihm beim Stubenreinheitstraining ein Malheur passiert. Doch mit solchem Verhalten verlangsamt man den Lernprozess seines Vierbeiners nur, außerdem ist das für den Besitzer genauso stressig wie für den Hund. Sie sollten das Stubenreinheitstraining – die wichtigste Benimmregel Ihres Hundes – zu einem möglichst positiven Erlebnis machen, denn dann erlernt er es nicht nur leichter, sondern wird Sie danach auch weiterhin als seinen Lehrer und Freund betrachten.

Im Grunde ist das Ganze nur eine Frage der Blasenmuskulatur: In einer Box ist der Hund mehr oder weniger gezwungen, seinen Urin zu halten, wodurch seine Blasenmuskeln stärker werden. Das ist eines der Erfolgsgeheimnisse dieser Methode: Indem Sie den Hund regelmäßig in seine Box sperren, geben Sie seiner Blasenmuskulatur die Möglichkeit, stärker zu werden, sodass er sie besser unter Kontrolle halten kann.

Stubenreinheitstraining in den eigenen vier Wänden: Schon viele Hundebesitzer haben mich gefragt, ob es für diese Methode auch eine Variante mit Welpenpads gibt. Ich nutze diese Pads beim Stubenreinheitstraining meiner Hunde zwar nicht, doch wenn Sie im neunten Stock eines Hochhauses wohnen oder in Ihrer Gegend oft schlechtes Wetter ist, können solche Trainingsunterlagen durchaus eine wichtige Rolle spielen. Falls Sie Pads verwenden, können Sie diese bei meinem Drei-Schritte-Programm als Ersatz fürs Gassigehen einsetzen.

Dazu legen Sie die Welpenpads direkt vor die Box oder den Laufstall Ihres Hundes, führen ihn jedes Mal, wenn er die Box verlässt, dorthin und geben ihm das Kommando: MACH GASSI. Sobald Ihr Hund sich an die

Pads gewöhnt hat, legen Sie sie ein bisschen weiter von seiner Box entfernt aus und achten darauf, dass er sich immer nur dort erleichtert. Schließlich können Sie in Ihrer Wohnung einen größeren Laufstall für den Hund aufstellen, der am einen Ende einen Platz zum Schlafen und Spielen enthält und an dessen anderem Ende Sie die Trainingsunterlagen auslegen.

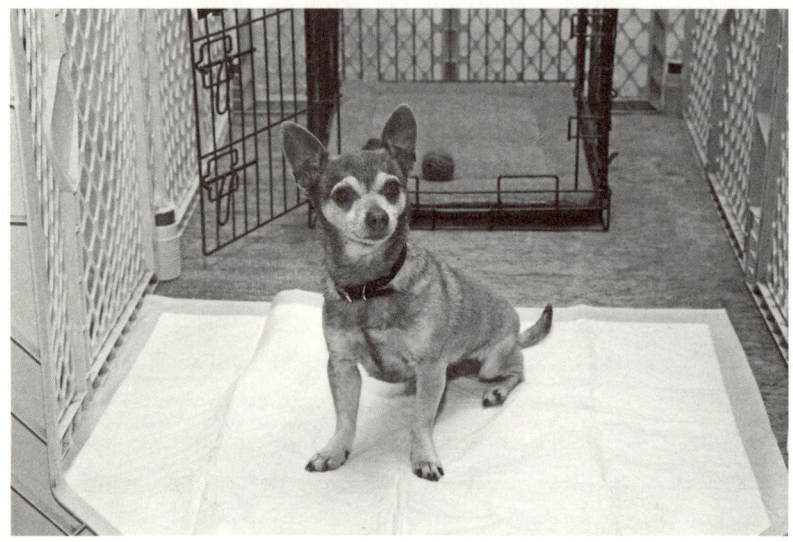

Falls Sie für das Stubenreinheitstraining Welpenpads verwenden, legen Sie diese zunächst direkt vor die Box oder den Laufstall Ihres Hundes.

Zu guter Letzt ... Wenn man dieses Drei-Schritte-Programm sorgfältig und konsequent durchzieht, bekommt man damit mindestens neunzig Prozent aller Hunde ungefähr innerhalb einer Woche stubenrein. Doch wie lange Ihr Hund braucht, um wirklich zuverlässig stubenrein zu werden, hängt von vielen verschiedenen Faktoren ab – unter anderem von der Größe: Wenn Sie einen sehr kleinen Hund oder ein sehr großes Haus haben, dauert es vielleicht länger, bis Ihr Hund die Spielregeln der Stubenreinheit begreift. Eigentlich ist es ja auch ganz logisch, dass kleine Hunde wie beispielsweise Malteser, Yorkshireterrier oder Chihuahuas ein bisschen länger brauchen, um zu verstehen, dass sämtliche Innenräume ihres Umfelds tabu sind, wenn es darum geht, sein Geschäft zu erledigen. Schließlich braucht so ein Hund nicht viel Platz. Das Gleiche gilt für einen großen Hund in einem sehr großen Haus: Wenn Sie eine Villa mit zwölf Zimmern besitzen und Ihrem Hund vermitteln möchten, dass all diese Zimmer zu seinem Lebensraum gehören, er sie aber nicht als Toilette benutzen darf, müssen Sie ihm das mehr oder weniger Zimmer für Zimmer beibringen und seinen Zugang zu Ihrem Haus dabei allmählich immer mehr erweitern.

Aber auch Welpen und Tierheimhunde brauchen oft länger, um stubenrein zu werden. Je jünger der Hund, umso unreifer ist er, und umso schwächer ist auch seine Blasenmuskulatur. Und ein Hund, den Sie gerade erst aus dem Tierheim geholt haben, hat vielleicht sein ganzes Leben im Freien oder in einem Zwinger zugebracht und muss sich nun plötzlich an ganz neue Spielregeln gewöhnen. Das kostet natürlich besonders viel Zeit. Das Gleiche gilt für einen Hund, der sich bisher immer nur in einer Wohnung aufgehalten und sein Geschäft auf Pads verrichtet hat und sich nun ans Gassigehen gewöhnen soll.

Und nicht zuletzt sollten Sie daran denken, dass ältere Hunde zwar vielleicht den besten Willen haben, sich an die Spielregeln zu halten, aber die Kontrolle über ihre Blase im Lauf der Jahre möglicherweise nachlässt. Wenn ein alter Hund plötzlich wieder anfängt, sein Geschäft im Haus zu verrichten, sollten Sie unbedingt mit ihm zum Tierarzt gehen, um ein medizinisches Problem auszuschließen (beispielsweise eine Harnwegsinfektion). Ist nur die natürliche altersbedingte Verschlechterung der Blasenfunktion an dem Problem schuld, müssen Sie mit Ihrem Hund eben öfter Gassi gehen. Denn wenn er sein Leben lang stubenrein war und plötzlich keine ausreichende Kontrolle mehr über Blase oder Darm hat, sind seine Missgeschicke im Haus für ihn wahrscheinlich noch bedrückender als für Sie.

Das Problem: Markieren in der Wohnung

Fast jeder hat so etwas schon einmal beobachtet, und wir sind uns in unserem Urteil darüber sicherlich alle einig: Niemand findet es besonders appetitlich, wenn ein Hund im Haus markiert. Mit dieser unangenehmen Angewohnheit ruiniert er nicht nur die Möbel, sondern erzeugt außerdem einen Geruch in der Wohnung, der an eine Hundehütte erinnert. Diese Neigung zum Markieren ist einer der Nachteile, über die man sich im Klaren sein muss, wenn man sich einen Rüden anschafft. Viele Hundebesitzer merken nicht einmal, dass ihr Hund markiert – bis sie im Lauf der Zeit einen Urinfleck nach dem anderen entdecken, und dann rufen sie mich in panischer Angst an, weil ihnen plötzlich klar geworden ist, dass ihr Vierbeiner das schon seit Monaten tut. Es ist für jeden Hundebesitzer entmutigend festzustellen, dass sein vierbeiniger Freund nicht so hundertprozentig stubenrein ist, wie er gedacht hatte, aber zum Glück kann man einem Hund diese Unart problemlos abgewöhnen. Ich habe dafür eine zuverlässige Methode entwickelt und diese im Lauf der Jahre schon bei unzähligen Hunden ausprobiert: Mindestens neunzig Prozent aller Hunde legen das Markieren damit innerhalb einer Woche ab. Das ist doch eine ziemlich gute Erfolgsquote – also, worauf warten Sie noch? Gehen wir die Sache an!

Das Drei-Schritte-Anti-Markier-Training

Für dieses Training brauchen Sie ein paar Werkzeuge, und über einige Punkte auf meiner Liste werden Sie sich vielleicht wundern:

- eine Leine,
- ein flaches Halsband oder Geschirr,
- einen Betonblock,
- einen Babymonitor,
- eine Schwarzlichtlampe.

Machen Sie sich keine Sorgen, wenn Sie die letzten Punkte auf meiner Liste lesen: Ein billiger Babymonitor vom Flohmarkt reicht völlig aus. (Sie können für die Überwachung Ihres Hundes auch die Webcam eines Laptops oder Smartphones verwenden, wenn Sie eine Möglichkeit haben, das Video in das andere Zimmer zu übertragen, in dem Sie sitzen.) Und UV-Taschenlampen gibt es online oder im Baumarkt schon für unter zehn Euro. Sobald Sie sich die Ausrüstung für dieses Training beschafft haben, können Sie es Schritt für Schritt angehen:

Schritt 1: Zunächst einmal müssen Sie herausfinden, wo die Problemzonen in Ihrer Wohnung liegen. Vielleicht markiert Ihr Hund schon seit Monaten immer wieder an denselben Stellen. Dadurch sind diese Punkte im Denken Ihres Hundes mit der Zeit zu einem Teil seines Reviers geworden – Stellen, an denen er seine Besitzrechte immer wieder geltend machen zu müssen glaubt. Diese Problemzonen zu finden ist der erste Schritt zur Lösung Ihres Dilemmas. Also holen Sie nach Einbruch der Dunkelheit Ihre UV-Taschenlampe heraus, schalten Sie sie ein, und leuchten Sie damit alle Zimmer Ihrer Wohnung aus. Was ist mit diesen leuchtenden Stellen, die Sie mit bloßem Auge nie entdeckt hätten? Das sind keine Geister von Verstorbenen – schön wär's! Höchstwahrscheinlich handelt es sich dabei um Urinflecken, weil der Hund Ihre Einrichtung mit seinen Duftmarken versehen hat. Sie sind sich nicht sicher, ob das auch wirklich Ihr Hund gewesen ist? Dann achten Sie einmal darauf, wo diese Flecken sich befinden! Normalerweise markieren Hunde an den Ecken von Möbelstücken und sonstigen Einrichtungsgegenständen, und zwar so weit unten, dass sie die Stellen gut treffen, wenn sie das Bein heben. Oft befinden sich unterhalb dieser Stellen entsprechende Flecken auf dem Fußboden oder Teppich, weil etwas von dem Urin auf den Boden getropft ist. Wenn Sie die verdächtige Stelle mit einem trockenen weißen Putzlappen abreiben und sich hinterher klebrige gelbe Flecken am Lappen wiederfinden, können Sie sicher sein, dass Ihr Hund der Übeltäter war.

Bevor Sie mit *Schritt 2* weitermachen können, müssen Sie erst mal Ihre Nerven stählen, denn jetzt steht Ihnen eine ziemlich unappetitliche Arbeit bevor. Schließlich müssen diese Flecken weggeputzt werden – und zwar so gründlich, dass der Uringeruch aus dem Möbelstück, dem Teppich oder sonstigen Einrichtungsgegenstand verschwindet. Dazu müssen Sie die Stellen vielleicht mehrfach abschrubben, falls Ihr Hund schon seit Längerem dort markiert. Doch auch wenn das noch so große Mühe macht – dieser Geruch ist die Wurzel allen Übels und muss beseitigt werden, bevor Sie mit dem Anti-Markier-Training beginnen. Solange die betreffende Stelle nach den Duftmarken Ihres Hundes riecht, wird sein Instinkt ihn immer wieder dazu drängen, sich dort zu verewigen. Durch die Reinigung dieser Stellen verschwindet der »Geruch«, und das verunsichert Ihren Vierbeiner. Erst nach dieser gründlichen Reinigungsaktion können Sie mit dem eigentlichen Training beginnen.

Schritt 2: Als Nächstes stellen Sie die Kamera auf, und zwar in einem Zimmer, von dem Sie ganz sicher sind, dass Sie es gründlich von früheren Duftmarken gereinigt haben. Lassen Sie Ihren Hund frei in dem Zimmer herumlaufen und beobachten Sie ihn mithilfe des Monitors; Sie sollten sich dabei jedoch außerhalb seiner Sichtweite befinden. Gewohnheitsmäßige Markierer werden schon nach etwa einer Minute mit ihrer Unart beginnen, vor allem, wenn sie allein im Zimmer sind: Oft ist das das Erste, was so ein Hund tut, wenn er durch ein Zimmer geht. Bei anderen Hunden dauert es vielleicht ein bisschen länger. Wie auch immer – warten Sie ab, bis Ihr Hund zu markieren anfängt. Sobald er sein Bein an irgendeinem Gegenstand hebt, betreten Sie sofort das Zimmer, tadeln ihn mit dem Kommando *NEIN* und zeigen dabei auf die Stelle, an der er gerade markiert hat. Halten Sie ihm keine lange Gardinenpredigt, sondern sagen Sie einfach nur: *NEIN*, denn bei diesem Training kommt es in erster Linie auf den nächsten Schritt an: Sie nehmen die Leine, befestigen sie am flachen Halsband oder Geschirr Ihres Hundes und binden das andere Ende an der Ecke des Einrichtungsgegenstands fest, den er gerade markiert hat. Ihr Hund sollte dabei so viel Bewegungsspiel-raum haben, dass er aufstehen und sich hinlegen kann – aber nicht mehr. Darauf müssen Sie unbedingt genau achten, denn sonst wirkt dieses Training nicht. Wenn Ihr Hund an einer Stelle markiert hat, an der Sie die Leine nicht befestigen können (zum Beispiel mitten auf dem Sofa), holen Sie den bereits erwähnten Betonblock hervor, stellen ihn neben die markierte Stelle und wickeln die Leine darum. Nun geben Sie Ihrem Hund eine halbe Stunde Zeit, darüber nachzudenken, was er an-gerichtet hat, und lassen ihn dabei neben seinem Machwerk sitzen. Da-bei sollten Sie ihn zwar ständig beaufsichtigen, aber trotzdem ignorie-ren, selbst wenn – ja sogar gerade wenn – er zu winseln oder bellen anfängt. Falls erforderlich, holen Sie Ihre mit Münzen gefüllte Flasche oder Ihr Shake-&-Break-Trainingsgerät hervor oder geben ihm das Kom-mando RUHIG. Die Zeit, die Ihr Hund neben seiner Pfütze absitzen muss, können Sie ihm nicht ersparen: Er hat sich etwas zuschulden kommen lassen und muss nun dafür büßen. Sobald Ihr Hund die drei-ßig Minuten am Ort seines Missgeschicks zugebracht hat, befreien Sie

Ich habe Lulu an das Tischbein gebunden, das sie markiert hat. Verwenden Sie dafür einfach ein flaches Halsband oder Geschirr, achten Sie darauf, dass die Leine dem Hund genügend Bewegungsfreiheit zum Hinlegen und Aufstehen bietet, und beaufsichtigen Sie ihn dabei die ganze Zeit über.

ihn wieder von der Leine. Sie sollten ihn dabei aber nicht loben oder belohnen und schon gar nicht in liebevoller Babysprache mit ihm sprechen. Schließlich handelt es sich hierbei um eine Disziplinierungsmaßnahme, die mit entsprechendem Ernst durchgeführt werden muss, also reden Sie dabei am besten überhaupt nicht mit Ihrem Hund. Nachdem Sie ihn freigelassen haben, müssen Sie die markierte Stelle sorgfältig reinigen, damit der Geruch verschwindet.

Schritt 3: Wiederholen Sie diesen Vorgang noch einmal, und beobachten Sie Ihren Hund dabei wieder auf dem Babymonitor. Achten Sie darauf, ihn beim nächsten Mal sofort auf frischer Tat zu ertappen, und bestrafen Sie ihn dann auf die gleiche einfache, treffende Art und Weise wie beim ersten Mal. Wiederholen Sie das so lange, bis der Hund seine Lektion gelernt hat. Bei den meisten Vierbeinern dauert das nur ein paar Tage, bei anderen vielleicht eine Woche. Dahinter steckt eine ganz einfache Theorie: Hunde mögen es ganz und gar nicht, sich in der Nähe ihrer eigenen Häufchen oder Pfützen aufhalten zu müssen; diese Reinlichkeit ist ein typischer Hundeinstinkt. Wenn Sie Ihren Hund also zwingen, eine Zeitlang neben seinem Malheur auszuharren, ist das eine Art umgekehrter Psychologie: Auf diese Weise bekommt er die Folgen seines Revierverhaltens aus allernächster Nähe zu spüren – und damit verwandeln Sie seine positive Assoziation in eine negative. Das ist so etwas Ähnliches wie die uralte Erziehungsmethode, bei der Eltern, die ihre Teenager beim Rauchen ertappten, sie dazu zwangen, gleich eine ganze Packung zu rauchen. Diese Trainingsmethode ist zwar nicht ganz so hart; aber Sie zeigen Ihrem Hund damit unmissverständlich, dass sein Verhalten für Sie nicht akzeptabel ist.

Wichtige Trainingstipps

An dieser Stelle möchte ich Sie wieder auf ein paar wichtige Punkte hinweisen.

Achten Sie darauf, dass die Leine Ihrem Hund genau den richtigen Grad an Bewegungsspielraum bietet! Er soll sich damit nur hinlegen und aufstehen können – nicht mehr. Denn wenn Sie ihm zu viel Bewegungsfreiheit geben, geht er einfach bis ans Ende der Leine und ist dann zu weit von seiner Hinterlassenschaft entfernt, um die Lektion zu lernen. Hat er dagegen zu wenig Bewegungsspielraum, so kann er sich nicht hinlegen, und Sie möchten Ihren Hund mit diesem Manöver ja nicht körperlich bestrafen, sondern ihm nur ein unangenehmes Gefühl vermitteln, indem Sie ihn dazu zwingen, sich in unmittelbarer Nähe seiner eigenen Exkremente aufzuhalten, vor denen er sich ekelt. Er sollte also keine physische Qual erleiden, weil er an einer so kurzen Leine angebunden ist, dass er sich nicht bewegen kann.

Legen Sie Ihrem Hund bei diesem Training kein Würge- oder Stachelhalsband an! Sie brauchen dafür einfach nur ein ganz normales flaches Halsband oder Geschirr.

Beaufsichtigen Sie Ihren Hund während dieses Trainings. Natürlich können Sie dabei Hausarbeiten erledigen oder lesen – aber bitte verlassen Sie das Haus nicht, solange Ihr Hund angeleint ist!

Gewöhnen Sie ihm das Knabbern an der Leine ab. Wenn Sie beobachten, dass Ihr vierbeiniger Freund während dieser halben Stunde an der Leine kaut (und das tun viele Hunde), untersagen Sie ihm das mit einem kurzen, energischen NEIN. Falls er es trotzdem nicht sein lässt, reiben Sie die Leine mit einer Zitronenscheibe ein, um ihm diese Unart abzugewöhnen.

Und nicht zuletzt: Seien Sie konsequent, und haben Sie Geduld! Wenn Sie die Flinte ins Korn werfen, bestärken Sie Ihren Hund damit nur in dem Fehlverhalten, das Sie ihm abgewöhnen wollen. Das ist der Hauptgrund, warum so viele Hunde schlechte Angewohnheiten haben – nicht, weil diese Hunde unartig oder gar böswillig sind, sondern weil sie schlecht erzogen wurden. Denken Sie daran: Sie sind der Besitzer und Lehrer Ihres Hundes. Also versuchen Sie ihm ein möglichst guter, konsequenter Lehrer zu sein! Um es noch einmal zu wiederholen: Ihr Hund wird Ihnen genau das Gesicht widerspiegeln, das Sie ihm zeigen.

Ein echter »Lucky Dog«

Chance hat sein Stubenreinheitstraining und seine sieben Grundkommandos schnell bewältigt und war damit für sein neues Zuhause bei einer Marketingleiterin bereit, die es gar nicht mehr erwarten konnte, endlich einen Hund zu haben, den sie stolz in ihrem Büro herumzeigen konnte. Christina war ein ganz besonderes Frauchen: Sie hatte schon einmal einen Tierheimhund bei sich aufgenommen, der dann aber leider an Staupe gestorben war – einer Krankheit, mit der er sich während seiner Zeit als herrenloser Hund angesteckt hatte. Christina war über den Verlust ihres Lieblings todunglücklich gewesen, hatte nun aber trotzdem den Mut, das Risiko einer weiteren Adoption einzugehen. Diesmal sollte für sie und für Chance alles perfekt laufen. Während Christina im Urlaub war, ließ ich auf dem Grundstück vor ihrem Büro

Kunstrasen verlegen. Als sie dann von ihrer Reise zurückkehrte, konnte ich ihr nicht nur einen neuen Hund, sondern dazu auch gleich einen neuen Rasen schenken! Chance bewies ihr sofort, dass er auf Befehl GASSI MACHEN konnte – und schon waren die beiden bereit, ihr neues gemeinsames Leben zu beginnen.

Szenen, die aus meiner Sendung herausgeschnitten wurden

Mit Anfang zwanzig hatte ich einen Klienten, der mich bat, mich während seiner Abwesenheit um sein Haus und seine beiden Deutschen Doggen zu kümmern, die ich trainiert hatte. Beide Hunde waren immer noch nicht ganz stubenrein – also war das für mich eine gute Gelegenheit, ihnen das endlich richtig beizubringen. Ich stand mit den Hunden in der Einfahrt und winkte meinem Klienten und seiner Frau nach. Später riefen die beiden mich an, und ich musste ihnen versprechen, die Hunde von ihrem Teppich fernzuhalten. Es war ein wunderschöner Perserteppich im Wert von zehntausend Dollar – also schwor ich ihnen, das gute Stück zu hüten wie meinen Augapfel.

Das Training lief die ganze Woche über wie geplant, und zusätzlich zu allem anderen, was diese beiden Hunde inzwischen gelernt hatten, waren sie bereits nach sechs Tagen so gut wie stubenrein: Sie wussten, dass sie ihr Geschäft nur draußen auf dem Rasen erledigen durften, und waren auch sonst mustergültige Schüler gewesen.

Am letzten Tag stellte ich fest, dass ich nicht mehr genügend Hundefutter übrig hatte, und ging in den Supermarkt, um welches zu holen. Doch in diesem Geschäft gab es die Marke nicht, an die die beiden Hunde gewöhnt waren – und im nächsten und übernächsten auch nicht. Wie sich herausstellte, erhielten diese zwei Doggen ein besonders hochwertiges Spezialfutter, also rief ich die Besitzer an, um sie zu fragen, ob ich auch eine andere Marke kaufen dürfe. Sie waren einverstanden, und ich holte eine Tüte Hundefutter von guter Qualität aus dem Supermarkt und kehrte damit ins Haus zurück. Nachdem die Hunde sich über das Futter hergemacht hatten, liefen sie in den Garten, um ihr Geschäft zu erledigen, so wie ich es ihnen beigebracht hatte. Ich ging zu Bett, ließ sie frei im Haus herumlaufen (das hatten sie sich schließlich verdient, nachdem sie eine Woche lang so brav bei meinem Stubenreinheitstraining mitgemacht hatten) und schlief wie ein Murmeltier.

Am nächsten Morgen ging ich nach dem Aufwachen sofort zur Tür, um die Hunde hinauszulassen, doch trotz meiner Überredungsversuche zeigten sie kein Interesse daran: Sie wichen zurück und signalisierten mir damit ein deutliches Nein danke. Also ließ ich die Tür angelehnt und ging in die Küche, um Kaffee zu kochen – und da roch ich die Bescherung auch schon. Eine genauere Beschreibung dieses Desasters möchte ich Ihnen lieber ersparen. Es dauerte nicht lange, bis ich es entdeckt hatte – und natürlich hatte die Katastrophe ausgerechnet auf dem exquisiten Perserteppich stattgefunden.

Das war nicht nur ein hässlicher Anblick, sondern einer meiner schlimmsten Albträume. Offensichtlich hatten die beiden Doggen das neue Supermarktfutter nicht vertragen, und leider hatten sie nicht nur ein paar kleine Häufchen auf diesem alten Familienerbstück abgesetzt, sondern sich zusätzlich auch noch übergeben. Ich rannte in die Küche, holte sämtliche Reinigungsmittel, die ich auftreiben konnte, und fing an, damit an dem Teppich herumzuschrubben – allerdings ohne großen Erfolg. In diesem Augenblick hörte ich, wie der Schlüssel in der Haustür herumgedreht wurde, und da kauerte ich, der erfahrene Tiertrainer, auf Händen und Knien und versuchte das einzige Einrichtungsstück zu reinigen, das die Besitzer meinem Schutz anempfohlen hatten.

Ich habe mir schon öfter im Leben gewünscht, im Erdboden zu versinken, doch noch nie war dieser Wunsch so stark gewesen wie an jenem Tag. Ich werde dieses Fiasko nie vergessen, und den netten Besitzern der beiden Deutschen Doggen wird es wahrscheinlich ebenfalls ein Leben lang in Erinnerung bleiben. Leider hatte ich so sehr mit meiner Verlegenheit zu kämpfen, dass ich gar nicht auf die Idee kam, ein Foto ihrer fassungslosen Gesichter zu machen, als sie sahen, wie ich auf allen vieren auf ihrem Teppich herumkroch. Dieses Foto hätte ich als nette Erinnerung daran aufbewahren können, dass in einem Job wie meinem manchmal eben auch dann etwas schiefgeht, wenn man anscheinend alles richtig gemacht hat – und dann bleibt einem halt nichts anderes übrig, als Gummihandschuhe anzuziehen und die Schweinerei zu beseitigen.

12

Aus dem Haus oder Auto ausreißen

Als ich Lolita im Tierheim kennenlernte, war sie ein einsamer, verängstigter Hund. Ihre Familie hatte sie weggegeben, und man sah ihr förmlich an, dass sie sich immer noch den Kopf darüber zerbrach, was da eigentlich passiert war – warum sie in diesem Zwinger hockte und wohin die Menschen verschwunden waren, die sie geliebt und denen sie vertraut hatte. Sie dürstete so sehr nach Aufmerksamkeit, dass sie sofort an mir hochsprang, als ich ihre Zwingertür öffnete, ihren ganzen Körper an meinen Brustkorb drückte, sich an mir festklammerte wie ein kleiner Gecko und den Kopf nach oben reckte, um mir das Gesicht abzulecken. Obwohl ihre vorherige Menschenfamilie sie im Stich gelassen hatte, wollte sie unbedingt wieder eine neue Beziehung eingehen und jemandem ihr Vertrauen schenken. Ihr Optimismus war eine ihrer positivsten Charaktereigenschaften, und ich fragte mich: Wie kann man sich nur von so einem Hund trennen?

Die Mitarbeiter des Tierheims hatten mich angerufen, weil sie wussten, dass Lolita gleich zwei Nachteile hatte, die es ihr erschweren würden, ein neues Zuhause zu finden: Erstens war sie ein Chihuahua – eine Rasse, die in fast allen größeren Tierheimen der USA zahlreich vertreten ist. Zweitens war sie schon ein bisschen älter, und viele Menschen, die einen Hund aus dem Tierheim adoptieren möchten, entscheiden sich lieber für einen Welpen. Sie stehen ausgewachsenen Tierheimhunden mit Skepsis gegenüber, weil sie befürchten, dass so ein Hund womöglich im Tierasyl gelandet ist, weil er Verhaltensprobleme hat.

Beim Training auf meiner Ranch zeigte sich sehr bald, dass Lolita ein absoluter Traumhund war: Sie war fröhlich, konzentriert und wollte unbedingt gefallen. Dank ihrer Aufgeschlossenheit und Begeisterungsfähigkeit gelang alles mühelos, was ich mit ihr versuchte. Außerdem schaute sie mir ständig in die Augen, als wolle sie mich hypnotisieren, und ich muss zugeben, dass ihr das tatsächlich gelungen ist – denn ich dachte die ganze Zeit: »Was für ein toller Hund!« Ich musste unbedingt das perfekte Zuhause für Lolita finden – alles andere war nicht gut genug für sie.

Doch am Ende eines langen Tages in meinem Trainingshof entdeckte ich eine Angewohnheit, die Lolitas Adoptionschancen wohl erheblich verringern würden. Kaum hatte ich das Tor geöffnet, war sie auch schon verschwunden: Sie rannte davon wie ein geölter Blitz. Zum Glück war meine Ranch eingezäunt, sodass sie nicht weit kam. Ausreißen ist bei jedem Hund ein gravierendes Problem. Doch einen kleinen Vierbeiner in einer ländlichen Gegend, in der es wilde Tiere wie Kojoten, Klapperschlangen und Pumas gibt, kann so eine Unart das Leben kosten, und in der Stadt stellt der Straßenverkehr eine noch viel größere Gefahr dar.

Also verschob ich die sieben Grundkommandos auf später und nahm mir vor, Lolita zunächst einmal dieses gefährliche Verhalten abzugewöhnen. Zum Glück hatte ich an diesem Problem schon mit vielen Tierheimhunden gearbeitet, die ihr Training auf der Lucky Dog Ranch absolvierten, daher war ich überzeugt davon, dass mir das gelingen würde.

Das Problem

Hunde halten nun einmal nicht viel davon, ihrem Besitzer höflich den Vortritt zu lassen, wenn eine Tür einladend offen steht: Kaum hat man sie geöffnet, rast der Hund auch schon davon. Wenn ich Hundebesitzer besuche (was bei meinem Beruf ziemlich häufig vorkommt), hat die Person, die mir die Tür öffnet, oft erst mal alle Hände voll damit zu tun, einen Hund festzuhalten. Ohne diese Vorsichtsmaßnahme würde der Vierbeiner sofort verschwinden – manchmal nur ein paar Meter in den (glücklicherweise umzäunten) Garten hinein, manchmal aber auch so weit, wie seine Pfoten ihn tragen. Diese verhängnisvolle Neigung zum Ausreißen ist einer der Hauptgründe, warum viele Hunde ihren Besitzern entlaufen oder – noch schlimmer – verletzt werden oder gar ums Leben kommen. Diese Angewohnheit ist sehr gefährlich, daher sollten Sie sie Ihrem Hund auf gar keinen Fall durchgehen lassen.

Sie können sich an Ihren fünf Fingern abzählen, was für Gefahren da draußen lauern: wilde Tiere, andere Hunde, Autos, giftige Substanzen, scharfe Gegenstände und Gewässer, in denen ein Hund ertrinken kann. Doch egal, welche Gefahren Ihrem Vierbeiner in Ihrer Gegend drohen: Er muss lernen, dass er bei geöffneter Tür erst nach draußen gehen darf, wenn Sie ihn dazu auffordern – und zwar selbst dann, wenn er angeleint ist.

Zum Glück kann man einem Hund diese potenziell lebensrettende Spielregel relativ leicht beibringen. Ich möchte Ihnen hier eine sehr zuverlässige Methode erklären, um Ihrem Hund das Weglaufen abzugewöhnen; anschließend beschreibe ich auch noch ein paar Varianten für besonders schwierige Situationen, zum Beispiel Tipps und Tricks für Besitzer von kräftigen, eigensinnigen Hunden, die immer wieder aus dem Auto springen.

Die Lösung

Wie bei so vielen Techniken zur Behebung unerwünschter Verhaltensweisen besteht auch das Geheimnis dieser Methode darin, den Hund mit seinen eigenen Waffen zu schlagen: Wenn Sie den Spieß umdrehen und dafür sorgen, dass ihm das Weglaufen keinen Spaß mehr macht, wird er sich diese Unart im Handumdrehen abgewöhnen und sich stattdessen lieber einen weniger gefährlichen Zeitvertreib suchen.

Ein Schritt-für-Schritt-Plan für Hunde, die ausreißen

Für diese Methode brauchen Sie nur zwei Trainingsutensilien:

- eine sechs Meter lange Leine,
- ein Geschirr oder flaches Halsband.

Wenn Sie wollen, können Sie Ihrem Hund bei diesem Training auch Leckerlis geben, doch eigentlich ist das nicht notwendig. Ich belohne meine Hunde normalerweise für Verhaltensweisen, die ich ihnen beigebracht habe, für gelöste Verhaltensprobleme erhalten sie dagegen nicht immer ein Leckerli. Wenn ein Hund beispielsweise ein neues Kommando erlernt, muss man ihm irgendeine Gegenleistung anbieten, um ihn zu motivieren. Wenn ich einem Hund dagegen ein falsches Verhalten abgewöhne, belohne ich ihn normalerweise nicht dafür, dass er etwas, was er ohnehin nicht tun sollte, jetzt endlich sein lässt, denn das wäre so, als würden Sie Ihren Sohn immer noch dafür belohnen, dass er an einer roten Ampel stehen bleibt, obwohl er bereits Fahrunterricht nimmt. Wenn Sie jedoch glauben, dass der Hund ein bisschen zusätzliche Motivation braucht, um diesem Training die nötige Aufmerksamkeit zu widmen, schadet es nichts, ihm zwischendurch ein paar Leckerlis zu geben. Aber denken Sie daran, dass manche Hunde sehr intelligent sind und daraufhin vielleicht auf die Idee kommen, sich schlecht zu benehmen, nur um korrigiert zu werden und auf diese Weise ein Leckerli zu ergattern! Das ist einer der ältesten Tricks vieler schlauer (und futtermotivierter) Hunde.

Schritt 1: Befestigen Sie die lange Leine am Geschirr oder Halsband Ihres Hundes, und lassen Sie sie hinter ihm herschleifen. Die Leine ist nur da, damit Sie notfalls drauftreten können, falls es Ihrem Hund während dieses Trainings doch einmal gelingen sollte zu entwischen. Ansonsten brauchen Sie sie vorläufig nicht. Gehen Sie nun mit Ihrem Hund zur Haus- oder Wohnungstür.

Schritt 2: Öffnen Sie die Tür nur ein paar Zentimeter weit, und schließen Sie sie dann schnell wieder. Die meisten Hunde werden wie gebannt auf diese Öffnung schauen, einige werden vielleicht sogar versuchen durchzuschlüpfen, obwohl der Türschlitz dafür viel zu klein ist. Wenn die Tür ihnen daraufhin sofort wieder entgegenkommt, werden die meisten Hunde wie angewurzelt stehen bleiben. Aber schlagen Sie Ihrem Hund die Tür nicht ins Gesicht – Sie sollen sie einfach nur öffnen und sofort wieder schließen, bevor er nah genug herangekommen ist, um durchschlüpfen zu können. Dazu müssen Sie schnell reagieren und auf das richtige Timing achten: Warten Sie, nachdem Sie die Tür geschlossen haben, bis Ihr Hund sich wieder beruhigt, also entweder ein Stück zurückweicht oder sich vielleicht sogar hinsetzt. Sobald er das getan hat, wiederholen Sie den gleichen Vorgang noch einmal: Tür öffnen, wieder schließen, abwarten. Denken Sie daran, dass Sie dabei schnell reagieren müssen, um den richtigen Zeitpunkt zu erwischen. Diesen Vorgang sollten Sie mit Ihrem Hund mehrmals wiederholen, bis er sich ein Stück weit von der Tür entfernt hinsetzt oder -legt. Er sollte mindestens einen halben Meter von der Tür entfernt sein, bevor Sie mit *Schritt 3* weitermachen. Wenn er nicht von selbst so weit zurückweicht, führen Sie ihn an die Stelle, an der Sie ihn haben möchten.

Schritt 3: Öffnen Sie die Tür erneut, und zwar diesmal zehn Zentimeter weit – und dann schließen Sie sie sofort wieder. Wahrscheinlich wird Ihr Hund es trotz seiner negativen Erfahrung noch einmal versuchen, durch die Tür zu gehen, doch dank der Entfernung von mindestens einem halben Meter, die zwischen ihm und der Tür liegt, wird er nicht bis über die Schwelle kommen. Sobald Sie die Tür wieder geschlossen haben, warten Sie erneut, bis der Hund sich wieder beruhigt und zurückweicht. Wiederholen Sie dieses Manöver mehrere Male: die Tür um zehn bis fünfzehn Zentimeter öffnen, dann schnell wieder schließen, abwarten, bis der Hund sich beruhigt.

**Öffnen Sie die Tür ein paar Zentimeter,
und schließen Sie sie dann schnell wieder.**

Öffnen Sie die Tür immer erst dann ein Stückchen weiter, wenn Ihr Hund beim vorherigen Abstand von der Tür ruhig stehen, sitzen oder liegen geblieben ist. Wenn Sie die Tür beispielsweise ca. zehn Zentimeter öffnen und Ihr Hund daraufhin durchzuschlüpfen versucht, machen Sie nicht mit einem größeren Türschlitz weiter, sondern warten Sie damit so lange, bis er bei der bisherigen Weite des Türspalts ruhig und gelassen bleibt. Die meisten Hunde kapieren das nach den ersten fünf bis zehn Malen; sobald Sie bei einem dreißig Zentimeter weiten Türspalt angelangt sind, wird Ihr Ausreißer sich also wahrscheinlich so weit unter Kontrolle haben, dass er regungslos stehen oder sitzen bleibt und ruhig zuschaut, wie sich die Tür öffnet und wieder schließt.

Sobald Ihr Hund erste Fortschritte macht, öffnen Sie die Tür noch ein bisschen weiter. Am Ende werden Sie sie ganz aufmachen können, ohne dass er sich vom Fleck rührt. Sobald Sie an diesem Punkt angelangt sind, loben Sie ihn für sein gutes Benehmen – aber nicht zu ausgiebig!

**Wenn Ihr Hund bei diesem Training erste Fortschritte macht,
öffnen Sie die Tür allmählich immer weiter.**

Schritt 4: Sobald Sie Ihren Hund darauf konditioniert haben, auch bei weit geöffneter Tür an Ort und Stelle zu bleiben, ist er bereit für die nächste Stufe dieses Trainings: Jetzt ist es an der Zeit, ihm das Kommando *OKAY* beizubringen. Damit sagen Sie Ihrem Hund, dass er die Türschwelle überschreiten darf. Öffnen Sie die Tür zunächst einmal, und warten Sie ein paar Sekunden. Wenn Ihr Hund daraufhin hinauszulaufen versucht, fangen Sie wieder bei *Schritt 3* an und konditionieren ihn noch ein bisschen länger. Doch wenn er ein paar Sekunden lang an Ort und Stelle bleibt, nehmen Sie die Leine, sagen: *OKAY* – und gehen mit Ihrem Hund hinaus.

Wie immer kommt es auch bei diesem Training auf eine ausreichende Konditionierung an, also üben Sie dieses Manöver immer wieder mit

Geben Sie Ihrem Hund das Kommando *OKAY*, um ihm zu sagen, dass er zusammen mit Ihnen die Türschwelle überschreiten darf.

Ihrem Hund – so lange, bis er anfängt, Sie zu beobachten, und darauf wartet, dass Sie die Leine in die Hand nehmen (und zwar auch dann, wenn die Tür offen steht).

Wichtige Trainingstipps

Seien Sie darauf gefasst, Ihren Hund notfalls aufhalten zu müssen, wenn er wegläuft: Ihr Ziel besteht darin, die Tür ganz öffnen zu können, ohne dass der Hund sich von der Stelle rührt. Falls er während dieses Trainings wegzulaufen versucht (was er wahrscheinlich irgendwann tun wird), haben Sie zwei Möglichkeiten: Entweder Sie schließen die Tür, bevor der Hund dort angekommen ist, oder Sie treten auf seine Leine, denn genau dazu ist die Leine bei diesem Training da.

Eine weitere gute Methode, einen Hund am Weglaufen zu hindern, besteht darin, mit dem Fuß auf den Boden zu stampfen oder energisch »Mhm-mhm« zu sagen, wenn er hinausläuft. Viele Hunde bleiben daraufhin wie angewurzelt stehen.

Für dieses Training brauchen Sie nicht unbedingt das Kommando BLEIB. Oft werde ich gefragt, ob man bei diesem Training nicht mit dem Kommando *BLEIB* arbeiten sollte. Das ist zwar nicht unbedingt notwendig, aber wenn Sie möchten, können Sie es natürlich anwenden. Ich verbinde dieses Training lieber nicht mit einem bestimmten Kommando, weil die Hunde, die ich trainiere, lernen sollen, dass sie die Haustürschwelle nur dann überschreiten dürfen, wenn ich es ihnen erlaube – und zwar mit oder ohne Kommando *BLEIB*. Wenn Sie Ihrem Hund diese Spielregel beibringen, wird er lernen, dass er niemals ohne Ihre Erlaubnis durch diese Tür laufen darf. So bleibt der Hund zuverlässig an Ort und Stelle und in Sicherheit – egal, wer die Tür öffnet oder unter welchen Umständen sie geöffnet wird –, bis Sie ihm das *OKAY* zum Hinausgehen geben. Ich gehe sogar noch einen Schritt weiter: Die Hunde, die ich trainiere, dürfen diese Türschwelle nur angeleint überschreiten – und damit basta.

Gehen Sie in kleinen Schritten vorwärts! Öffnen Sie die Tür kein bisschen weiter, solange Ihr Hund den bisherigen Türspalt nicht gemeistert hat. Manche Hunde scheinen bei einer zwanzig Zentimeter weit geöffneten Tür ganz ruhig und gelassen zu bleiben; doch sobald man sie zweieinhalb Zentimeter weiter öffnet, sind sie plötzlich mit einem Satz draußen. In so einem Fall sollten Sie mit Ihrem Training wieder einen Schritt zurückgehen und es mit einem schmaleren Spalt fortsetzen. All das gehört zum Prozess der Konditionierung – Zentimeter für Zentimeter. Falls Ihr Hund gerade seine Trotzphase hat, gehen Sie das Training langsam an, und geben Sie nicht auf! Wenn Sie ihm zeigen, dass Sie eisern durchhalten und sich nicht aus der Ruhe bringen lassen, wird er Ihnen das früher oder später abnehmen.

Denken Sie daran: Durch Training wird Ihr Hund *gut*. Durch Konditionierung wird er *hervorragend*. Also bleiben Sie bei der Stange – damit Sie Ihre Haustür in Zukunft sorglos öffnen können!

Varianten

Meiner Erfahrung nach sind *die meisten* Hunde im Grunde ihres Wesens Ausreißer, und da so viele verschiedene Rassen und Hundecharaktere dieses Verhalten zeigen, gibt es natürlich auch keine allgemeingültige Methode, mit der man es jedem Vierbeiner abgewöhnen kann. Daher möchte ich Ihnen nun ein paar Varianten und Alternativen vorstellen, mit denen man selbst die entschlossensten, schwierigsten und rabiatesten Hunde vom Ausreißen abbringen kann. Bei den meisten dieser Methoden setzt man zusätzliche physische Blockaden ein, um dem Hund klarzumachen, dass es am besten für ihn ist, seinem Besitzer zu gehorchen und nicht mehr wegzulaufen.

Bauen Sie einen »Autostopp-Modus« in Ihr Training ein. Bei größeren, kräftigeren, eigensinnigeren Hunden ist es manchmal am wirksamsten, dem Tier erst einmal begreiflich zu machen, dass es nicht durch die Tür gehen

254 LÖSUNGEN FÜR SIEBEN HÄUFIGE VERHALTENSPROBLEME

darf. Dazu nehmen Sie Ihren Hund vor Beginn des Trainings an die bereits erwähnte lange Leine. Wenn Sie die Tür öffnen und Ihr Hund daraufhin losrennen will, treten Sie sofort auf die Leine, um ihn auszubremsen. Zu diesem Zeitpunkt hat er noch nicht so viel Schwung, dass dieser plötzliche Stopp ihm wehtun könnte, doch dadurch wird ihm klar, dass er nicht jederzeit nach Belieben durch diese Tür gehen darf. Wiederholen Sie das ein paarmal in zehn- bis fünfzehnminütigen Übungen, bis Ihr Hund begriffen hat, worum es geht, und anfängt, auf Sie zu achten, wenn Sie ihn mit der oben beschriebenen Methode trainieren. Wenn Ihr Hund sehr kräftig ist, sodass Sie ihn nicht zurückhalten können, binden Sie die Leine an irgendeinem schweren Gegenstand fest, damit er Ihnen als sicherer Anker für Ihre ersten Trainingsdurchgänge dient.

Fügen Sie eine visuelle Blockade hinzu. Die meisten Hunde lassen sich durch eine sich schließende Tür vom Weglaufen abhalten, doch wenn die Tür, an der Sie Ihren Hund trainieren möchten, sich nach außen öffnet oder der Hund ein zusätzliches Signal dafür braucht, dass es nicht ratsam ist, die Türschwelle zu überschreiten, legen Sie ein großes Stück Papp- oder Plakatkarton bereit. Sobald Ihr Hund anfängt, auf die Türschwelle zuzurennen, schieben Sie diese Kartonwand – die die Funktion eines großen Stoppschilds erfüllt – in den Türrahmen. Diese plötzlich auftauchende Wand wird Ihren Hund überraschen, stören und so lange aufhalten, dass er Zeit hat, darüber nachzudenken, ob es beim nächsten Mal wirklich sinnvoll ist, durch die Tür zu laufen. Vergessen Sie nicht, vorher die lange Leine am Halsband Ihres Hundes zu befestigen!

Verbinden Sie das Training mit einem unangenehmen taktilen Erlebnis. Bei Hunden, die nichts anderes im Kopf haben, als loszurennen, baue ich noch ein weiteres Element in mein Training ein, um diesen unerwünschten Gedankenprozess zu durchbrechen. Mit diesem einfachen Trick habe ich schon viele meiner schwierigsten Hunde zur Räson gebracht. Dazu brauchen Sie nur ein paar neunzig Zentimeter lange Bö-

**Schieben Sie ein großes Stück Papp- oder Plakatkarton in den
Türrahmen, um Ihrem Hund ein zusätzliches Signal dafür zu
geben, dass es nicht ratsam ist, durch die Tür zu gehen.**

gen Aluminiumfolie, die Sie ein bisschen zerknittern sollten, damit sie
Lärm machen, wenn man drauftritt. Legen Sie die Folie vor der Trainingssitzung direkt vor der Haustür im Innenraum aus. Manche Hunde
werden schon misstrauisch, wenn sie die Folie sehen, doch die meisten
denken sich nicht viel dabei und erschrecken erst, wenn sie drauftreten:
Denn die meisten Hunde mögen das metallische Gefühl unter ihren Füßen überhaupt nicht. Wenn Sie dieses unangenehme Gefühl mit dem

Schließen der Tür verbinden, wird die Aufmerksamkeit Ihres Hundes dadurch schlagartig geweckt – und dann können Sie mit dem Training beginnen.

Ein paar Tipps für Besitzer von Hunden, die aus dem Auto springen: Manche Hunde springen sofort aus dem Wagen, sobald die Tür geöffnet wird. Um Ihrem Hund diese Unart abzugewöhnen, können Sie eine Variante der oben beschriebenen Anti-Ausreiß-Technik verwenden. Aber probieren Sie dieses Training ja nicht auf einer vielbefahrenen Straße oder überhaupt auf einer Straße aus! Üben Sie es lieber in einer Garage, Einfahrt oder auf einem leeren Parkplatz, wo der Hund auch dann nicht in Gefahr gerät, wenn es ihm doch einmal gelingen sollte zu entwischen. Wie bei der oben beschriebenen Methode sollten Sie Ihren Hund auch bei dieser Technik an einer langen Leine halten.

Setzen Sie ihn an seinen gewohnten Platz im Auto, und öffnen Sie das nächstgelegene Fenster so weit, dass er Sie zwar sprechen hören kann, aber nicht in Versuchung gerät, den Kopf aus dem Fenster zu strecken. Dann stellen Sie sich draußen neben die Autotür und öffnen sie nur um etwa zweieinhalb Zentimeter (ähnlich wie bei der Methode mit der Haustür). Sobald Ihr Hund Anstalten macht, aus dem Auto zu springen, schließen Sie die Tür schnell wieder. Wiederholen Sie das so lange, bis er nicht mehr auf die leicht geöffnete Autotür hereinfällt, sondern ruhig sitzen bleibt.

Sobald Ihr Hund der Versuchung widerstehen kann, durch eine leicht geöffnete Tür aus dem Auto zu springen, ist es Zeit für den nächsten Schritt: Nun öffnen Sie die Tür ein bisschen weiter und halten sie drei bis vier Sekunden lang offen, schließen sie aber auch diesmal schnell wieder, sobald der Hund hinausspringen will. Wiederholen Sie das so oft, bis er sich nicht mehr vom Fleck rührt, wenn Sie die Autotür öffnen und wieder schließen.

Sobald Ihr Hund bei teilweise geöffneter Tür zuverlässig ruhig sitzen bleibt, ist es Zeit, zum nächsten großen Schritt dieses Trainings überzugehen: Öffnen Sie die Autotür ganz, und treten Sie dabei sofort vor Ihren Hund, um ihm den Ausweg aus dem Auto mit Ihrem Körper zu versperren. Falls er trotzdem hinauszuspringen versucht, gehen Sie wieder zum letzten Trainingsschritt zurück. Bleibt er dagegen an Ort und Stelle, so wiederholen Sie diesen Vorgang mehrmals, bis es ihn gar nicht mehr aus der Ruhe zu bringen scheint, wenn die Autotür geöffnet ist und Sie vor ihm stehen. Jedes Mal, wenn Ihr Hund bei offener Tür auf seinem Platz bleibt, loben Sie ihn kurz und geben ihm eine Belohnung.

Als Nächstes sollten Sie bei geöffneter Tür einen großen Schritt zurücktreten und diesen Vorgang so oft wie nötig wiederholen, bis Sie hundertprozentig sicher sind, dass Ihr Hund jetzt nicht mehr aus dem Auto zu springen versucht. Sobald er so weit ist, treten Sie noch einen weiteren großen Schritt zurück. Denken Sie daran, zwischendurch immer wieder zu Ihrem Hund zu gehen und ihn zu loben, wenn er einen neuen Autotür-Meilenstein erreicht hat! Allmählich können Sie Ihren Abstand zum Hund mit dieser Methode auf mindestens ein bis zwei Meter vergrößern.

Jetzt ist es an der Zeit, ihm das Kommando *OKAY* zu geben, die Leine zu nehmen und ihn aus dem Auto zu führen, wie in *Schritt 4* (siehe S. 250) beschrieben.

Ein echter »Lucky Dog«

Lolita brauchte viel Liebe und Zuwendung, und ich hatte auch schon eine Familie für sie im Auge, die genauso liebebedürftig war wie sie: einen frisch geschiedenen Vater mit drei kleinen Söhnen. Diese Familie hatte eine schwere Zeit hinter sich und wollte sich nun einen zweiten Hund anschaffen, um ihr neues Leben besser bewältigen zu können. Um von vornherein eine enge Bindung zwischen dem neuen Hund und den drei Jungen aufzubauen, brachte ich ihnen ein paar Trainingsmethoden bei, die sie an Lolita – und ihrem weniger gut erzogenen, aber ebenfalls sehr lieben Hund Rascal – üben konnten.

Mich von einem Hund zu trennen ist immer der schwierigste Teil meiner Arbeit, und ich hatte mich während unserer gemeinsamen Trainingszeit tatsächlich ein bisschen in Lolita verliebt. Sie erinnerte mich sehr an Lulu. Eigentlich war ich, bevor ich Lulu aus dem Tierheim rettete, gar kein so großer Chihuahua-Freund gewesen, doch durch sie bin ich zu einem lebenslangen Fan dieser Hunderasse geworden. Sie erinnert mich immer wieder daran, dass es besondere Persönlichkeiten auch im Kleinformat gibt, und als ich Lolita zu ihrer neuen Familie brachte, waren der Vater und seine drei Söhne ganz begeistert von ihr und fest entschlossen, sie weiter zu trainieren und dafür zu sorgen, dass sie sich bei ihnen zu Hause fühlte. Das beruhigte mich. Lolita brachte neue Energie und Lebensfreude in diese Familie hinein, und zwar genau zum richtigen Zeitpunkt. Ich war fest davon überzeugt, dass sie dort bis zu ihrem Lebensende glücklich und zufrieden sein würde.

So gewöhnen Sie Ihren Vierbeiner an eine Hundeklappe

Wichtig: Falls Ihr Hund einer brachyzephalen (kurzköpfigen) Rasse angehören sollte, lesen Sie bitte den ganzen Infokasten bis zum letzten Abschnitt, in dem es darum geht, wie man solchen Vierbeinern den richtigen Umgang mit einer Hundeklappe beibringt, bevor Sie die unten beschriebenen Trainingsschritte in Angriff nehmen!

Ich bekomme immer wieder Anrufe von Hundebesitzern, die auf ein für sie überraschendes Problem gestoßen sind: Da haben sie nun extra eine Hundeklappe in ihre Haustür eingebaut, damit ihr vierbeiniger Freund das Haus nach Belieben betreten und wieder verlassen kann – und jetzt weigert er sich, sie zu benutzen! Ihnen und mir mag es vielleicht albern erscheinen, dass ein Hund Angst davor hat, durch solch eine Klappe zu gehen, aber wir können ja nicht wissen, wie der Hund sie wahrnimmt. Wie ich bereits mehrfach erklärt habe, scheuen die meisten Hunde sich davor, eine physische Barriere zu durchbrechen – auch wenn sie wissen, dass sie das können. Diese Besonderheit in ihrem Verhalten können wir für unsere Zwecke nutzen, wenn wir ihnen ein Kommando wie beispielsweise *BLEIB* beibringen wollen, doch wenn wir den ganzen Tag weg sind und dafür sorgen möchten, dass unser Hund während dieser Zeit nicht ständig im Haus eingesperrt (oder aus dem Haus ausgesperrt) bleibt, kann sie zum Problem werden.

Eigentlich ist es ganz einfach, Hunden den Umgang mit einer Haustierklappe beizubringen, mit zwei Trainern geht das allerdings leichter als mit einem, also bitten Sie am besten einen Freund, Ihnen dabei zu helfen. Doch wenn es sein muss, können Sie dieses Training auch allein durchführen, und das dauert auch gar nicht lange. Dazu brauchen Sie nur zwei zusätzliche Trainingswerkzeuge:

- eine 1,80 Meter lange Leine,
- ein paar Lieblingsleckerlis Ihres Hundes.

Schritt 1: Befestigen Sie die Leine am Halsband Ihres Hundes, und führen Sie sie durch die Hundetür nach draußen. Dann bitten Sie Ihren Helfer, sich draußen neben die Hundeklappe zu stellen und die Klappe aufzuhalten, sodass der Hund durch die Öffnung hindurchschauen kann. Sie selbst sollten ein bisschen weiter von der Klappe entfernt stehen und das Ende der Leine in der Hand halten. Dann bieten Sie Ihrem Hund ein Leckerli an und rufen ihn zu sich. (Falls Sie dieses Training ohne Helfer durchführen, lassen Sie die Leine fallen, halten die Hundeklappe selbst auf und strecken ihm mit der anderen Hand das Leckerli entgegen.) Die meisten Hunde werden jetzt sofort durch die Tür gerannt kommen, weil sie genau sehen können, wo sie hinführt und dass Sie am anderen Ende der Klappe stehen und etwas Leckeres für sie in der Hand haben. Falls Ihr Hund trotzdem immer noch zögern sollte, halten Sie ihm das Leckerli in einer Entfernung von ein paar Zentimetern vor die Nase und lotsen ihn damit durch die Öffnung. Beim ersten Mal ist das am allerschwierigsten, doch sobald er sich zu diesem ersten Durchgang überwunden hat, wird es immer leichter. Wiederholen Sie diesen Vorgang ein paarmal in beide Richtungen, wobei Ihr Helfer die Hundeklappe aufhält. Machen Sie erst dann mit *Schritt 2* weiter, wenn Ihr Hund ohne jede Angst durch die Klappe geht.

Locken Sie Ihren Hund mit einem Leckerli durch die Tür.

Schritt 2: Als Nächstes senken Sie die Klappe ein bisschen (um ungefähr fünfzig Prozent). Ihr Hund sollte trotzdem immer noch durchschauen können, doch nun ist die Öffnung kleiner als der Hund, also braucht er schon ein bisschen mehr Mut, um sich da durchzuwagen. Halten Sie die Klappe auf, und rufen Sie Ihren Hund wieder zu sich. Falls er sich nicht traut durchzugehen, öffnen Sie die Klappe ein bisschen mehr. Da Ihr Hund schon einmal durch die Klappe gegangen ist, weiß er, dass das möglich ist; Sie haben dieses Training inzwischen einfach nur durch ein neues Hindernis erschwert. Also lotsen Sie Ihren Hund wieder durch die Klappe, und halten Sie ihm das Leckerli – falls erforderlich – dazu ein bisschen näher vor die Nase. Wiederholen Sie auch diesen Vorgang in beide Richtungen. Sobald Ihr Hund diesen Trainingsschritt beherrscht und keine Angst mehr davor hat, steigern Sie den Schwierigkeitsgrad wieder ein bisschen: Bitten Sie Ihren Helfer, den Hund mit der Klappe ganz leicht am Rücken zu berühren, während er durch die Tür geht. Wiederholen Sie diesen Vorgang ebenfalls ein paarmal in beide Richtungen.

Senken Sie die Klappe um etwa fünfzig Prozent, und rufen Sie den Hund wieder zu sich.

Schritt 3: Nun ist es an der Zeit, dieses Training zu einem erfolgreichen Abschluss zu bringen. Bitten Sie Ihren Helfer, nur eine Ecke der Hundeklappe anzuheben, sodass der Hund lediglich ein kleines Stückchen von der Außenwelt sehen kann (oder heben Sie die Ecke selbst an, falls Sie keinen Helfer haben). Diesmal muss Ihr Hund seinen Körper also durch die Tür durchschieben, um hinauszugelangen, und spürt die Klappe dabei an seinem Rücken. Achten Sie darauf, dass Ihr Helfer an der Ecke, an der er die Klappe anhebt, ein Leckerli in der Hand hält! Damit lockt er den Hund an diese Stelle und führt ihn durch die schmale Öffnung. Ansonsten tun Sie bei diesem Trainingsschritt genau das Gleiche wie vorher: Sie stehen draußen, halten die Leine fest, rufen Ihren Hund zu sich und stehen mit einem Leckerli für ihn bereit. Wenn der Hund seinen Körper durch die Tür durchschiebt und dabei erkennt, dass die Klappe kein unüberwindliches Hindernis ist, sondern sich bewegen lässt, ist das für ihn ein großes Aha-Erlebnis. Die meisten Hunde rennen ohne jede Angst durch die Hundetür, sobald sie begriffen haben, dass die Klappe weich ist und sich mit ihnen mitbewegt. Wiederholen Sie diesen Vorgang mit nur leicht geöffneter Klappe noch ein paarmal, bis Ihr Hund den Mechanismus der Hundetür durchschaut und genügend Mut hat, die Klappe selbst aufzuschieben. Die meisten großen Hunde begreifen das innerhalb von ein paar Minuten, kleinere Hunde brauchen vielleicht ein bisschen länger dazu.

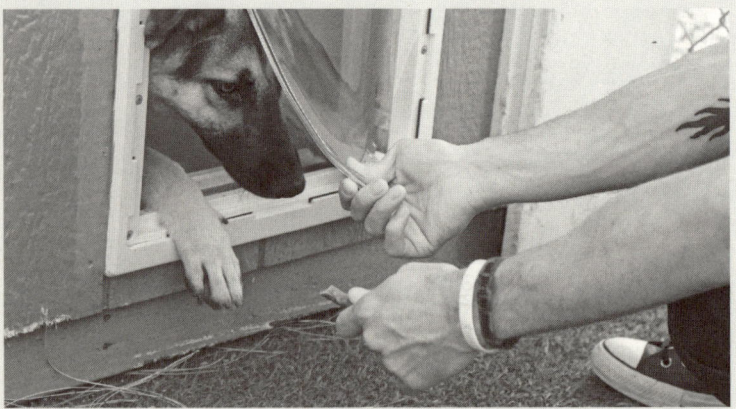

Wenn Sie nur eine Ecke der Hundeklappe anheben, muss der Hund seinen Körper durch die Tür durchschieben und spürt die Klappe dabei an seinem Rücken.

Die meisten Hunde rennen ohne jede Angst durch die Hundetür, sobald sie begriffen haben, dass die Klappe weich ist und sich mit ihnen mitbewegt.

Besonderer Hinweis für Besitzer brachyzephaler (kurzköpfiger) Hunde: Hunde mit kurzer Schnauze können die Klappe nicht so leicht aufstoßen, daher erfordert dieses Training bei solchen Hunden ein bisschen mehr Kreativität. Denn da sie keine lange Schnauze haben, kann die Klappe ihnen auf die vorstehenden Augen fallen und schwere Verletzungen verursachen. Zum Glück gibt es eine einfache Lösung für dieses Problem: Führen Sie wieder die oben beschriebenen Schritte durch, doch diesmal soll Ihr Helfer die Leine halten, damit der Hund die Klappe nicht rammt. Da die Leine von Ihrem Helfer geführt wird, der direkt neben der Hundeklappe steht, kann er das Tempo des Lernprozesses bestimmen und darauf achten, dass der Hund die Klappe *langsam* aufstößt und ein Gespür für ihr Gewicht und ihre Beweglichkeit entwickelt. Auf diese Weise lernt er, seine Kopfbewegungen genau auf den Mechanismus der Klappe abzustimmen, indem er den Kopf ein bisschen weiter nach unten neigt oder weiter nach oben reckt, um sie zu öffnen, ohne dabei seine Augen in Gefahr zu bringen. Normalerweise lernen Hunde das ziemlich schnell, weil sie aus Erfahrung wissen, dass sie sich die Augäpfel leicht anstoßen. Mit der Leine sorgt Ihr Helfer dafür, dass der Hund den Umgang mit der Klappe lernt, bevor er sich verletzen kann. Wenn er sich angewöhnt, seine Kopfhaltung an die Hundeklappe anzupassen, ist der Durchgang durch die Hundetür für ihn genauso ungefährlich wie für jeden anderen Hund.

13

Sachen anknabbern

Besuche ich Tierheime im Südwesten der USA, fallen mir dort normalerweise ungeheuer viele Chihuahuas auf. Und was noch schlimmer ist: Wenn besonders viele Vertreter einer bestimmten Hunderasse im Tierasyl zu finden sind, glauben die Menschen, dass sie sich nicht gut als Haustiere eignen. Dabei trifft das auf diese kleinen Hunde mit der großen Persönlichkeit ganz und gar nicht zu. Warum so viele Chihuahuas von ihren Besitzern ausgesetzt oder im Tierheim abgegeben werden, hat verschiedene Gründe. Dabei spielt zum Beispiel der von manchen Tierheimleitern sogenannte Paris-Hilton- oder »Natürlich blond«-Effekt eine Rolle: Wenn Millionen von Menschen einen solchen Hund in den Armen einer prominenten Persönlichkeit sehen, möchten sie natürlich auch so einen haben. Doch wenn der kleine Vierbeiner dann bei ihnen zu Hause ist, stellen sie fest, dass es sich dabei nicht um ein etwas zu groß geratenes Modeaccessoire, sondern um ein atmendes, denkendes Lebewesen handelt. Außerdem glauben viele Zeitgenossen fatalerweise, ein kleiner Hund bringe weniger Verpflichtungen mit sich als ein großer. Doch das stimmt natürlich auch nicht: Selbst den kleinsten Hund muss man regelmäßig füttern und mit Wasser versorgen, man muss mit ihm spielen, spazieren gehen und ihn natürlich auch erziehen, damit die Beziehung zwischen Hund und Herrchen oder Frauchen gut funktioniert. Und sobald den Besitzern klar wird, dass ein kleiner

Hund genauso viel Mühe bereitet und genauso viel Zuwendung und Aufmerksamkeit erfordert wie ein großer, machen sie eben leider manchmal einen Rückzieher, doch dann ist es für den unerwünschten Hund fast schon zu spät, und er landet im Tierheim.

Aus all diesen Gründen und natürlich auch deswegen, weil sie sich für fast jeden engagierten Hundeliebhaber wunderbar als Haustiere eignen, trainiere ich *viele* Chihuahuas. Als ich Flash kennenlernte, war mir sofort klar, dass dieser Hund ein Juwel war – ihm fehlte nur der Schliff. Flash war winzig klein, erst sechs Monate alt und vollkommen unerzogen, aber er war freundlich, vertrauensvoll und selbstbewusst. Kaum hatten wir mit dem Training begonnen, zeigte er mir auch schon, dass er sehr schnell lernte. Doch leider litt er an einem trockenen Husten, den der Tierarzt als Zwingerhusten diagnostizierte – eine hochansteckende Erkrankung, die sich bei ungeimpften Hunden im Tierheim blitzschnell ausbreiten kann. Nachdem ich von seiner Diagnose erfahren hatte, musste Flash zehn Tage in Quarantäne auf meiner Ranch verbringen und Antibiotika einnehmen, bevor ich ihn richtig trainieren und herausfinden konnte, was in ihm steckte.

Nachdem Flash wieder genesen war, genoss er es, beim Spielen mit den anderen Hunden frei herumzulaufen. Obwohl er der kleinste Hund auf meinem Hof war, setzte er sich gegen alle anderen Vierbeiner durch. Und ich hatte auch schon eine großartige Familie für diesen tapferen kleinen Hund im Auge: ein Ehepaar mit einem sechsjährigen Sohn, der es an Lebhaftigkeit durchaus mit einem jungen Hund aufnehmen und sein Spielgefährte werden würde. Ich konnte mir förmlich vorstellen, wie die beiden miteinander aufwuchsen.

Doch leider entdeckte ich am Ende seines ersten langen Trainingstags bei Flash eine Angewohnheit, die ihn für einen Haushalt mit einem kleinen Kind und vielen Spielsachen absolut ungeeignet machte: Er schnappte sich alle möglichen Sachen, die ihm nicht gehörten, und zerknabberte sie. Zuerst ertappte ich ihn dabei, wie er auf meinem Schuh herumkaute; kurze Zeit später knabberte er an der Ecke eines Kissens. Bevor ich ihn in einem neuen Zuhause unterbringen konnte, musste ich ihm also zunächst einmal beibringen, seine Zähne nur an seinen eigenen Spielsachen und Leckerlis zu erproben.

Das Problem

Ob Ihr Hund nun die Ecke von Großmutters altehrwürdigem Teppich anknabbert, Ihre Fernbedienung zerstört, das Bein Ihres Lieblingssessels zerkaut oder das geliebte Stofftier Ihres Kindes malträtiert – Sachen anzunagen ist eine Unart, die mit der Zeit immer schlimmer wird, wenn man sie dem Hund nicht abgewöhnt. Im Interesse seiner eigenen Sicherheit und Ihrer Möbel und sonstigen Besitztümer muss er lernen, dieser Versuchung zu widerstehen.

Hunde knabbern aus den verschiedensten Gründen Gegenstände an. Wenn Sie wissen, welche Ursache dahintersteckt, können Sie das Problem leichter lösen.

Welpen: Welpen zahnen genauso wie Babys und versuchen, sich diesen Vorgang und die damit verbundenen Schmerzen zu erleichtern, indem sie auf allem herumbeißen, was ihnen zwischen die Zähne kommt. Diese Phase macht jeder Welpe durch. Viele Tierärzte sind der Meinung, dass das Zahnfleisch junger Hunde juckt, wenn sie zahnen, und da sie sich an dieser Stelle nicht kratzen können, verschaffen sie sich eben Erleichterung, indem sie Gegendruck auf ihr Zahnfleisch ausüben. Denken Sie nur einmal daran, wie qualvoll es ist, wenn es Sie am Fuß juckt und Sie nicht gleich an die juckende Stelle herankommen! Die meisten Menschen treten dann mit einem Fuß auf den anderen, um den Juckreiz zu bekämpfen. Genau den gleichen Effekt versucht Ihr Welpe während des Zahnens zu erreichen, indem er an Gegenständen herumkaut.

Doch viele junge Hunde hören hinterher nicht damit auf, sondern erkunden ihre Welt auch dann noch mit dem Maul, wenn sie schon längst ihren letzten Erwachsenenzahn bekommen haben. Nur leider geraten sie damit in *unserer* Welt in Schwierigkeiten, denn bei uns Menschen ist es nun mal absolut tabu, an allem herumzukauen, was interessant aussieht oder riecht.

Wenn Sie einen jungen Hund haben, der Gegenstände anknabbert, oder vielleicht sogar einen älteren Hund, der nie gelernt hat, dass man das nicht darf, ist es höchste Zeit, ihm beizubringen, woran er kauen darf und woran nicht. Die erste Methode, die ich Ihnen weiter unten erklären werde, zielt darauf ab, dem Hund ein Verständnis des Grundkonzepts zu vermitteln, um das es dabei geht.

Ausgewachsene Hunde: Auch erwachsene Hunde nagen manchmal Gegenstände an, weil sie sich langweilen oder weil sie sich das einfach angewöhnt haben und es ihnen Spaß macht. Je länger ein Hund diese Unart schon hat, umso schwieriger wird es wahrscheinlich sein, sie ihm wieder abzugewöhnen. Wenn sich diese Gewohnheit bei Ihrem Hund bereits fest verwurzelt hat, braucht er vermutlich mehrere Lektionen, um zu begreifen, was er anknabbern darf und was nicht. Außerdem wird er auch ein Abschreckungsmittel benötigen. Bei Hunden jeden Alters, die dazu neigen, an Gegenständen herumzukauen, die für sie gefährlich sein könnten, muss man *sofort* mit diesem Abschreckungsmittel arbeiten!

Hunde, die unter Trennungsangst leiden: Hunde, die Gegenstände anfressen, weil sie unter Panikattacken oder Trennungsangst leiden, haben wieder ein ganz anderes Problem. Falls Sie vermuten, dass diese Ursache hinter der Zerstörungswut Ihres vierbeinigen Freundes stecken könnte, lesen Sie in Kapitel 17 nach: Dort wird dieses komplizierte Problem ausführlich behandelt, und Sie finden auch Lösungsvorschläge dafür.

Die Lösung

Sie werden einem Hund, der das Bedürfnis hat, Gegenstände anzuknabbern, diese Unart niemals hundertprozentig abgewöhnen können. Stattdessen sollten Sie lieber versuchen, seine Angewohnheit in eine unproblematische Richtung zu lenken. Genau wie ein Beifahrer, der den Fahrer immer wieder ermahnt, vorsichtig und nicht zu schnell zu fahren, ihm mit der Zeit vielleicht tatsächlich das richtige Verhalten angewöhnt, können Sie dieses Ziel auch bei Ihrem Hund erreichen.

Es gibt viele verschiedene Möglichkeiten, einem Hund das Knabbern abzugewöhnen. Die erste Vorgehensweise, die ich in diesem Kapitel beschreibe und bei der es um Lernen nach dem Versuch-und-Irrtum-Prinzip geht, ist meine Lieblingsmethode. Doch wenn Ihr Hund trotzdem immer noch an seiner Unart festhält, sollten Sie weiterlesen, um weitere Methoden kennenzulernen, die Sie zusätzlich zu dieser ersten Technik anwenden können.

Bevor Sie anfangen ... Zwar geht es in diesem Buch hauptsächlich darum, Hunde zu erziehen, doch manchmal müssen wir dabei gleichzeitig auch *uns selbst* erziehen. In diesem Fall – wenn man einem Hund das Knabbern abgewöhnen möchte – trifft das eindeutig zu: Dafür gibt es zwei Spielregeln, die Sie hoffentlich befolgen werden, noch bevor Sie mit der Erziehung Ihres Hundes beginnen.

Die erste Spielregel lautet: Vorbeugen ist besser als heilen. Ehe Sie mit dem Anti-Knabber-Training beginnen, sollten Sie Ihr Haus so hundesicher wie möglich gestalten – vor allem, wenn Sie vorhaben, sich einen Welpen anzuschaffen. Denn Welpen haben nun mal eine gewisse – meistens sogar sehr ausgeprägte – Zerstörungswut, also sollte man sie nach Möglichkeit davon abhalten, ihre ersten Instinkte (die Welt zu erkunden und zu knabbern) auszuleben. Doch egal, wie alt Ihr Hund ist, Sie sollten auf keinen Fall Gegenstände auf dem Boden herumliegen lassen, die ihn zum Knabbern verleiten könnten.

Zweitens sollten Sie Ihren Hund auch nach der Knabberphase genau im Auge behalten, wenn er frei in der Wohnung herumläuft. Denn zu viel Freiheit (vor allem *unverdiente* Freiheit) würde er wahrscheinlich als Einladung auffassen, Unheil anzurichten. Es wäre ziemlich verantwortungslos, alle Türen im Haus offen zu lassen und Ihren Hund überhaupt nicht zu beaufsichtigen. Genau wie Sie ein kleines Kind nicht unbeobachtet im Haus herumlaufen lassen würden, sollten Sie Ihrem Welpen das auch nicht erlauben. Also schließen Sie die Türen, und verwenden Sie Schutzgitter, um die Bewegungsfreiheit Ihres neugierigen jungen Hundes einzuschränken.

Ein Schritt-für-Schritt-Plan

Für diese Methode brauchen Sie:

- viele Kauspielzeuge (ich bevorzuge Spielzeuge aus Naturmaterialien [beispielsweise Bully Sticks – »Ochsenziemer« –, Hufe und so weiter], da der Hund diese leicht identifizieren und lernen kann, dass er darauf herumkauen darf; andere Hundebesitzer bevorzugen Stofftiere oder Spielseile; für diese Trainingsmethode sind alle Kauspielzeuge geeignet);
- ein paar Haushaltsartikel (darauf gehe ich gleich noch näher ein).

Schritt 1: Nach dieser langen Einleitung wollen wir nun endlich auf Ihren Hund zu sprechen kommen. Sobald Sie vorbeugende Maßnahmen getroffen haben, damit er nicht allzu viel Unheil im Haus anrichten kann, sollten Sie anfangen, ihm beizubringen, woran er knabbern darf und welche Objekte für ihn tabu sind. Bei dieser Methode handelt es sich um ein einfaches Ausschlussverfahren, das jeder Hund leicht begreift.

Wählen Sie zunächst einmal sechs Objekte aus: vier Gegenstände, die Ihr Hund annagen darf, und zwei, bei denen ihm das verboten ist. Bei den Teilen, die er nicht anknabbern darf, sollte es sich um Gegenstände handeln, die bei Ihnen öfter auf dem Boden oder in Bodennähe herumliegen. Als »erlaubte« Gegenstände können Sie zum Beispiel ein Hundestofftier, einen Bully Stick und ein Spielseil auswählen, und als Objekte, die für den Hund tabu sein sollten, eine Fernbedienung, ein Buch, einen Schuh oder vielleicht sogar ein ausgestecktes Stromkabel. Falls es irgendeinen verbotenen Gegenstand geben sollte, an dem Ihr Hund sich schon öfter vergriffen hat, nehmen Sie dieses Objekt ebenfalls in Ihr Arsenal für den ersten Trainingsschritt auf.

Nun legen Sie alle sechs Gegenstände in willkürlicher Reihenfolge so auf den Boden, dass sie in Abständen von ungefähr dreißig Zentimetern herumliegen, und bleiben in der Nähe, um Ihren Hund zu beaufsichtigen. Und dann warten Sie einfach ab. Wenn Ihr Hund ein passionierter Knabberer ist, wird er binnen Kurzem auf eines dieser Objekte zugehen und anfangen, daran herumzunagen. Wenn er sich dabei für einen der erlaubten Gegenstände entscheidet, loben und streicheln Sie ihn und lassen ihn ein bis zwei Minuten nach Herzenslust daran knabbern, bevor Sie ihm sein Spielzeug wieder wegnehmen. Sie sollten ihm mit Ihrem Verhalten so klar wie möglich machen, dass er an diesem Objekt herumkauen darf. Wenn es sich bei dem Gegenstand seiner Wahl um etwas Verbotenes handelt, weisen Sie ihn mit einem scharfen (aber nicht wütenden) *NEIN* oder einem energischen »Mhm-mhm« zurecht. Sobald Sie ihm dieses Objekt aus dem Maul genommen haben, legen Sie es wieder auf den Boden und warten ab. Praktizieren Sie das insgesamt zwanzig Minuten lang, und achten Sie darauf, dieses Spiel für ihn mit einem Erfolgserlebnis enden zu lassen, indem Sie ihn dafür loben, dass er sich eines seiner eigenen Kauspielzeuge zum Knabbern ausgesucht hat. Wiederholen Sie das eine Woche lang mit mehreren Trainingssitzungen pro Tag, bis der Hund anfängt zu begreifen, worum es geht.

Schritt 2: Breiten Sie wieder alle Trainingsobjekte auf dem Boden aus, und warten Sie ab, doch verwenden Sie diesmal andere Gegenstände als beim ersten Mal, damit Ihr Hund allmählich lernt, welche er anknabbern darf und welche nicht. Legen Sie bei diesem Schritt drei »erlaubte«

Die Überlegung, was man anknabbern darf und was nicht ...

und drei »verbotene« Gegenstände vor ihn hin. Loben und streicheln
Sie ihn, wenn er sich für Objekte entscheidet, an denen er herumkauen
darf. Wenn er sich dagegen verbotene Gegenstände zum Nagen aus-
sucht, weisen Sie ihn verbal zurecht und ziehen ihn weg.

Diese Übung sollten Sie jeden Tag ein paarmal wiederholen; jede dieser Trainingssitzungen sollte fünfzehn Minuten dauern. Durch das einfache Ausschlussverfahren lernen die meisten Hunde sehr schnell, bei
welchem Kauobjekt sie getadelt und bei welchem sie belohnt werden.
Das ist eine sehr viel wirksamere Trainingsmethode, als Ihren Hund einfach anzuschreien, wenn Sie ihn zufällig dabei ertappen, dass er etwas
anknabbert, wovon er eigentlich seine Zähne lassen sollte. Denn mit
einem so allgemeinen Korrekturverhalten kann man ihn leicht verwirren, und er wird sich dann vielleicht fragen, was er eigentlich falsch gemacht hat. Doch wenn Sie das oben beschriebene Ausschlussverfahren
ein bis zwei Wochen lang regelmäßig wiederholen, wird Ihr Hund den
Unterschied zwischen erlaubten und verbotenen Gegenständen mit
der Zeit begreifen.

Wichtige Trainingstipps

Wie immer kommt es auch bei diesem Training auf die Details an, daher möchte ich an dieser Stelle ein paar wichtige Punkte mit Ihnen besprechen.

Führen Sie Ihren Hund nicht in Versuchung! Sie sollten einem Welpen (oder auch einem ausgewachsenen Hund, der noch neu bei Ihnen ist) nicht zu viele Möglichkeiten geben, etwas falsch zu machen. Solange der Hund noch nicht weiß, was er anknabbern darf und was nicht, geben Sie ihm lieber nicht mehr Auswahlmöglichkeiten, als er bewältigen kann. Bewahren Sie Ihre Schuhe und Socken, die Spielsachen Ihrer Kinder und andere Gegenstände, die der Hund wahrscheinlich gern annagen würde, außerhalb seiner Sichtweite auf. Richten Sie zu diesem Zweck am besten einen hundesicheren Bereich in Ihrer Wohnung ein, und lassen Sie ihn nur in diesem Bereich frei herumlaufen. Sobald er älter wird und die Spielregeln begreift, können Sie diesen Bereich ausdehnen, sodass er am Ende zu mehr (oder vielleicht sogar zu allen) Zimmern Ihrer Wohnung Zugang erhält. Fangen Sie klein an, und geben Sie dann Zimmer für Zimmer immer größere Teile Ihrer Wohnung für ihn frei, wenn er allmählich versteht, was er annagen darf und was nicht. Nur ein Hund, von dem Sie wissen, dass er sich tadellos benimmt, sollte überall in Ihrer Wohnung frei herumlaufen dürfen.

Berücksichtigen Sie den »Lerntyp« Ihres Hundes! Genau wie wir Menschen lernen auch Hunde nach dem Versuch-und-Irrtum-Prinzip. Wenn Sie Ihrem Hund klare Signale senden, an denen er erkennt, welches Kauverhalten erlaubt ist und welches nicht, lernt er aus seinen Fehlern und versucht, die Spielregeln nach bestem Wissen zu befolgen. Aber Sie können noch einen Schritt weitergehen, um Ihrem Hund bei dieser Lernaufgabe zu helfen, indem Sie zum Schluss alle seine Kauspielzeuge an einer Stelle zusammentragen und ihn belohnen, wenn er Sachen von diesem Haufen zum Knabbern auswählt. Viele Hunde gewöhnen sich an ihre eigene Spielzeugkiste und haben dann genauso große Freude daran wie kleine Kinder.

Korrigieren Sie ihn in kurzen Sätzen und ruhigem Tonfall. Wenn Sie Ihren Hund tadeln müssen, achten Sie darauf, den richtigen Tonfall und die richtige Lautstärke dafür zu wählen! Man sollte einen Hund niemals anschreien, wenn er nicht gerade in Lebensgefahr ist. Ein strenger Tonfall und eine leicht erhobene Stimme reichen völlig aus. Außerdem sollten Sie auch niemals zu viel Zeit darauf verwenden, Ihren Hund zurechtzuweisen: Ein oder zwei Sekunden genügen, und nach dieser Rüge sollten Sie ihn sofort zu einer erlaubten Verhaltensweise hinlenken. Falls Sie schon einmal beobachtet haben, wie eine Hündin oder ein anderer älterer Hund mit einem übereifrigen Welpen umgeht, wissen Sie, was ich damit meine: Die Mutter muss nur ein kurzes, energisches Grunzen oder Knurren von sich geben, um ihren Welpen klarzumachen, wann Schluss mit dem Unsinn ist – und sie versteht es meisterhaft, ihre kleinen Racker zur Räson zu bringen. Wenn Sie Ihren Hund zu ausgiebig tadeln, verwirren Sie ihn damit nur – und langfristig kann das dazu führen, dass er sich von Ihnen zurückzieht.

Die meisten Hunde lernen schnell, welche Kauobjekte erlaubt sind, doch wenn Sie keine Fortschritte sehen, obwohl Sie Ihren vierbeinigen Freund schon seit einer Woche mit dieser Methode trainieren, sollten Sie es mit einer der unten beschriebenen Alternativen versuchen. Es gibt viele verschiedene Möglichkeiten, dieses Problem zu lösen, also werden bestimmt auch Sie den für Ihren Hund richtigen Weg finden.

Alternative für Hunde, die ihre Zähne einfach nicht von einem bestimmten Gegenstand lassen können: Diese Methode zur Korrektur unangemessenen Kauverhaltens funktioniert am besten, wenn Ihr Hund immer wieder an ein oder zwei Gegenständen herumkaut, obwohl er genau weiß, dass er das nicht darf. Hinter dieser Technik steckt eine ganz einfache Theorie: Zu viel des Guten verliert mit der Zeit seinen Reiz. Das beste Beispiel dafür ist ein Lieblingsessen. Angenommen, Sie mögen für Ihr Leben gern Pizza. (Wer mag die nicht?) Und nun stellen Sie sich vor, wie Ihnen zumute wäre, wenn Sie einen Monat lang jeden Tag dreimal Pizza essen müssten – zum Frühstück, zum Mittag- und zum Abendessen. Ich wette, dass dieses Gericht nach einem Monat nicht mehr Ihr Lieblingsessen wäre! Vielleicht hätten Sie sich inzwischen sogar so sehr übergessen, dass Sie Pizza nicht einmal mehr riechen könnten.

Genau diese Logik wollen wir nun auf einen Hund übertragen, der immer wieder etwas anknabbert, was er nicht soll. Angenommen, Ihre Schuhe üben eine unwiderstehliche Anziehungskraft auf Ihren vierbeinigen Freund aus. Wahrscheinlich wird es Sie nicht allzu viel Fantasie kosten, sich das vorzustellen – ich kenne *viele* Hunde, die alles faszinierend finden, was so ähnlich riecht wie die Füße ihres Besitzers. Bei einem Welpen wirkt dieses Verhalten noch niedlich, doch wenn Ihr Hund es auch im Erwachsenenalter immer noch fortsetzt, kann es zu einem großen Problem werden. Um dem Hund das abzugewöhnen, brauchen Sie ihm den Schuh, den er so sehr liebt, nur ans Halsband zu binden. Aber achten Sie darauf, dass das kein Würge- oder Stachel-, sondern ein flaches Halsband ist! Ein Martingalehalsband sollten Sie vorher lockern oder einhaken (also um den Teil ohne den Ring herumbinden), damit es sich nicht zuzieht. Außerdem müssen Sie Ihren Hund bei dieser Erziehungsmethode beaufsichtigen, um sicherzugehen, dass er nicht über den an seinem Halsband befestigten Gegenstand stolpert oder damit irgendwo hängen bleibt. Ich habe diese Methode schon oft angewendet und kann Ihnen daher prophezeien, was dabei wahrscheinlich passieren wird:

- **Stunde eins:** In der ersten Stunde wird Ihr Hund sich intensiv mit Ihrem Schuh beschäftigen und sich dabei vorkommen wie im siebten Himmel. Wahrscheinlich denkt er jetzt: »Fantastisch! Ich wollte schon immer einmal nach Herzenslust an diesem Schuh herumkauen, und nun gehört er endlich mir!«

- **Stunde zwei:** Jetzt fangen die meisten Hunde an, ihr neues Anhängsel ein bisschen langweilig zu finden.
- **Stunde drei:** Inzwischen würden viele Hunde sich lieber mit etwas anderem beschäftigen, doch das geht nicht, denn der Schuh (oder sonstige Gegenstand) hängt immer noch an ihrem Halsband wie ein Klotz am Bein.
- **Stunde vier:** Nach vier Stunden (wenn nicht sogar schon eher) haben die meisten Hunde endgültig die Nase voll von diesem Schuh. Jetzt können Sie ihn vom Halsband abnehmen und wieder anziehen, wenn der Schuh denn noch dazu taugt ... Wahrschein-

Benutzen Sie ein flaches oder ein gelockertes Martingalehalsband, und beaufsichtigen Sie den Hund, wenn Sie diese Technik anwenden, um ihm das Knabbern an unwiderstehlichen, aber ungeeigneten »Kauspielzeugen« abzugewöhnen.

lich wird Ihr Hund von nun an einen großen Bogen um diesen Schuh machen und stattdessen lieber etwas anderes zerknabbern. Also denken Sie daran, Ihrem Hund jetzt als Ersatz einen anderen, erlaubten Gegenstand (beispielsweise ein Kauspielzeug) anzubieten und ihn jedes Mal zu loben, wenn er sich diesem Objekt zuwendet.

Das ist alles – aber denken Sie daran, Ihren Hund während dieser Übung im Auge zu behalten! Denn wenn er zu den seltenen Vierbeinern gehört, die versuchen, den Schuh während der Trainingsphase tatsächlich *aufzufressen,* müssen Sie zu einer anderen Methode greifen.

Alternative für risikofreudige Hunde: Vor ein paar Jahren holte ich einen schwarz-weißen Spanielmischling aus dem Tierheim, der am Ende eines Trainingstags nichts lieber tat, als auf meinem Schoß zu sitzen und fernzusehen. Dieser Hund hieß Lucky, und mir war sofort klar, dass er ein wunderbares Haustier für eine ruhige, entspannte Familie abgeben würde, die sich einen umgänglichen, liebevollen Vierbeiner zum Knuddeln wünschte. Und tatsächlich schien einer solchen Zukunft für Lucky nichts im Weg zu stehen – bis ich ihn eines Tages bei etwas erwischte, was ihn in große Schwierigkeiten bringen konnte: Er war hinter das Fernsehgerät gekrochen und knabberte gerade an dem Knäuel von Stromkabeln herum, die dort lagen. Wie sein Name schon sagt, war Lucky tatsächlich ein Glückspilz – statt einen elektrischen Schlag zu bekommen, ging er unversehrt aus diesem gefährlichen Abenteuer hervor. Manche Hunde zernagen gern Lederartikel, Socken oder Plüschtiere, andere entwickeln eine Vorliebe für »Kauspielzeuge«, die lebensgefährlich sein können – und dagegen muss man natürlich sofort etwas tun. Nachdem ich die Beinahekatastrophe mit den Stromkabeln erlebt hatte, befand ich mich im Alarmzustand und beschloss, Lucky sein gefährliches Hobby mithilfe einer Technik namens »negative Geruchsassoziation« abzugewöhnen.

Manche Hundebesitzer verwenden dazu Produkte, die eigens für diesen Zweck entwickelt worden sind: zum Beispiel bitter schmeckende Anti-Kau-Sprays, wie es sie in Tierhandlungen gibt. So etwas kann zwar auch funktionieren, doch auf meiner Ranch benutze ich stattdessen normalerweise einfach etwas, was ich immer im Kühlschrank habe: Zitronen. Diese Früchte sind billig und überall einsetzbar, und ich weiß, dass ich meinem Hund nicht schade, wenn ich sie in oder an sein Maul bringe, um ihm etwas Wichtiges beizubringen.

Wenn Sie es bei sich zu Hause auch einmal mit dieser Methode versuchen möchten, schneiden Sie einfach eine Zitrone in kleine Spalten, halten eine davon parat und warten, bis Ihr Hund anfängt, wieder mal an dem Problemgegenstand herumzukauen. Sie können aber auch ein bisschen nachhelfen, indem Sie den Hund in die Nähe dieses Objekts bringen und es ihm zeigen. Wenn er sich den Gegenstand daraufhin schnappt, sagen Sie energisch: *NEIN,* und träufeln ihm ein bisschen Zitronensaft ins Maul. Das wird ihm zwar nicht schmecken, aber es schadet ihm zumindest nicht. Anschließend bieten Sie Ihrem Hund wieder das Problemobjekt an. Die meisten Hunde nehmen es daraufhin kein zweites Mal ins Maul – falls Ihr Hund das dennoch tun sollte, wiederholen Sie das Kommando *NEIN* und träufeln ihm noch ein bisschen Zitronensaft auf die Zunge. Aber schreien Sie den Hund dabei nicht an! Schließlich wollen Sie ihm keine Angst einjagen, sondern ihn nur abschrecken.

Als Nächstes reiben Sie den Gegenstand (und wenn möglich auch dessen nähere Umgebung) mit einer Zitronenspalte ein. Auf diese Weise entsteht eine intensive Geruchszone, die Ihren Hund beim nächsten Mal, wenn er daran vorbeikommt, daran erinnert, dass er hier etwas Negatives erlebt hat und lieber einen großen Bogen um das betreffende Objekt machen sollte. Das Erfolgsgeheimnis besteht in der negativen Assoziation zwischen dem Zitronengeschmack in seinem Maul und dem Geruch der Zitrone an den Stromkabeln (oder einem sonstigen

Gegenstand, der für ihn tabu sein sollte). Das kann eine lebensrettende Strategie sein, also ist ein bisschen liebevolle Strenge in solchen Fällen durchaus erlaubt.

Ein weiteres häufiges Welpenproblem: Zwicken

Welpen haben viel Unsinn im Sinn. Das darf man ihnen nicht übelnehmen – schließlich sind sie ganz neu auf der Welt und kennen die Spielregeln noch nicht. Eine der unangenehmsten Angewohnheiten von Welpen ist das Zwicken. Ebenso wie das Anknabbern von Gegenständen ist auch dieses Verhalten eine Kombination aus Problemen beim Zahnen und dem instinktiven Drang junger Hunde, die Welt mit ihrem Maul zu erkunden. Doch Welpen haben schon ziemlich spitze Zähne, daher kann aus dem Zwicken sehr leicht ein Beißen werden. Deshalb ist es wichtig, Ihrem Hund diese Unart so schnell wie möglich abzugewöhnen. Ich habe schon viel zu viele erwachsene Hunde gesehen, die dieses Problem haben, weil ihre Besitzer sich nicht darum gekümmert hatten, solange sie noch Welpen waren. Ein Hund, dem das Zwicken im Welpenalter nicht abtrainiert wurde, kann als großer Hund mit seinen Zähnen einen Druck von mehreren hundert Kilo ausüben – und das ohne jede böse Absicht: Den Tieren ist einfach nicht bewusst, dass ihre Kiefer inzwischen stärker geworden sind.

Vor ein paar Jahren lernte ich den Besitzer eines jungen Labradors kennen, bei dem das Problem mit dem Zwicken nie gelöst worden war. Irgendwann war dieser Hund zwei Jahre alt, wog fast fünfundvierzig Kilo – und sein Zwicken war inzwischen fast schon zum Beißen geworden. Eines Tages schnappte dieser Hund nach dem Kind eines Nachbarn und brachte ihm eine Schürfwunde bei. Daraufhin schritt die Tierkontrollbehörde ein und untersuchte den Fall. Es wurde zwar keine Anzeige erstattet, und der Hund durfte bei seiner Familie bleiben, doch dieser Vorfall war ein alarmierendes Warnsignal für sie.

Zum Glück kenne ich eine schnelle, einfache Methode, mit der Sie dieses Problem ein für alle Mal lösen können, um nicht in die gleiche Situation zu geraten wie dieser Labradorbesitzer. Diese Methode funktioniert folgendermaßen.

Schritt 1: Wählen Sie einen Kaugegenstand oder ein Kauspielzeug aus, das Ihr Hund mag, aber tragen Sie dieses Objekt nicht bei sich, sondern halten Sie es lediglich griffbereit, und zwar außerhalb der Reichweite des Hundes. Bei den meisten Welpen kann man mit ziemlicher Sicherheit davon ausgehen, dass sie beim Spiel zwicken werden. Wenn das auch auf Ihren Hund zutrifft, fangen Sie an, mit ihm zu spielen. Vielleicht kommt es Ihnen komisch vor, dass Sie darauf warten sollen, gebissen zu werden. Aber haben Sie bitte trotzdem etwas Geduld mit mir und meiner Methode, denn dabei kommt es auf den richtigen Zeitpunkt an; und sie lässt sich nun mal am leichtesten durchführen, wenn Sie auf das Zwicken Ihres Hundes vorbereitet sind. Also spielen Sie mit ihm, und kommen Sie dabei mit den Händen in die Nähe seines Mauls – denn dann wird er wahrscheinlich früher oder später zuschnappen.

Schritt 2: Sobald er das macht, packen Sie mit einer Hand das Halsband des Hundes und schieben ihm den Daumen der anderen Hand mit einer Bewegung, die ich als »Fernbedienungsgriff« bezeichne, ins Maul. Dabei halten Sie den Unterkiefer des Hundes genauso in der Hand wie die Fernbedienung Ihres Fernsehgeräts: Ihr Daumen liegt in seinem Maul auf der Zunge, die anderen vier Finger befinden sich unter seinem Unterkiefer. Üben Sie dabei keinen Druck aus, halten Sie den Welpen einfach nur am Halsband fest, damit er nicht nach hinten ausweichen kann. Jetzt haben Sie den Spieß umgedreht und dafür gesorgt, dass seine Angewohnheit, die bisher für *Sie* unerfreulich war, für *ihn* unangenehm wird! Während Sie Ihren Hund am Halsband festhalten, sagen Sie: *NEIN,* und lockern Ihren Griff dabei. Viele Welpen werden versuchen, sich dagegen zu wehren. Halten Sie trotzdem so lange fest, bis Ihr Hund sich beruhigt hat! Falls er sich wehren sollte, halten Sie ihn mit Ihrem Griff am Halsband (nicht am Unterkiefer!) unter Kontrolle. Sobald er sich beruhigt hat, warten Sie noch fünf Sekunden und lassen ihn dann los, ohne ihn zu loben.

Schritt 3: Sobald Sie Ihren Hund losgelassen haben, geben Sie ihm das Kauobjekt, das Sie zuvor ausgewählt hatten. Damit lenken Sie ihn ab und richten seine Aufmerksamkeit auf etwas, woran er getrost herumknabbern darf. Bestärken Sie ihn in dem Gedanken, dass dieser Kaugegenstand für ihn erlaubt ist, indem Sie ihn streicheln, sobald er ihn ins Maul nimmt. Nachdem Sie Ihren Hund zur Belohnung ein paar Minuten lang daran herumnagen lassen haben, nehmen Sie ihm das Kauobjekt weg, legen es irgendwohin, wo er es nicht sehen kann, und fangen wieder an, mit ihm zu spielen. Falls der Hund Sie daraufhin erneut zwickt, wiederholen Sie diesen Vorgang. Die meisten Hunde haben das nach zwei bis drei Mal begriffen: Sie lernen den Unterschied zwischen Tadel und Belohnung sehr schnell. Manche Vierbeiner brauchen dazu vielleicht ein bisschen mehr Übung, doch fast alle entscheiden sich lieber für die Belohnung, sobald ihnen klar geworden ist, dass sie die Wahl haben.

Wichtige Trainingstipps

Nicht drücken! Achten Sie darauf, bei dieser Methode mit den Fingern nicht auf den Unterkiefer Ihres Hundes zu drücken. Halten Sie seinen Kiefer nur mit minimalem Druck fest, während Sie den Hund mit der anderen Hand am Halsband festhalten. Das sollte für Ihren Hund zwar unangenehm sein, ihm aber nicht wehtun.

Halten Sie den Hund ganze fünf Sekunden lang fest. Es ist wichtig, Ihren Hund noch fünf Sekunden lang im Fernbediengriff zu halten, sobald er stillhält. Dadurch lernt er, dass er das, was er haben möchte, nur dann bekommt, wenn er ruhig bleibt. Wenn Sie den Hund loslassen, solange er sich noch gegen Ihren Griff wehrt, lernt er daraus lediglich, wie er sich durch Kämpfen aus dieser unangenehmen Situation befreien kann – und das sollten Sie ihm auf gar keinen Fall beibringen.

Lassen Sie sein Halsband nicht los! Halten Sie das Halsband Ihres Hundes während dieses Trainings ganz fest. Die meisten Hunde werden dabei nämlich versuchen, nach hinten auszuweichen. Daran können Sie Ihren Vierbeiner hindern, indem Sie ihn am Halsband festhalten.

Bitte beachten: Bei mittelgroßen und großen Hunden funktioniert diese Technik normalerweise hervorragend. Bei Hunden unter sieben Kilo ist sie allerdings weniger hilfreich.

Ein echter »Lucky Dog«

Sobald Flash gelernt hatte, dass er nur an seinen eigenen Spielsachen herumknabbern durfte, war er bereit für seine nächste Lektion – und die war ganz besonders schwierig. Der kleine Junge in seiner neuen Familie freute sich so sehr darüber, einen Hund zu bekommen – und Flash lernte so schnell –, dass ich Kind und Hund den Start in ihre Beziehung mit einer Aktivität erleichtern wollte, die allen beiden Spaß machen würde. Bei einem meiner früheren Besuche bei dieser Familie war mir bereits eine gute Idee dazu gekommen: AJ fuhr gerne Fahrrad, und Flash freute sich über jede Bewegung, die er bekam, also nahm ich mir noch ein bisschen mehr Zeit, um diesem Hund beizubringen, wie man neben einem Fahrrad herläuft, bevor ich ihn zu seiner neuen Familie brachte.

Flash lernte das sofort, und AJ konnte sein Glück gar nicht fassen, als ich ihm erklärte, dass er zusammen mit seinem neuen Hund in der Gegend herumradeln dürfe, sofern er sich an die Sicherheitsvorschriften hielt, die ich ihm beibrachte. Die beiden bauten fast sofort eine enge Beziehung zueinander auf – so ist eine weitere wunderbare Freundschaft zwischen Kind und Hund entstanden. Ich konnte mir kein besseres Zuhause für Flash vorstellen als diese Familie. Das war zwar eine paradoxe, aber glückliche Schicksalswendung für einen Hund, der sonst vielleicht im Tierheim gelandet wäre – einfach nur deshalb, weil er ein *Hund* und kein flauschiges vierbeiniges Accessoire statt irgendjemandes Handtasche sein wollte. Übrigens: Flash hat in seiner neuen Familie nie wieder etwas angeknabbert!

Szenen, die aus meiner Sendung herausgeschnitten wurden

Als ich Anfang zwanzig war, bat meine Großmutter mich, während ihrer Abwesenheit auf ihr Haus und ihren Hund aufzupassen. Ihr zweijähriger Dalmatiner Amber war wohl einer der unerzogensten Hunde, die es auf dieser Welt je gegeben hat. An ihren besten Tagen setzte die Hündin sich auf Befehl hin – aber nur, wenn man Glück hatte. Außerdem bellte sie zu viel, war so gut wie überhaupt nicht stubenrein und knabberte alles an, was ihr in die Fänge geriet. Da ich wusste, dass sie ein schwieriger Fall war, hatte ich mich gut auf das bevorstehende Wochenende vorbereitet. Aber ich hatte versäumt, vorher die Post aus dem Briefkasten zu holen.

Ich glaubte nicht, dass mein kurzer Gang zum Briefkasten Amber genügend Zeit lassen würde, etwas anzustellen, doch da hatte ich mich leider getäuscht. Als ich zurückkam, herrschte im Haus eine unheimliche Stille. Ich wusste, dass Amber irgendwo da drin war und dass das Schweigen ein schlechtes Zeichen war. Also suchte ich in sämtlichen Zimmern nach ihr. Nichts. Nachdem ich denselben Weg zurückgegangen und wieder im Wohnzimmer angelangt war, sah ich sie zwar immer noch nicht, hörte aber laute Kaugeräusche. Auf Zehenspitzen tappte ich in die Richtung, aus der die Geräusche kamen, bis ich vor der Speisekammer stand, zog langsam die Tür auf und schickte ein stummes Stoßgebet zum Himmel: Hoffentlich frisst sie nichts Giftiges!

Die gute Nachricht war, dass Amber »nur« Hundefutter fraß. Aber leider gab es auch eine schlechte Nachricht: Sie hatte ein Loch in den Boden einer noch ungeöffneten Vierzig-Pfund-Futtertüte gefressen und ihren ganzen Kopf hineingesteckt. Anscheinend hatte sie sich bereits etwa die Hälfte des Futters einverleibt.

»Amber! *Böser* Hund!«, schrie ich.

Die Hündin erschrak und versuchte wegzurennen; doch ihr Kopf steckte so tief in der Tüte, dass sie ihn nicht wieder herausbekam. Statt ruhig abzuwarten, bis ich sie aus ihrer Gefangenschaft befreite, rannte sie mit der Futtertüte auf dem Kopf davon. Zum Glück fungierte die Tüte als eine Art Helm, sodass es ihr nicht zu sehr wehtat, wenn sie – blind, wie sie in diesem Zustand war – gegen Wände rannte oder mit Möbelstücken zusammenstieß. Zu diesem Zeitpunkt machte ich mir nicht einmal mehr Gedanken über das viele Futter, das sie gefressen hatte, ich wollte ihr nur noch die Tüte vom Kopf streifen, bevor sie sich verletzte. Denn Amber war in totale Panik geraten und brauchte dringend Hilfe.

Als es mir endlich gelang, sie in eine Ecke zu treiben und von ihrer Futtertüte zu befreien, die gleichzeitig auch als Helm und Augenbinde fungierte, starrte mir eine von Trockenfutterstaub bedeckte, verwirrte, aber ziemlich zufrieden aussehende Dalmatinerhündin entgegen. Amber wusste zwar nicht genau, was da eigentlich passiert war, aber sie hatte getafelt wie eine Königin und sich auf einen Schlag mindestens eine Wochenration Trockenfutter einverleibt. Wahrscheinlich hatte dieser Genuss die Unannehmlichkeit der Gefangenschaft in einer Futtertüte in ihren Augen mehr als aufgewogen.

14

Bellen

Die zehn Monate alte Terrier-Pudel-Mischlingshündin Daisy war von ihrer Familie ausgesetzt worden. Als ich ihr im Tierheim begegnete, war mein erster Eindruck: Diese Hündin ist so klein und verängstigt – man kann sich kaum vorstellen, wie sie es überhaupt geschafft hat, auf eigene Faust zu überleben. Sie hatte absolut nichts Einschüchterndes an sich: Weder ihre Irokesenfrisur noch die versponnenen Wissenschaftler-Augenbrauen, die sie hoffnungsvoll hob, wenn ich näher kam, und erst recht nicht der ernste »Bist-du-mein-Freund?«-Blick, den sie mir zuwarf, wenn ich die Metalltür zu ihrem Zwinger öffnete, wirkten auch nur im Mindesten bedrohlich. Wenn ich Daisy hochnahm, hing sie wie eine leblose Stoffpuppe in meinen Armen. Es war, als ob sie noch nie in ihrem Leben jemand auf den Arm genommen hätte.

Doch auf meiner Ranch war sie schon nach einem Tag, den sie zusammen mit meinem Hunderudel verbracht hatte, wie ausgewechselt; und als ich sie dann am dritten Tag in den Trainingshof brachte, hatte sie sich aus einem extrem ängstlichen Welpen in eine begeisterte vierbeinige Schülerin mit eindrucksvollen sportlichen Fähigkeiten verwandelt: Diese Hündin konnte auf mein höchstes Trainingspodest hinauf- und wieder hinunterspringen wie ein Profisportler.

Als wir mit dem Training der sieben Grundkommandos begannen, war Daisy von einer zittrigen angestauten Energie erfüllt, die es mir schwer machte, ihre Aufmerksamkeit zu wecken oder aufrechtzuerhalten. Doch mithilfe der Zwei-Leinen-Technik und ein paar besonders guter Leckerlis konnte ich sie dann schließlich doch dazu bringen, sich zu konzentrieren. Danach war Daisy beim Training hundertprozentig in ihrem Element: Sie erlernte die Kommandos mühelos, und schon nach ein paar Tagen konnte ich mit ihr schwierigere Aufgaben in Angriff nehmen. Vielleicht lag es an ihren Genen. Pudel sind normalerweise hochintelligent, und Terrier lassen sich sehr leicht trainieren. Doch aus welchem Grund auch immer: Diese Hündin entwickelte sich zu einem absoluten Muster an Gehorsam.

Ich konnte es kaum erwarten, der Familie, die ich für sie ausgewählt hatte, davon vorzuschwärmen, was für ein Goldstück ich für sie gefunden hatte – einer sehr sympathischen Mutter, die kurz davorstand, sich wieder zu verheiraten, und ihrer kleinen Tochter, die sich nicht nur einen liebevollen Stiefvater, sondern auch sehnlichst einen Hund wünschte.

Also fuhr ich zu der Familie, um ihr von Daisy zu berichten, und war mir ziemlich sicher, genau den richtigen Hund für das richtige Zuhause gefunden zu haben. Doch als ich nach diesem Besuch auf meine Ranch zurückkehrte und nach Daisy schauen wollte, blieb ich wie angewurzelt stehen. Denn ich hörte sie schon lange vor meiner Ankunft bellen – ein schrilles, unaufhörliches Kläffen, wie eine Schallplatte, die einen Sprung hat: »Wuff, wuff, wuff …«

Als ich die vorherigen Trainingstage mit Daisy in Gedanken noch einmal durchging, erinnerte ich mich daran, dass sie diese Angewohnheit auch vorher schon gehabt hatte. Daisy bellte, wenn sie den Briefträger sah, wenn ein Eichhörnchen am Zaun entlanghuschte, wenn ein Blatt von einem in der Nähe stehenden Baum herunterfiel; sie bellte, bellte, bellte ununterbrochen, wenn sie mit den anderen Hunden meines Rudels spielte – und jetzt bellte sie eben, weil sie auf meine Heimkehr wartete. Da kam mir der Gedanke, dass Daisy vielleicht gerade aus diesem Grund im Tierheim gelandet war. Ich stand draußen und horchte in der Hoffnung, dass sie vielleicht einen guten Grund dafür gehabt hatte, solchen Lärm zu machen, und sich schon von selbst wieder beruhigen würde.

Fehlanzeige! Und damit hatte ich ein großes Problem am Hals. Niemand will einen Hund, der dauernd bellt, doch es gibt Situationen, in denen ein solches Verhalten ein absolutes No-Go ist. Daisys neue Besitzer wohnten in einer Apartmentanlage – und für eine Familie, die Wand an Wand und Fenster an Fenster mit ihren Nachbarn lebt, gibt es nichts Schlimmeres als so einen Kläffer. Ich bedauerte, dass ich Daisy dieser Familie noch vor Kurzem in den höchsten Tönen angepriesen hatte. Wenn ich dieses Problem nicht lösen konnte, musste ich einen Rückzieher machen – und ein sechsjähriges Mädchen, das sich schon so sehr auf seinen neuen Hund gefreut hatte, bitter enttäuschen. Ich kann Ihnen gar nicht sagen, wie mir vor diesem peinlichen Gespräch graute! Also blieb mir nichts anderes übrig, als Daisy das Bellen abzugewöhnen.

Das Problem

Löwen brüllen. Vögel singen. Hunde bellen. Das ist etwas ganz Normales. Wahrscheinlich ist es sogar eine der Eigenschaften, die den ersten Menschen an ihren vierbeinigen Begleitern besonders gut gefallen haben, denn ein bellender Gefährte hält Eindringlinge fern. Doch Problembellen ist etwas ganz anderes – und den meisten wird das auch sofort klar (mit Ausnahme mancher Hundebesitzer, die dieses Problem lieber ignorieren). Es ist nun einmal so, dass die menschliche Zivilisation sich weiterentwickelt hat, während unsere Hunde immer noch dieselben Instinkte haben wie vor Jahrtausenden. Es gibt die verschiedensten Gründe für einen Hund zu bellen: von Langeweile über Beschützerinstinkt bis hin zu dem Versuch, ein bisschen Aufmerksamkeit auf sich zu lenken. Tierheimhunde entwickeln oft einfach nur deshalb ein Bellproblem, weil sie Wochen oder gar Monate im Epizentrum ständigen Gebells verbracht haben. Und da alle anderen Hunde im Tierheim bellen, stimmen viele normalerweise ruhige Vierbeiner ebenfalls mit ein – bis das Bellen für sie zur Normalität geworden ist.

Egal, wo die Ursache liegt: Anfangs ist das Bellen oft nur ein kleines Problem, das sich dann mit der Zeit zu einem großen Dilemma auswächst – und zwar manchmal direkt vor der Nase des Hundebesitzers. Manche Besitzer verschlimmern das Problem unbewusst sogar noch, indem sie ihren Hunden Leckerlis zustecken, um sie zum Schweigen zu bringen. Das funktioniert zwar tatsächlich, aber eben nur vorübergehend, denn in den Augen des Hundes ist das Leckerli eine Belohnung fürs Bellen – und somit ein guter Grund, sich diese Unart nicht abzugewöhnen!

Bellen ist ein besonders ernst zu nehmendes Verhaltensproblem, weil es zu den häufigsten Gründen gehört, warum Nachbarn die Tierkontrollbehörde oder gar die Polizei alarmieren. Das kann zu Verwarnungen von Behörden oder vom Vermieter, ja sogar bis hin zu einer Räumungsklage führen oder zumindest die Beziehung zu den Nachbarn belasten. Und raten Sie mal, wo Hunde, deren Besitzer ihretwegen aus der Wohnung geworfen wurden, häufig landen? Richtig – im Tierheim. Für den Hund geht es dabei in manchen Ländern um Leben oder Tod, daher empfehle ich Hundebesitzern, so schnell wie möglich Abhilfe zu schaffen, wenn ihr Hund zu viel bellt.

Die Lösung

Wenn Sie dieses Problem angehen, ist es wichtig, daran zu denken, dass Bellen ein völlig normales, in der DNA Ihres Hundes verankertes Instinktverhalten ist. Man kann einem Hund nicht beibringen, nie wieder zu bellen; das wäre so, als würde man einem Menschen das Sprechen verbieten. Aber man kann einem Hund beibringen, auf Kommando mit dem Bellen aufzuhören; und damit können Sie dieses Problem gut in den Griff bekommen.

Wie bei allen Trainingszielen gibt es mehrere verschiedene Möglichkeiten, das zu erreichen. Ich möchte Ihnen hier zwei Hauptmethoden erklären. Beide Techniken habe ich schon bei Hunderten von Hunden erfolgreich eingesetzt, aber ich weiß nicht, welche bei Ihrem am besten funktionieren wird. Denn jeder Hund ist ein einzigartiges, intelligentes Wesen, und eine Methode, mit der man einen Hund erfolgreich von einem Problemverhalten abbringt, ist beim anderen vielleicht nicht unbedingt die beste Lösung. Deshalb stelle ich Ihnen gleich von vornherein mehrere Möglichkeiten vor.

Ein Schritt-für-Schritt-Plan

Methode Nr. 1

Das ist eine sehr wirksame und direkte Möglichkeit, einem Hund das Ruhigsein beizubringen, und auch bei dieser Methode kommt es auf das richtige Timing an. Das einzige Werkzeug, das man dazu braucht, ist – ja, Sie haben richtig geraten! – eine mit Münzen gefüllte Flasche oder ein Shake-&-Break-Trainingsgerät.

Schritt 1: Bei dieser Technik ist gute Vorbereitung ganz besonders wichtig: Sie müssen dazu Ihre Flasche oder Ihr Trainingsgerät in der Hand halten und den Hund zum Bellen bringen. Das erreicht man normalerweise am leichtesten, indem man an der Tür klingelt oder klopft. Also tun Sie das (oder fordern Sie einen Helfer dazu auf), und halten Sie dabei Ihr Trainingsgerät parat. Unverbesserliche Beller werden sofort anfangen zu kläffen, wenn sie das Geräusch an der Tür hören. Sobald Ihr Hund bellt, geben Sie ihm in energischem Ton das Kommando *RUHIG*, schütteln Ihr lärmendes Trainingswerkzeug dabei kräftig und sagen dann noch einmal: *RUHIG*. Bei diesem ungewohnten, unangenehmen Geräusch wird Ihr Hund kurz erschrecken und mit dem Bellen aufhören. Manche Hunde weichen dabei sogar ein, zwei Meter zurück. Diese kurze Schrecksekunde ist das Erfolgsgeheimnis der Methode.

Warum ist sie so wirksam? Ganz einfach: Wenn ein Hund wie verrückt zu bellen anfängt, verblassen alle anderen Sinneseindrücke. Denn das Bellen ist der erste Schritt einer instinktiven Schutzreaktion. Je mehr Ihr Hund sich ereifert, umso stärker wird dieser »Tunnelblick« – wenn Sie ihn in solch einer Situation nicht gerade laut anbrüllen, hört er Sie wahrscheinlich gar nicht. Und solange Sie nicht direkt in sein Sichtfeld springen, wird er Sie wahrscheinlich auch nicht sehen. Das lässt sich mit einem ganz einfachen Vergleich anschaulich machen: Angenommen, Sie sitzen zu Hause vor dem Fernseher, und jemand neben Ihnen sagt etwas ... Wenn wir ganz ehrlich mit uns selbst sind, haben wir wahrscheinlich alle schon mal Augenblicke erlebt, in denen wir zwar wussten, dass jemand mit uns sprach, wobei wir aber so sehr auf unsere Fernsehsendung konzentriert waren, dass seine Worte gar nicht bis in unser Bewusstsein gedrungen sind. Wir haben mehr oder weniger nur das Geräusch gehört. Es ist ganz normal, dass Sie sich nicht auf mehrere akustische Eindrücke gleichzeitig konzentrieren können. Doch sobald es der Person, die zu Ihnen spricht, gelingt, Ihre Aufmerksamkeit zu wecken, und Sie anfangen, ihr zuzuhören, tritt das Geräusch des Fernsehers in den Hintergrund. Genau das Gleiche passiert, wenn ein Hund sich hundertprozentig auf einen (wenn auch nur in seiner Fantasie existierenden) Einbrecher oder auf irgendeinen anderen Grund zum Bellen konzentriert: Dann ist das seine Fernsehsendung. Wird er Sie hören, solange seine ganze Aufmerksamkeit dieser »Sendung« gilt? Wahrscheinlich kaum oder gar nicht. Sie müssen ihn also ablenken, um seine Aufmerksamkeit auf sich zu ziehen, und eine solche Ablenkung ermöglicht Ihnen Ihre mit Münzen gefüllte Flasche oder Ihr Shake-&-Break-Trainingsgerät. Denn dieses Werkzeug macht in den Ohren Ihres Hundes ein so unverwechselbares Geräusch – vor allem, wenn er es zum ersten Mal (oder zum ersten Mal seit langer Zeit) hört –, dass es ihn für ein paar Sekunden in die Realität zurückholt. Und jetzt kommt Ihr gutes Timing ins Spiel: Um ihm dieses Kommando beizubringen, müssen Sie genau in dem Moment, in dem Ihr Hund erschrickt, das Wörtchen *RUHIG* sagen.

Am Ende wird der Hund das Kommando auch ohne klirrendes Geräusch verstehen. Doch das lernt er nur dann, wenn Sie sich bei diesem Training immer genau an die richtige Reihenfolge halten: Sie klingeln an der Tür, der Hund fängt an zu bellen, Sie geben ihm das Kommando *RUHIG*, Sie schütteln die Flasche oder das Trainingsgerät einmal kräftig und sagen dann nochmals: *RUHIG*.

Wenn Sie Ihrem Hund dieses Kommando zum allerersten Mal geben, verankern Sie es bereits auf subtile Weise in seinem Gehirn. Vielleicht hört er gar nicht, was Sie sagen, bevor Sie die Flasche schütteln; doch dieser Wahnsinn hat Methode, also haben Sie noch ein bisschen Geduld mit mir! Nachdem Sie die Flasche geschüttelt haben, geben Sie ihm das Kommando noch einmal. Diesmal wird Ihr Hund Sie hören – und das Wörtchen *RUHIG* mit diesem Geräusch assoziieren, das er nicht ausstehen kann.

Schritt 2: Üben Sie diese Technik mit Ihrem Hund eine Woche lang täglich ein paarmal. Schütteln Sie die Flasche dabei jeden Tag ein bisschen leiser, und legen Sie mehr Betonung auf das Kommando – und zwar sowohl vor als auch nach dem Schütteln. Mit der Zeit sollte das Geräusch immer mehr abnehmen und das Kommando zunehmend an Nachdruck gewinnen. Dadurch wird Ihr Hund sich allmählich immer mehr auf Ihre Stimme und immer weniger auf das Geräusch der Flasche konzentrieren. Deshalb haben Sie Ihrem Hund das Kommando *RUHIG* von Anfang an zusätzlich zum Schütteln der Flasche gegeben – um ihn darauf zu konditionieren, dass er daraufhin im wahrsten Sinne des Wortes »die Schnauze halten« soll, egal, ob er dabei auch noch das Geräusch klirrenden Metalls hört oder nicht. Anfangs hört Ihr Hund nur: »Bla, bla, bla (schüttel, schüttel, schüttel), *RUHIG*.« Doch im Lauf der Trainingswoche wird ihm irgendwann klar werden, dass dieses »Bla, bla, bla« in Wirklichkeit Ihre Stimme ist, mit der Sie ihn dazu auffordern, RUHIG zu sein. Sobald Sie so weit gekommen sind, dass Ihr Hund mit dem Bellen aufhört, wenn er Ihr erstes

RUHIG hört, können Sie die mit Münzen gefüllte Flasche oder das Shake-&-Break-Trainingsgerät beiseitelegen – zumindest für diese Trainingsmethode.

Wichtige Trainingstipps

Geben Sie dem Hund das Kommando in energischem Ton. Denn dabei handelt es sich um eine erzieherische Maßnahme: Sie *bitten* Ihren Hund nicht einfach nur darum, ruhig zu sein, sondern *befehlen* es ihm. Das heißt, Sie schlüpfen jetzt in Ihre Rolle als wohlwollende Führungspersönlichkeit oder Elternfigur. Stimmen Sie Ihren überzeugendsten »Mutti/Vati-weiß-schon-was-gut-für-dich-ist«-Tonfall an, um Ihrem Hund einen Eindruck selbstsicherer Autorität zu vermitteln.

Achten Sie auf das richtige Timing! Sie müssen dem Hund *sofort, nachdem* er mit dem Bellen angefangen hat, das Kommando geben und die mit Münzen gefüllte Flasche oder das Shake-&-Break-Trainingsgerät in Aktion treten lassen. Wenn Sie zu lange damit warten, erreichen Sie nicht das gewünschte Ergebnis, weil der Hund dann keine Gedankenverbindung zwischen Bellen, Kommando und Geräusch herstellt. Der richtige Zeitpunkt ist bei dieser Methode also ein sehr wichtiger Faktor.

Ich habe im Lauf der Jahre nur sehr wenige Hunde kennengelernt, bei denen diese Technik nicht funktionierte, also sollten Sie dabei nicht nur auf das richtige Timing achten und immer wieder konsequent mit Ihrem Hund üben, sondern bitte auch nicht so leicht aufgeben. Der Hund darf bei diesem Training nicht mehr Ausdauer haben als Sie – Ihre Freunde, Familienangehörigen und Nachbarn werden es Ihnen danken, wenn Sie ihm das Bellen abgewöhnt haben!

Für die wenigen Hunde, die nicht auf diese Methode ansprechen, habe ich noch eine zweite Trainingstechnik entwickelt. Die ist zwar ein bisschen komplizierter, doch dafür erlernt Ihr Hund dabei nicht nur eine, sondern gleich zwei neue Fähigkeiten.

Methode Nr. 2

Das ist eine Technik für Fortgeschrittene, an die Sie sich nur heranwagen sollten, wenn Sie sich einer schwierigen Herausforderung gewachsen fühlen! Auch wenn es noch so paradox klingt: Ich habe durch jahrelanges Versuch-und-Irrtum-Verfahren herausgefunden, dass man einem Hund am besten beibringen kann, auf Kommando ruhig zu sein, wenn er zuerst einmal lernt, auf Kommando zu bellen. Diese Methode habe ich gelernt, als ich Hunde für Fernseh- und Werbesendungen trainierte – vor allem, wenn Hunde gesucht wurden, die auf Befehl bellen konnten.

Die meisten Leute halten mich für verrückt, wenn ich ihnen diese Methode erkläre, doch wenn man sie richtig praktiziert, kann man damit wahre Wunder bewirken. Sie brauchen dazu nur:

• eine Leine und
• eine Tüte Leckerlis.

Achten Sie darauf, dass Ihr Hund tüchtigen Hunger hat, bevor Sie mit diesem Training beginnen, denn das wird ein hartes Stück Arbeit für ihn. Sie können dieses Training sogar mit einer Mahlzeit verbinden, indem Sie ihm dabei seine ganze Tagesration verfüttern.

Schritt 1: Befestigen Sie die Leine am Halsband Ihres Hundes, und halten Sie das andere Ende in der Hand. Dadurch bleibt er während des ganzen Trainings in einer gleichbleibenden Position. Wenn Sie bei dieser Methode einen Helfer haben, der die Leine halten kann, funktioniert sie noch besser. Zunächst werden Sie Ihrem Hund beibringen, auf Kommando Laut zu geben. Bei Hunden, die ohnehin viel bellen, ist das nicht allzu schwierig. Wenn Sie wissen, was Ihren Hund zum Bellen veranlasst, können Sie es ihm binnen Minuten beibringen. Viele Hunde fangen an zu bellen, wenn es an der Tür klingelt oder klopft. Falls Ihr Hund auch so reagiert, öffnen Sie die Haustür nur so weit, dass Sie den

Klingelknopf erreichen oder von außen an die Tür klopfen können, und tun Sie das dann. Wie erwartet wird Ihr Hund daraufhin sofort anfangen zu bellen. Währenddessen stehen Sie zwischen Tür und Hund und geben ihm das Kommando *GIB LAUT* und ein dazugehöriges Handsignal. Wählen Sie dafür ein unverwechselbares Signal: Sie können zum Beispiel mit dem Zeigefinger hin und her wedeln oder Ihre Hand auf- und zuklappen wie jemand, der Sprechbewegungen mit einer Handpuppe macht.

Wiederholen Sie diesen Vorgang mehrmals innerhalb von ein paar kurzen Trainingssitzungen, so prägt Ihr Hund sich das Kommando *GIB LAUT* am besten ein. Sobald Sie damit fertig sind, haben Sie seine schlechte Angewohnheit in eine feste Struktur eingebettet – und dafür gesorgt, dass das Bellen von nun an nicht mehr seiner, sondern Ihrer Kontrolle unterliegt. Üben Sie das so lange, bis Ihr Hund schon auf ein verbales Kommando und Handsignal hin Laut gibt (ohne dass Sie dazu erst an der Tür klingeln müssen). Wenn er dieses neue Kunststück erlernt hat, können Sie zum nächsten, wichtigsten Schritt übergehen.

Schritt 2: Sobald Ihr Hund auf Befehl Laut gibt, geben Sie ihm das Signal und warten, bis er anfängt zu bellen. In diesem Moment erteilen Sie ihm ein neues Kommando: *RUHIG*. Achten Sie darauf, dieses Kommando in energischem Ton auszusprechen! Sie sollen Ihren Hund dabei nicht anschreien, ihm aber zu verstehen geben, dass Sie es ernst meinen. Wenn er trotzdem weiterbellt, warten Sie so lange, bis er aufhört. Schließlich kennt er die Bedeutung dieses Kommandos ja noch nicht. Sobald er aufhört zu bellen, warten Sie ein paar Sekunden und geben ihm dann ein Leckerli. Es ist sehr wichtig, diese paar Sekunden abzuwarten, damit Ihr Hund begreift, dass er nicht fürs Bellen, sondern fürs Stillsein »bezahlt« wird. Warten Sie in jeder Trainingssitzung ein bis zwei Sekunden länger mit der Belohnung Ihres Hundes. Innerhalb einer Woche sollten Sie bei zehn bis fünfzehn Sekunden »Funkstille« angelangt sein und ihm dafür keine Belohnung mehr geben müssen. Wiederholen Sie dieses Kommando sehr oft, bevor Sie mit etwas anderem weitermachen, denn es sollte sich fest im Gedächtnis Ihres Hundes verankern.

Je öfter Sie dieses Kommando üben, umso besser wird der Hund es beherrschen. Bald wird er es so gut können, dass er auch dann auf Kommando Ruhe gibt, wenn tatsächlich jemand an der Tür klingelt.

Denken Sie daran: Sie bringen Ihrem Hund damit nicht bei, überhaupt nicht mehr zu bellen, sondern damit aufzuhören, sobald er das Kommando *RUHIG* hört. Üben Sie dieses Kommando immer wieder mit vorher verabredetem Klingeln an der Haustür, und vergessen Sie dabei nicht, dass das für Ihren Hund eine sehr große Herausforderung ist. Daher sollten diese Trainingssitzungen höchstens zehn bis fünfzehn Minuten dauern, und Sie sollten dazwischen lange Pausen einlegen, damit Ihr Hund das Gelernte verarbeiten kann. Bei manchen dauert es ein bisschen länger, bis sie dieses Kommando konsequent befolgen, aber das ist auch kein Wunder, denn Bellen ist bei vielen Hunden eine tief verwurzelte Gewohnheit. Denken Sie daran: Für die Erziehung eines Hundes braucht man Geduld!

Wichtige Trainingstipps

Warum ist diese Technik so wirksam? Ganz einfach: Dadurch, dass Sie Ihrem Hund beibringen, auf Kommando zu bellen, machen Sie aus seiner schlechten Angewohnheit ein Kunststück, und immer wenn wir unserem Hund ein Kunststück beibringen, ist er gezwungen, sich zu konzentrieren. Und wenn der Hund konzentriert ist, achtet er genau auf Sie, hört Ihnen zu und ist offen dafür, etwas Neues zu lernen. In dieser geistigen Verfassung wird er es also hören, wenn Sie *RUHIG* sagen, während er höchstwahrscheinlich taub für sämtliche Kommandos ist, wenn er gerade wie ein Verrückter bellt. So wird Ihr Hund im Lauf der Trainingswoche allmählich den Sinn des Kommandos *RUHIG* erlernen und darauf konditioniert werden.

Diese Methode funktioniert am besten bei gehorsamen Hunden. Denken Sie daran: Es ist viel leichter, Ihrem Hund diese Technik beizubringen, wenn er bereits gut gehorcht. Das hier ist keine Anfängermethode; falls Ihr Hund die sieben Grundkommandos (oder jedenfalls die meisten davon) noch nicht beherrscht, sollten Sie ihm lieber erst mal ein paar einfachere Kommandos beibringen, bevor Sie mit dieser Technik beginnen.

Übertreiben Sie es nicht. Hierbei handelt es sich um ein schwieriges Kommando, also bringen Sie es Ihrem Hund am besten innerhalb von ein paar kurzen, über den Tag verteilten Trainingssitzungen bei. Übertraining ist niemals eine kluge Strategie.

Schreien Sie Ihren Hund nicht an! Schließlich wollen Sie ihm das Kommando *RUHIG* beibringen … Aber auch sonst ist es keine gute Idee, Ihre Stimme zu erheben, wenn Sie Ihren Hund zu etwas auffordern. Das fällt den meisten Hundebesitzern bei diesem Training am schwersten, weil sie natürlich erreichen möchten, dass ihr Hund sofort still ist, und glauben, das durch Schreien am besten erreichen zu können. In den ersten paar Trainingssitzungen müssen Sie durchaus damit rechnen, dass Ihr Hund mindestens zwanzig Sekunden brauchen wird, um sich zu beruhigen. Wenn Sie diese Zeit geduldig abwarten, werden aus den zwanzig Sekunden innerhalb von ein paar Tagen zwei Sekunden! Also bewahren Sie einen kühlen Kopf, und nehmen Sie sich genügend Zeit für dieses Training.

Ein paar hilfreiche Anti-Bell-Trainingswerkzeuge

Ich bin ein Technikjunkie, der Probleme am liebsten durch kluge Techniken löst. Doch wenn Sie die gewünschten Ergebnisse schneller erreichen möchten, können Sie natürlich auch ein paar Trainingswerkzeuge hinzuziehen.

Citronella-Hundehalsband: Ein Citronella-Halsband sprüht dem Hund jedes Mal, wenn er bellt, etwas Citronellaöl ins Gesicht. Die Vorteile dieses Halsbands liegen darin, dass man damit bei ziemlich vielen Hunden eine rasche Wirkung erzielen kann. Es ist einfach in der Anwendung und schadet Ihrem Hund nicht. Der Nachteil besteht darin, dass so ein Halsband für kleine Hunde oft zu klobig und unhandlich ist, außerdem muss man es regelmäßig warten (Batterien wechseln, Citronellaöl nachfüllen), und wenn man nicht die richtige Einstellung gewählt hat, unterscheidet es nicht zwischen akzeptablem Bellen (zum Beispiel einem freundlichen Wuff, mit dem Ihr Hund einen Nachbarn begrüßt) und lautem, anhaltendem, störendem Gebell.

Ultraschallhalsband: Ein Ultraschall- funktioniert so ähnlich wie das Citronella-Halsband und hat auch viele ähnliche Vor- und Nachteile. Dabei gibt es jedoch ein paar Besonderheiten zu beachten: Da dieses Halsband einen hohen Ton abgibt, den nur Hunde hören können, eignet es sich nicht besonders gut für einen Haushalt mit mehreren Hunden oder für einen Hund, der sich oft draußen in der Nähe anderer Vierbeiner aufhält. Denn einen völlig unschuldigen Hund, der einfach nur zufällig danebensteht, mit einem unangenehmen Geräusch zu bestrafen, ist ziemlich gemein. Eine so rücksichtslose Vorgehensweise würde ich auf gar keinen Fall empfehlen.

Ultraschall-Ferntrainer: Im Gegensatz zum Halsband handelt es sich hierbei um eine Art Fernbedienung, die man in der Hand hält. Bei den meisten Ferntrainern dieser Art gibt es mindestens zwei verschiedene Einstellungen: ein positives und ein negatives Tonsignal. Sie können die Wirkung des positiven Tons noch verstärken, indem Sie Ihren Hund dabei zusätzlich hin und wieder belohnen. Das negative Tonsignal ist extrem hoch und wirkt auf die meisten Hunde sehr unangenehm. Der Vorteil dieses Trainingswerkzeugs besteht darin, dass Sie damit mehr Kontrolle über Ihren Hund haben – Sie können es nämlich auch einsetzen, um ihn von vornherein vom Bellen abzuhalten. Doch genau das kann gleichzeitig auch ein Nachteil sein, denn wenn Sie es nicht konsequent gegen das Problembellen Ihres Hundes einsetzen, versteht er vielleicht gar nicht, warum er manchmal mit diesem furchtbaren Geräusch »bestraft« wird.

Falls Sie unsicher sein sollten, welches dieser Werkzeuge Sie verwenden sollen, fragen Sie gegebenenfalls einen professionellen Hundetrainer um Rat.

Realitätscheck

Wie ich bereits in Kapitel 1 betont habe, sollten Sie auch über die Rasse Ihres Hundes Bescheid wissen, um ihn richtig erziehen zu können. Denn es gibt ein paar Rassen und Gebrauchshundkategorien, die nicht nur bekannt dafür sind, viel zu bellen, sondern sogar extra zu diesem Zweck gezüchtet wurden. Wenn Sie also beispielsweise einen Beagle haben, brauchen Sie sich nicht darüber zu wundern, wenn es bei jeder Anti-Bell-Methode eine Weile dauert, bis er sie begriffen hat; und es besteht auch das – wenn auch geringe – Risiko, dass er dieses Kommando überhaupt nicht erlernt. Jagdhunde sind nun mal Beller – dagegen kann man nichts tun, und das ist schließlich auch allgemein bekannt. Der Drang, laut und viel zu bellen, ist in ihrer DNA verankert, das sollte jeder Jagdhundbesitzer wissen. Wenn Sie sich über die Rasse Ihres Hundes informieren, werden Sie sein Verhalten nicht nur besser verstehen, sondern auch wissen, ob Sie sich auf ein langes Training einstellen müssen oder ob der Hund innerhalb von ein paar Tagen alles lernen kann, was er wissen muss.

Ein echter »Lucky Dog«

Zum Glück sprach Daisy auf ihr Anti-Bell-Training genauso gut und schnell an wie auf die sieben Grundkommandos, die ich ihr zuvor beigebracht hatte. Um hundertprozentig sicherzugehen, dass sie in der Lage war, sich ruhig zu verhalten, ließ ich sie immer wieder für längere Zeit auf meiner Ranch allein – und überwachte sie dabei von draußen mit einem Babymonitor, um festzustellen, ob sie bellte. Zum Glück hat Daisy diesen Test mit Bravour bestanden!

Und sie hat auch noch ein paar andere schwierige Hindernisse überwunden: So bewältigte sie beispielsweise so gut wie alle Blockaden, die ich auf dem Agility-Parcours für sie aufbaute. Ich hatte gehofft, Daisy mit diesem zusätzlichen Training ein Ventil für ihre überschüssige Energie zu geben, und als ich sah, mit welch spielender Leichtigkeit sie die Agility-Hindernisse meisterte, war mir klar, dass sie ihre wahre Berufung gefunden hatte. Diese Hündin war zum Springen geboren, und die Agility-Hürden gaben ihr die Möglichkeit, ihre ganze Energie und Begeisterungsfähigkeit auszuleben.

So konnte ich Daisy schließlich doch noch bei der Familie unterbringen, die ich für sie ausgesucht hatte, und als ich beobachtete, wie ihre neuen Besitzer sie durch den Agility-Parcours auf meinem Hundespielplatz führten, war ich überzeugt davon, dass sie das richtige Zuhause gefunden hatte. Bis zum heutigen Tag bekomme ich immer wieder E-Mails, in denen ihre Besitzer mir berichten, dass sie ihren Agility-Kurs wieder mal als Beste abgeschlossen hat!

15

Buddeln und aus dem Garten ausreißen

Vor Jahren trainierte ich einen dreijährigen Schipperke namens Ernie für seine neuen Besitzer. Das große Problem dieses Hundes beschränkte sich ausschließlich auf den Garten – doch das war leider nicht zu übersehen. Auf den ersten Blick schien dieses Grundstück in Bel Air von einer ganzen Horde von Taschenratten bevölkert zu sein: Es war von Löchern übersät und sah aus wie der zerstörte Golfplatz aus dem Film »Wahnsinn ohne Handicap«. Aber es gab keine Taschenratten, die unter dem Haus dieser Familie ihre Tunnels durchgruben. Schuld daran war einzig und allein Ernie, der schon als Welpe angefangen hatte, Löcher im Garten zu buddeln, und dem das leider auch nie verboten worden war – bis zu dem Tag, an dem ich in sein Leben trat.

Wie viele Verhaltensprobleme war auch das Buddeln im Garten bei diesem Hund im Welpenalter noch ein niedlicher Zeitvertreib gewesen, hatte sich jedoch später zu einem großen Problem entwickelt: Als die Familie mich zu Hilfe rief, sah der Garten aus wie ein Minenfeld und war eigentlich nur noch für Ernie benutzbar. In den drei Jahren, in denen dieser Hund nun schon Löcher in den Garten buddelte, war er richtig süchtig nach dieser Beschäftigung geworden. Ob er das Umgraben des Gartens für eine wichtige Arbeit hielt oder ob es ihn einfach nur glücklich machte, wusste niemand so genau; aber er hatte ganz offensichtlich nicht vor, damit aufzuhören.

Der Schipperke gehört zu den Rassen, die vielleicht ein bisschen wie Schoßhunde aussehen, aber niemals zu diesem Zweck gezüchtet worden sind. Diese Tiere waren ursprünglich fleißige, eigenständige Arbeitshunde, und Ernie war ein ziemlich typischer Vertreter seiner Rasse: intelligent, eigensinnig und trotz seiner Kleinheit ausgesprochen kräftig. Seine Gewohnheit war ihm bereits zur zweiten Natur geworden, und es kann schon eine ziemlich schwierige Aufgabe sein, so einem Hund das Buddeln abzugewöhnen. Doch ich habe im Lauf der Jahre eine todsichere Methode entdeckt, mit der man Hunden das Graben im Garten verleiden kann. Eigentlich ist das eher ein cleverer Trick als eine Trainingsmethode, aber es funktioniert sehr gut, weil man sich dabei die Ur-Instinkte des Hundes zunutze macht.

Das Problem:Wenn der Hund Löcher in den Garten gräbt

Für Hunde wie Ernie ist Zerstörung fast schon eine Kunstform: Für sie ist das Anknabbern von Gegenständen und das Graben von Löchern tatsächlich zu einer Art Projekt geworden, zu dem sie immer wieder zurückkehren, um ihm den letzten Schliff zu geben. Wahrscheinlich haben Sie diese Art zerstörerischer Kreativität auch schon bei Ihrem eigenen Hund beobachtet: zum Beispiel an dem zerfressenen Kissen, das den Hund erst dann richtig zu befriedigen scheint, wenn er die Füllung in der ganzen Wohnung verstreut hat; dem Lieblingsspielzeug, an dem er so lange herumleckt und -zerrt, bis es *beinahe* (aber eben doch nicht ganz) auseinanderfällt, oder dem Loch im Garten, das ihn immer wieder dazu zu verlocken scheint, es noch ein bisschen mehr zu vertiefen oder zu erweitern. Wenn Hunde einer solchen Zerstörungswut anheimfallen, reagieren sie dabei nicht einfach nur angestaute Energie ab, sondern schaffen gleichzeitig auch ein Andenken, das Herrchen und Frauchen immer wieder daran erinnert, was für einen kreativen, energiegeladenen Hund sie haben.

Wenn ein Vierbeiner, der als Arbeitshund gezüchtet wurde, keine Aufgabe hat, sucht er sich eine – und zwar häufig zum Schaden Ihres Gartens.

Wir können zwar nicht wissen, was in einem Hund vorgeht, der ein Loch in den Garten gräbt, doch manche Vierbeiner motiviert dabei wahrscheinlich das Gefühl der feuchten Erde unter ihren Pfoten, die Befriedigung über den immer größer werdenden Erdhaufen, der sich hinter ihnen auftürmt, oder vielleicht sogar die Hoffnung, tief in der Erde einen »Schatz« zu finden – irgendwie scheint die Buddelei jedenfalls für viele Hunde ein geradezu berauschendes Erlebnis zu sein. Für wieder andere ist sie einfach nur Mittel zum Zweck: Sie graben sich heimlich, still und leise einen Durchschlupf, durch den sie aus dem Garten ausreißen können. Daher geht es in diesem Kapitel nicht nur um Hunde, die den Garten umgraben, sondern auch um diese cleveren Ausbruchsexperten, denn beide Verhaltensweisen sollten in einem Garten absolut tabu sein. Zum Glück kann man einem Hund beide Unarten abgewöhnen – Ihr Garten wird also bald wieder Ihnen gehören!

Die Methode

Manchmal ist der Übeltäter im Garten einfach nur ein Welpe, der sich seinem Alter entsprechend benimmt. Manchmal kann es – so wie in Ernies Fall – aber auch ein ausgewachsener Hund sein, der dieses Problem schon als Welpe hatte und bei dem es so lange ignoriert wurde, bis es sich zu einem Riesendilemma für seine Besitzer auswuchs. Wie ich schon oft betont habe, werden kleine Probleme mit der Zeit immer größer – wenn man sie dem Hund nicht rechtzeitig abgewöhnt. Dieses Phänomen habe ich schon oft beobachtet, und zwar bei großen ebenso wie bei kleinen Hunden. Viele kleine Hunde (wie beispielsweise Ernie) wurden dazu gezüchtet, Kleinwild zu jagen oder Schädlinge auszurotten, also juckt es sie geradezu in den Pfoten, in der Erde herumzubuddeln. Vielleicht war das der Grund für Ernies Unart, vielleicht langweilte er sich aber auch einfach nur. In einer Hinsicht stellte Ernie allerdings eine absolute Ausnahme dar: Ich habe noch nie in meinem Leben eine so eindrucksvolle Mondlandschaft gesehen, die von solch einem kleinen Hund geschaffen worden war. Der Garten dieser bemitleidenswerten Hundebesitzer bestand nur noch aus Kratern. Normalerweise sind Hunde, die einen derartigen Schaden anrichten, größer, und es sind auch eher Rassen wie Labrador, Husky, Samojede oder Chow-Chow, die sich mit solch großer Begeisterung im Garten betätigen.

Eine Eigenschaft haben fast alle buddelnden Hunde gemeinsam: Es sind sehr lebhafte Rassen mit hohem Energieniveau. Es gibt eine ganz einfache Faustregel: Wenn Ihr Vierbeiner als Arbeitshund gezüchtet wurde und Sie ihm keine Aufgabe geben, sucht er sich selbst eine. Um einen Hund, der sich langweilt, davon abzuhalten, dass er Unsinn anstellt, kann man ihm zum Beispiel mehr Spielsachen, mehr geistige Anregung, mehr körperliche Aktivität (oder alle drei) anbieten. Auf dieses Thema werde ich später in diesem Kapitel noch ein bisschen näher eingehen.

Die meisten Hundebesitzer, deren Tiere den Garten umgraben, finden dafür eine ganz einfache Lösung: Sie schütten die Löcher wieder zu und hoffen, dass der Hund keine neuen gräbt. Doch daraus lernt der Hund leider nichts – oder höchstens, dass das Bodenpersonal seine Ausgrabungspläne ständig durchkreuzt, sodass er damit immer wieder von vorn anfangen muss. Es gibt eine viel bessere Lösung! Meine Methode ist einer der ältesten Tricks, es gibt sie schon seit Jahrzehnten, und sie hindert nicht nur die meisten passionierten Buddler an ihrer Tätigkeit, sondern gewöhnt ihnen diese Unart sogar endgültig ab.

Ein Schritt-für-Schritt-Plan

Um einem buddelnden Hund das Handwerk zu legen, brauchen Sie drei Trainingswerkzeuge:

- eine kleine Schaufel,
- eine Schere,
- ein paar Hundekotbeutel.

Das restliche »Trainingszubehör« befindet sich bereits in Ihrem Garten. Ob Sie es glauben oder nicht: Mit ihrer eigenen Hinterlassenschaft kann man Hunde am leichtesten vom Buddeln abbringen. Viele Menschen lachen oder schauen mich an, als ob ich verrückt wäre, wenn ich ihnen diesen Rat gebe, doch nachdem sie festgestellt haben, dass der Trick tatsächlich funktioniert, bekomme ich dann meistens doch noch ein herzliches Dankeschön von ihnen. Und nun will ich Ihnen erklären, wie diese Methode funktioniert.

Da Hundekot die Zauberwaffe im Kampf gegen die Zerstörung Ihres Gartens ist, brauchen Sie schon einen gewissen Vorrat davon. Also werfen Sie die vollen Hundetüten nicht weg, sondern bewahren Sie sie auf – und zwar am besten, indem Sie die Tüten an einem kühlen, trockenen Ort lagern. Wie viel Sie davon brauchen, hängt davon ab, wie viele und wie große Löcher es in Ihrem Garten bereits gibt. Sobald Sie sich die unten beschriebenen Schritte durchgelesen haben, werden Sie eine ziemlich gute Vorstellung von der Menge an Hundekot haben, die Sie für diese Erziehungsmethode benötigen.

Schritt 1: Suchen Sie alle Löcher, die der Hund in Ihrem Garten gegraben hat. Wie ich bereits erwähnt habe, sind diese Löcher die Kunstprojekte Ihres Hundes, also kehrt er wahrscheinlich immer wieder dorthin zurück, um sie zu vertiefen, zu erweitern oder auf andere Weise zu verbessern. Sobald Sie alle Löcher gefunden haben, halten Sie sich die Nase zu, holen Ihre Schere heraus, schneiden die oberen Enden der Hundetüten auf und schütten in jedes Loch ein bisschen Hundekot. Achten Sie darauf, dass der Kot bis ganz nach unten fällt!

Schritt 2: Schütten Sie mithilfe der Schaufel alle Löcher (mitsamt der kleinen Überraschungen, die Sie darin versteckt haben) drei bis fünf Zentimeter hoch mit Erde zu, um Ihre »Fallen« zu tarnen. Denn wenn Sie diesen Schritt überspringen, wird der Hund Ihren Trick sehr schnell durchschauen und einfach ein neues Loch graben, statt wieder zu seinen alten Löchern zurückzukehren – und damit haben Sie das Problem nicht gelöst.

Schritt 3: Nun lassen Sie Ihren Hund in den Garten, gießen sich ein Glas Limonade ein, lehnen sich in Ihrem Sessel zurück und warten auf das große Wunder. Nach einiger Zeit werden die meisten Hunde anfangen, an einem ihrer Löcher weiterzugraben, ohne zu wissen, was sich unter der frisch aufgeschütteten Erde verbirgt. Wenn Ihr Hund das tut, wird er den Kot früher oder später mit seiner Pfote berühren – und daraufhin wie angewurzelt stehen bleiben. Denn Hunde hassen den Anblick, Geruch und Geschmack ihrer eigenen Häufchen. Sobald Ihr Hund damit in Berührung kommt, wird er seine Pfoten am Rasen abputzen und sich künftig vom Fundort seines Kothaufens fernhalten. Vielleicht versucht er jetzt an einem anderen seiner Löcher weiterzuarbeiten – und stellt fest, dass dort ebenfalls eine unangenehme Überraschung lauert.

Eine unnatürliche Angewohnheit

Wie die meisten Lebewesen machen auch Hunde instinktiv einen großen Bogen um ihre Haufen. Dank dieser Abneigung gegen ihre eigenen Ausscheidungen kann man sie erfolgreich zur Stubenreinheit erziehen. Doch hin und wieder werde ich von Hundebesitzern zu Hilfe
gerufen, die zu ihrem großen Entsetzen feststellen, dass ihre Hunde
(normalerweise sind sie zu diesem Zeitpunkt noch im Welpenalter)
sich nicht nur für ihren eigenen Kot interessieren, sondern ihn sogar
fressen. Bei Welpen kommt dieses Verhalten ziemlich häufig vor, bei
ausgewachsenen Hunden ist es dagegen eher ungewöhnlich, und
zwar aus einem ganz einfachen Grund: Für Hunde ist es nur dann
normal und gesund, Kot zu fressen, wenn ein Muttertier seine Höhle
für seine Welpen sauber halten möchte. Dann befreit Mutter Natur
die Hündin vorübergehend von ihrer Aversion gegen Exkremente, damit sie für die Gesundheit ihrer Jungen sorgen kann: Sie frisst den Kot
ihrer Welpen so lange, bis diese anfangen, feste Nahrung zu sich zu
nehmen – denn ab diesem Zeitpunkt erwartet sie von ihnen, dass sie
sich nicht mehr in ihrer Höhle, sondern woanders erleichtern. Es gibt
also gleich zwei verschiedene Gründe, warum manche Welpen sich
dieses negative (normalerweise aber zum Glück nur vorübergehende)
Verhalten angewöhnen: Erstens haben sie ihre Mutter dabei beobachtet und sind naturgemäß darauf programmiert, deren Verhalten
nachzuahmen. Zweitens haben Welpen die Eigenart, *alles* in ihrer
Umgebung mit dem Maul zu erkunden – auch diese ekligen kleinen
Häufchen, die eigentlich gar nicht besonders gut schmecken.

Wenn Ihr Welpe nicht an Fehlernährung leidet, wächst er normalerweise über diese Angewohnheit hinaus. Das Beste, was Sie tun können, um ihm dabei zu helfen, ist, eine ganz einfache Hygienemaß-
nahme durchzuführen: Halten Sie die Umgebung Ihres Welpen
(sowohl drinnen als auch draußen) frei von Hundekot! Putzen Sie das
Geschäft Ihres kleinen Vierbeiners sofort weg, nachdem er sich erleichtert hat. Solange er keinen Kothaufen in seiner Nähe herumliegen sieht, den er entweder als Sauerei betrachtet, die weggeräumt

> werden muss, oder den er näher untersuchen möchte, weil er ihn für ein spannendes Geheimnis hält, wird er seinen eigenen Kot nicht anrühren. Und wenn er sich diese Unart als Welpe nicht angewöhnt, wird die natürliche Abneigung gegen seine eigenen Ausscheidungen ihn daran hindern, sie zu fressen, sobald er älter wird – und damit löst sich dieses Problem ganz von allein.

Die meisten Hunde brauchen schon ein paar Versuche dieser Art, um zu begreifen, dass *all* ihren Ausgrabungsprojekten so ein mysteriöses Unheil zugestoßen ist. Doch zum Glück bereitet Ihnen dieses Training ja keine Mühe: Die Haufen Ihres Hundes erledigen die ganze Arbeit für Sie. Manche Vierbeiner kehren danach noch ein paarmal zum selben Loch zurück, um sich zu vergewissern, ob das Häufchen immer noch dort liegt, andere lernen aus Erfahrung und fangen stattdessen lieber an, woanders neue Löcher zu graben. Auch das ist völlig normal, und wenn es passiert, brauchen Sie den gleichen Vorgang nur noch einmal zu wiederholen: Sie legen einfach in jedes neue Loch einen Hundehaufen, schütten die Löcher mit Erde zu und warten in aller Ruhe ab. Letztes Endes geht es bei dieser Methode – wie bei so vielen Lösungen für Verhaltensprobleme unserer geliebten Vierbeiner – einfach nur darum, Ihrem Hund zu zeigen, dass *Sie* das Steuer in der Hand halten und nicht er. Sie sind derjenige, der die Spielregeln aufstellt und entscheidet, was als Nächstes passiert, doch Ihr Hund muss selbst herausfinden, worin diese Regeln bestehen. Wenn Sie schon einmal jemanden kennengelernt haben, der immer alles auf die harte Tour lernen muss (oder früher selbst einmal solch ein »Lerntyp« waren), wissen Sie selbst, dass persönliche Erfahrung der beste Lehrmeister ist – und das gilt auch für Hunde.

Sobald Ihr Hund durch Versuch und Irrtum festgestellt hat, dass er jedes Mal, wenn er ein Loch gräbt, auf eine unangenehme Überraschung stößt, wird er dieses undankbare Hobby irgendwann aufgeben. Die meisten Hunde (ungefähr neunzig Prozent derjenigen, die ich trainiert habe) kommen zu dem Schluss, dass das Graben den Ärger nicht

lohnt, nachdem sie ein paar Tage lang immer wieder feststellen muss-
ten, dass ihr Kunstwerk verunreinigt worden ist. Sobald der Hund das
begriffen hat, brauchen Sie nur noch nach etwaigen neuen Löchern
Ausschau zu halten für den Fall, dass Ihr fleißiger Vierbeiner eine kleine
Erinnerung daran braucht, warum das Löchergraben nicht mehr sein
Lieblingssport ist.

Schritt 4: Fast hätte ich einen wichtigen Hinweis vergessen: Denken
Sie daran, die Pfoten Ihres Hundes genau zu inspizieren, bevor Sie ihn
wieder ins Haus lassen!

Das Problem: Der Ausbruchsexperte

Bestimmte Rassen (beispielsweise Huskys, Malamutes, Bordercollies
und viele Terrier und Jagdhunde) stehen in dem – leider wohlverdien-
ten – Ruf, öfter mal auszubüxen. Meistens beobachte ich dieses Verhaltensproblem bei Arbeitshunden, die zu viel Energie übrig haben. Manche dieser Tiere fangen an, Löcher in den Garten zu graben, um diese
Energie abzureagieren oder um sich dort hineinzulegen, und kommen
dann auf die Idee, dass sie sich doch eigentlich genauso gut einen Weg
ins Freie unter dem Zaun hindurchgraben können. Falls Ihr Hund diese
Angewohnheit hat und Sie ihm das Tunnelgraben mit der oben beschriebenen Methode nicht abgewöhnen konnten, müssen Sie Ihren
Garten ausbruchsicher gestalten. Bitte halten Sie Ihren Hund nicht an
der Kette, um ihm das Ausreißen abzugewöhnen – kein Hund hat so ein
erbärmliches Leben verdient! Bitten Sie stattdessen lieber ein paar
Freunde um Hilfe, und verstärken Sie die Umzäunung Ihres Gartens so,
dass Ihr Hund nach wie vor nach Herzenslust darin herumlaufen kann,
ohne sich in Schwierigkeiten zu bringen.

Die Lösung

Genau wie die oben beschriebene Lösung für das Buddeln hat auch diese Methode eigentlich nichts mit Training zu tun, sondern es handelt sich dabei eher um ein Bauprojekt. Doch da dem Ausreißen ein Grundinstinkt vieler Hunde zugrunde liegt, mit dem sie sich in Gefahr bringen, bin ich dafür, die einfachste Lösung zu wählen. Normalerweise denke ich immer an die Huskys, die ich kennengelernt habe, wenn ich Hundebesitzern erkläre, wie man seinen Hof oder Garten ausbruchsicher gestaltet. Denn ich habe in meiner langjährigen Erfahrung immer wieder festgestellt, dass diese Hunde die begabtesten Ausbruchsexperten sind, die es gibt. Eigentlich ist das auch kein Wunder, denn der Husky ist eine der ältesten Hunderassen der Welt; diese Tiere wurden also nicht aus anderen Rassen gezüchtet, die bereits eine jahrhundertelange genetische Verfeinerung hinter sich hatten, sondern stammen direkt vom Wolf ab. Daher tragen viele von ihnen immer noch eine gewisse Wildheit in sich. Das kann zwar durchaus faszinierend sein, hat aber eben auch seine Nachteile. Wenn Sie es also schaffen, einen Garten huskysicher zu gestalten, wird es so gut wie keinem anderen Hund gelingen, sich daraus zu befreien!

Ein Schritt-für-Schritt-Plan

Um Ihren Garten ausbruchsicher zu machen, brauchen Sie:

- eine Schaufel oder Hacke,
- Betonblöcke oder große Steine, mit denen Sie die nähere Umgebung Ihres Gartentors absichern können.

Achten Sie darauf, sich genügend Blöcke oder Steine zu beschaffen: Aneinandergelegt sollten sie um einiges länger sein als das Zaunfeld, das Sie ausbruchsicher gestalten möchten. Steine sind billiger als Betonblöcke, aber achten Sie darauf, nur Steine zu verwenden, die mindestens so groß sind wie Softballs! Falls es sich bei Ihrem Ausbruchsexperten um einen kleinen Hund handelt, können Sie Ihren Gartenzaun auch mit kleineren Steinen sichern, die aber auf jeden Fall so schwer sein sollten, dass Ihr Hund sie nicht von der Stelle bewegen kann. Als grobe Faustregel gilt: Je größer der Hund, umso größer sollten auch die Steine sein.

Schritt 1: Umrunden Sie Ihren Hof oder Garten, um die Stellen in Augenschein zu nehmen, an denen Ihr Hund schon öfter ausgebüxt ist. Die meisten Hunde buddeln sich in der Nähe des Gartentors unter dem Zaun durch. Falls das auch bei Ihrem Hund der Fall ist, sollten Sie an dieser Stelle beginnen. Sperren Sie Ihren Hund ins Haus, und graben Sie dann einen kleinen (zehn bis fünfzehn Zentimeter tiefen) Graben unter dem Zaunabschnitt, in dem sich das Gartentor befindet. Der Graben sollte an beiden Seiten jeweils ungefähr dreißig Zentimeter länger sein als das Gartentor. (Wenn Ihr Tor also beispielsweise 1,20 Meter lang ist, sollte der Graben 1,80 Meter lang sein.) Jetzt füllen Sie den Graben mit den Betonblöcken oder Steinen auf und schütten ihn mit Erde zu.

Schritt 2: Nun, da Sie die gröbste Arbeit erledigt haben, können Sie Ihren Hund wieder hinauslassen und den Rest der Arbeit Ihren Steinen oder Betonplatten überlassen. Erde ist kein Hindernis für einen Hund, Beton aber sehr wohl. Sobald Ihr Hund auf einen Stein oder Betonblock stößt, wird er seine Bemühungen aufgeben und lieber an einer anderen Stelle weitergraben. Wahrscheinlich wird er es als Nächstes ein bisschen weiter links und ein bisschen weiter rechts von seiner gewohnten Stelle versuchen in der Hoffnung, dort besser durchzukommen. Das ist genau der Grund, warum Ihr Graben länger sein sollte als das Gartentor. Viele Hunde gewöhnen sich das Tunnelgraben schon ab, nachdem sie ein paar Tage lang versucht haben, an eine Stelle ohne Steine zu gelangen.

Hartnäckigere Hunde werden es daraufhin aber vielleicht an einer anderen Stelle des Zauns probieren – und dann müssen Sie eben noch einen Tag lang Gräben buddeln und mit Betonblöcken auffüllen.

Obwohl das eine ziemlich arbeitsintensive Methode ist, wirkt sie wahre Wunder, wenn es darum geht, Ausbruchsexperten im Garten und somit in Sicherheit zu halten.

Wo liegt die Wurzel des Übels?

Allerdings sollten Sie bei den Vorschlägen in diesem Kapitel stets bedenken, dass Sie lediglich das vordergründige Problem lösen, indem Sie Ihren Hund vom Buddeln abhalten. Doch die tieferliegende Ursache des Problems besteht fast immer darin, dass der Hund sich langweilt und nach einer Beschäftigung sucht. Wenn Sie Ihrem Hund nicht dabei helfen, ein erlaubtes Ventil für seine überschüssige Energie zu finden, wird er daraufhin einfach wieder nach einer anderen Möglichkeit suchen, sie abzureagieren – und diese Methode könnte zum Beispiel darin bestehen, ein neues »Kunstwerk« zu schaffen, durch das Ihr Zuhause oder Ihr Gartengrundstück zu Schaden kommt.

Statt abzuwarten, was Ihr Hund sich als Nächstes einfallen lässt, sollten Sie lieber eine neue Aktivität in seinen Tagesablauf einbauen, die ihn körperlich und geistig beschäftigt. Gehen Sie zur Abwechslung mal zu einer anderen Zeit oder an einem anderen Ort mit ihm spazieren! Kaufen Sie ihm ein neues Spielzeug, das er apportieren oder mit dem er Tauziehen spielen kann. Melden Sie ihn bei der Hundeschule an, oder besuchen Sie mit ihm einen Hundepark. Beschaffen Sie ein Futtersuchspielzeug, und füllen Sie es mit so vielen Leckerlis, dass Ihr Hund sich den ganzen Tag lang damit beschäftigen kann. Durch jede Betätigung, die die Intelligenz Ihres Hundes fordert und bei der er überschüssige Energie abreagieren kann, entsteht eine echte Win-win-Situation für Sie beide.

Und wenn das alles nichts hilft, sollten Sie Ihrem Hund vielleicht einen vierbeinigen Gefährten aus dem Tierheim beschaffen. Manchmal verursachen mehr Hunde weniger Verhaltensprobleme!

Ein echter »Lucky Dog«

Ernie war ein schlauer Hund – so schlau, dass er beschloss, sich eine neue Beschäftigung zu suchen, nachdem er eines Tages entdeckt hatte, dass all die Löcher im Garten, an denen er so hart gearbeitet hatte, mit Hundekot verschmutzt waren. Seine Besitzer halfen ihm bei dieser Suche, indem sie mehr Spaziergänge mit ihm machten, sodass er mehr Bewegung bekam. Zu meiner großen Freude kann ich Ihnen berichten, dass Ernie nie wieder ein Loch im Garten gegraben hat, nachdem er Bekanntschaft mit meiner originellen Trainingsmethode gemacht hatte – und seitdem haben seine Besitzer sich in ihrem Garten auch nie mehr den Knöchel verstaucht!

16

Essensbezogene Verhaltensprobleme

Tweety war ein stark unterernährter Maltesermischling und litt zu allem Überfluss auch noch an einer Atemwegsinfektion. Als die Mitarbeiter des Tierheims mich wegen dieser kleinen Hündin um Rat fragten, waren sie nicht sicher, ob sie es schaffen würde. Tweety war vier Jahre alt und wog nur fünf Pfund – die Hälfte des für so einen Hund normalen Gewichts. Wenn ich sie streichelte, spürte ich, dass sie nur aus Haut und Knochen bestand, an ihrem kleinen Körper gab es kein Gramm Fett und kaum Muskeln.

Als ich dieses kleine, zerbrechliche Hundemädchen auf meine Ranch brachte, war sie noch lange nicht bereit für ein Training. Sie war nur ein Schatten des Hundes, der sie meiner Meinung nach werden könnte; und bevor ich auch nur daran denken konnte, ihren Trainingsstand zu beurteilen, musste ich sie zunächst einmal gesund pflegen. Der Tierarzt verordnete ihr eine hochkalorische Spezialkost und ein Antibiotikum. Doch nach ihren bisherigen negativen Lebenserfahrungen stand Tweety allem, was ihr begegnete, mit Misstrauen gegenüber, also musste ich sie Bissen für Bissen zum Fressen überreden. Ich tat dabei sogar so, als wolle ich mir selbst etwas von ihrem Futter in den Mund stecken, nur um ihr Interesse daran zu wecken. Doch trotz all ihrer Probleme war diese Hündin immer noch ungeheuer lieb, lehnte sich an mich an, leckte mir das

Gesicht ab, und der Ausdruck ihrer Augen zeigte mir, dass sie mir hundertprozentiges Vertrauen entgegenbrachte – trotz allem, was sie vor unserer Begegnung erlebt hatte.

Ungefähr zwei Wochen, nachdem ich Tweety auf meine Ranch mitgenommen hatte, trat endlich die große Wende ein: Plötzlich war Tweety kein elendes Häuflein Hund mehr, sondern fing an, sich schneller und selbstbewusster zu bewegen, und zeigte mir sogar ihre lustige, spielerische Seite, indem sie rund um den Trainingsschuppen rannte, dann auf mich zukam und ihren Kopf kurz gegen meinen stieß, bevor sie wieder eine Runde durch den Schuppen drehte. Außerdem nahm sie zwei Pfund zu. Das bedeutete, dass ich ihr jetzt endlich ein rotes Trainingshalsband umlegen konnte und dass sie gesund genug war, um die anderen Hunde auf meiner Ranch kennenzulernen. Tweety liebte diese Hunde, und sie liebten sie auch. Wenn sie mit meinem Hunderudel spielte, wedelte sie ständig mit dem Schwanz.

Nachdem die kleine Hündin ihr Selbstvertrauen zurückgewonnen hatte, zeigte sie mir bald, dass Futter (genau das, was ihr während ihres Lebens auf der Straße so oft gefehlt hatte) ihr einziges Verhaltensproblem darstellte. Da sie so lange gezwungen gewesen war, sich ihr Futter zu erbetteln, und jetzt außerdem allmählich wieder zu Kräften kam, konnte sie einfach nicht aufhören zu fressen. Und leider interessierte sie sich nicht nur für ihr eigenes Futter, sondern auch für mein Essen. Ich hatte sehr nette neue Besitzer für diese Hündin ausgesucht, doch dabei handelte es sich um eine große Familie mit kleinen Kindern, also musste ich sicher sein, dass Tweety bei den Mahlzeiten ihre Grenzen kannte und die Menschen, zu denen sie gehörte, in Ruhe essen ließ.

Das Problem

Tweetys Unarten – dass sie bettelte und Essen zu stehlen versuchte – waren nur ein paar der vielen essensbezogenen Verhaltensprobleme, die mir bei Hunden immer wieder begegnen. Bei Tierheimhunden kommen solche Probleme besonders häufig vor – teils deshalb, weil viele dieser Tiere nie richtig sozialisiert oder erzogen worden sind, teils aber auch, weil viele von ihnen den Hunger nur allzu gut kennen und daher verständlicherweise alles tun, um sich ihre nächste Mahlzeit zu sichern.

All diese Probleme lassen sich mit etwas geduldigem, konsequentem Training korrigieren. Das können Sie mir glauben – denn ich habe im Lauf der Jahre jede Menge Erfahrung im Umgang mit solchen Problemen gewonnen. Manchmal kommt es mir so vor, als hätte jeder Hund, den ich je in meine Küche ließ, versucht, mir mein Essen streitig zu machen.

Zunächst einmal wollen wir die verschiedenen Spielarten dieses Verhaltens beleuchten. Als Nächstes werde ich Ihnen bewährte Methoden zur Bekämpfung von Betteln, Stehlen, An-der-Küchentheke-Hochspringen und einer der typischsten Hundesünden (dem Durchsuchen von Mülleimern) vorstellen. Diese Methoden sind zwar verhaltensspezifisch, doch wenn Sie die Kenntnis der Kommandos *NEIN* und *AUS* bei Ihrem Hund vorher ein bisschen auffrischen, haben Sie zwei zusätzliche – und sehr wirksame – Werkzeuge zum Umgang mit essensbezogenen Verhaltensproblemen an der Hand.

Was tun, wenn der Hund bettelt?

Wenn ich jedes Mal einen Dollar bekommen hätte, sobald ich mich voller Vorfreude an einen Esstisch setzte, nur um dabei sofort den heißen, stinkenden Atem eines Hundes zu spüren (und zu riechen), der etwas von meinem Essen abhaben wollte, wäre ich inzwischen wahrscheinlich Milliardär. Manche Hunde kommen sogar so nah an meinen Teller heran, dass es ihnen gelingt, sich einen Bissen davon zu schnappen. Für mich ist das ein Berufsrisiko, mit dem ich leben muss, denn viele Hunde, die noch neu bei mir sind, haben keine Manieren. Doch eigentlich sollte eine Mahlzeit nicht so ablaufen. Deshalb bringe ich jedem Hund, bei dem ich dieses Problem entdecke, bei, beim Essen meine Privatsphäre zu respektieren.

Die erste Spielregel im Umgang mit einem bettelnden oder Essen stehlenden Hund lautet: *Geben Sie nicht nach!* Wenn Sie ihm dieses Verhalten abgewöhnen wollen, müssen Sie sich gegen die großen, flehenden Augen wappnen, die Ihnen einzureden versuchen, dass der Hund an Ihrer Seite buchstäblich dabei ist zu verhungern. Wenn Sie jetzt nachgeben und Ihren Hund während des Essens füttern, wird er Ihnen bei der nächsten und übernächsten Mahlzeit – und bis in alle Ewigkeit – immer wieder das arme, darbende Tier vorspielen. Also sagen Sie: *NEIN,* und essen Sie einfach weiter. Füttern Sie Ihren Hund niemals von Ihrem Teller oder Tisch! Wenn *ich* es über mich bringen konnte, einem Hund wie Tweety – der tatsächlich kurz vorm Hungertod stand, bevor ich ihn wieder gesund gepflegt hatte – nichts von meinem Teller abzugeben, dann können Sie dem Betteln Ihres Hundes bestimmt auch widerstehen.

Die wichtigste Spielregel im Umgang mit bettelnden Hunden lautet: Geben Sie nicht nach!

Der nächste Schritt zur Korrektur dieser Unart besteht darin, Ihren Teller ein bisschen weiter vom Hund wegzuschieben. Denn während der Mahlzeiten hat der beste Freund des Menschen leider ein ganz besonders starkes Bedürfnis nach Nähe, und das ist für uns beim Essen nun einmal sehr unangenehm. Für die nun folgende einfache Technik, mit der ich meinen Hunden das klarmache, brauchen Sie lediglich eine mit Münzen gefüllte Flasche oder ein Shake-&-Break-Trainingsgerät – und die nötige Konsequenz, um dieses Werkzeug auch einzusetzen.

Legen Sie fest, wo sich die imaginäre Linie befinden soll, die Ihr Hund auf keinen Fall überschreiten darf. Manche Hundebesitzer wollen, dass ihr Vierbeiner sich ein bis zwei Meter vom Tisch fernhält, andere mögen es einfach nur nicht, wenn der Hund beim Essen auf den Schoß springt, wieder anderen ist es ziemlich egal, wo ihr vierbeiniger Freund sich befindet, solange er nicht bei jedem Bissen, den sie zum Mund führen, winselt und bettelt. Wie groß die Privatsphäre ist, die Sie beim Essen benötigen, hängt ganz von Ihnen ab, doch Ihr Hund wird diese Grenzen schneller respektieren lernen, wenn Sie sie ihm konsequent vor Augen halten. Falls Ihre Spielregel also lautet, dass Hunde auf dem Sofa nichts zu suchen haben, während Frauchen isst, sollten Sie Ihrem Vierbeiner stets konsequent verbieten, aufs Sofa zu springen, wenn Sie gerade etwas zu sich nehmen, und wenn er einfach nur nicht betteln darf, dann müssen Sie eben *dieses* Verhalten konsequent unterbinden.

Und nun müssen Sie nur noch Ihre Mahlzeit zubereiten, sich an Ihren gewohnten Platz setzen und sich fest vornehmen, sich nicht von der Stelle zu rühren. Stellen Sie die mit Münzen gefüllte Flasche direkt neben sich auf den Tisch. Sobald der Hund Ihnen zu nahe kommt oder zu winseln anfängt, sagen Sie: *NEIN,* schütteln die Flasche und wiederholen das Kommando *NEIN* dann noch einmal. Bleiben Sie während dieses Vorgangs ruhig sitzen, denn wenn Sie jedes Mal aufstehen müssen, um Ihren Hund zurückzuschieben, sobald er Ihnen zu nahe kommt, lernt er nicht, wie er sich bei Mahlzeiten zu verhalten hat.

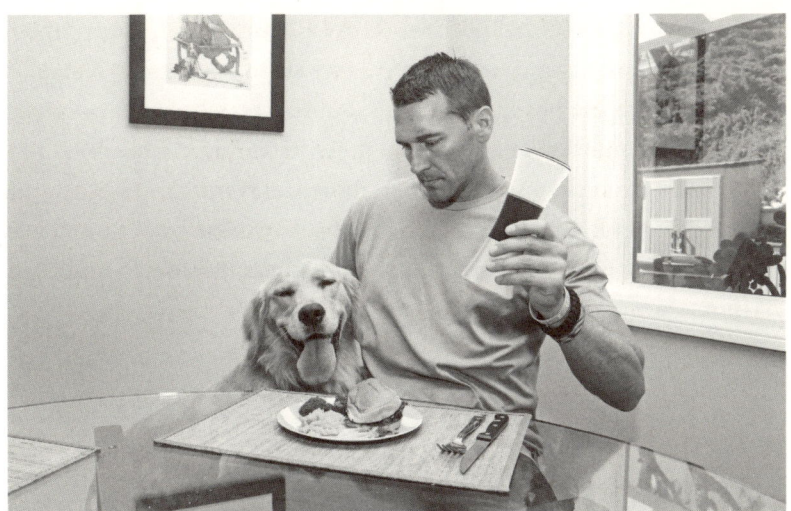

Halten Sie die mit Münzen gefüllte Flasche oder das Shake-&-Break-Trainingsgerät griffbereit. Sobald der Hund Ihnen zu nahe kommt oder zu betteln anfängt, sagen Sie: *NEIN*, schütteln die Flasche und wiederholen das Kommando *NEIN* dann noch einmal.

Das ist das Einzige, was Sie tun müssen. Wiederholen Sie diesen Vorgang ein paar Mahlzeiten lang, und achten Sie dabei stets konsequent auf die Einhaltung Ihrer Spielregeln. Nachdem Sie das Verhalten Ihres Hundes einige Tage lang auf diese Weise korrigiert und ihn nicht fürs Betteln oder Schnappen nach Ihrem Essen belohnt haben, wird er begreifen, dass es sich nicht lohnt, nach den Leckerbissen auf Ihrem Teller zu schielen.

Das Hochspringen an der Küchentheke

Die meisten von uns kennen mindestens einen Hund, dem es durch Hochspringen oder schlaue Tricks gelungen ist, sich etwas Essbares von der Küchenanrichte zu holen. Dieses Fehlverhalten ist einer der häufigsten Gründe, warum Hundebesitzer mich um Hilfe bitten, und es ist tatsächlich ein bisschen schwierig zu bekämpfen, denn die meisten

Hunde lernen sehr schnell, sich wie Engel aufzuführen, solange ihr Besitzer in der Nähe ist – doch kaum sind sie allein, gehen sie gnadenlos auf Essensjagd! Die Lösung für dieses Problem besteht in einem Trick, den alle klugen Eltern kennen: Man muss seine Augen überall haben. Tatsächlich kann man seinem Hund diese Unart mit ein bisschen geheimer Überwachung abgewöhnen. Da Ihr Vierbeiner nicht weiß, was eine versteckte Kamera ist, wird er daraufhin glauben, dass Sie ihn tatsächlich ständig im Auge haben.

Um einem Hund das Hochspringen an der Küchentheke abzugewöhnen, muss man seine Augen überall haben. Das geht nur mit einer versteckten Kamera!

Und nun will ich Ihnen erklären, wie das geht. Dafür brauchen Sie nur ein paar kleine Werkzeuge:

- unsere bewährte mit Münzen gefüllte Flasche (oder ein Shake-&-Break-Trainingsgerät),
- eine Babykamera oder irgendeinen anderen Videomonitor,
- einen »Köder«.

Ihr Überwachungsgerät muss nur so gut sein, dass Sie damit sehen können, was Ihr Hund gerade anstellt – ein billiger gebrauchter Monitor reicht also völlig aus. Sie können die Videoaufnahme Ihres Hundes sogar auf Ihr Smartphone oder Tablet oder auf Ihren Laptop streamen.

Als Köder empfehle ich etwas Verlockendes, aber für Ihren Hund Ungefährliches wie beispielsweise Roastbeef oder Hühnchen – irgendetwas, wonach es Ihren Hund wahrscheinlich so sehr gelüstet, dass er alle Hebel in Bewegung setzen wird, um es sich zu beschaffen.

Schritt 1: Stellen Sie Ihre Kamera so auf, dass Sie die Küchentheke im Blickfeld haben. Ich empfehle, die Kamera nicht auf Nahansicht, sondern auf eine Vogelperspektive der ganzen Küche einzustellen, denn dann können Sie auch erkennen, was Ihr Hund macht, *bevor* er auf die Küchenanrichte springt. Auf diese Weise können Sie ihn leichter in flagranti ertappen.

Sobald Sie die Falle vorbereitet haben, beobachten Sie Ihren Hund über den Monitor und halten dabei das Trainingsgerät in der Hand. Seien Sie darauf gefasst, schnell in die Küche gehen zu müssen, sobald Ihr Hund mit den Pfoten auf die Anrichte springt.

Als Nächstes legen Sie etwas von Ihrem Köder auf die Küchentheke – aber nicht ganz nach vorn, sondern lieber etwas weiter nach hinten, sodass Ihr Hund sich schon ein bisschen Mühe geben muss, um sich diesen Leckerbissen zu schnappen. Schließlich wollen Sie ihn auf frischer Tat (mit den Pfoten auf der Küchenanrichte) ertappen, um sein Verhalten sofort korrigieren zu können. So lernt Ihr Hund seine Lektion schneller.

Nun, da Sie Ihrem Vierbeiner eine Falle gestellt haben, verlassen Sie mit Ihrem Überwachungsmonitor und der mit Münzen gefüllten Flasche (oder dem Shake-&-Break-Trainingsgerät) die Küche. Entfernen Sie sich nur so weit, dass Sie schnell zurückkommen können, aber bleiben Sie auch nicht so sehr in der Nähe, dass Ihr Hund weiß, dass Sie direkt vor der Tür stehen – denn dann ist er womöglich zu schlau, um auf Ihren Trick hereinzufallen. Beobachten Sie Ihren Hund über den Monitor, und warten Sie einfach ab. Ein Hund, der sich schon öfter etwas von der Küchentheke geholt hat, wird wahrscheinlich in den ersten ein bis zwei Minuten zur Tat schreiten, doch manche Hunde warten vielleicht auch ein bisschen länger. Wie auch immer – bleiben Sie so lange auf der Lauer, bis Ihr Vierbeiner zur Tat schreitet.

Schritt 2: Sobald Ihr Hund sich der Küchentheke nähert, machen Sie sich bereit, und in dem Moment, in dem er mit den Vorderpfoten draufspringt, gehen Sie schnell in die Küche, schütteln Ihre Flasche einmal kräftig und sagen: *NEIN.* Sobald der Hund sich daraufhin wieder auf alle viere sinken lässt, verlassen Sie die Küche und begeben sich erneut in den Wartemodus. Wenn der Hund das nächste Mal an der Küchenanrichte hochspringt, wiederholen Sie diesen Vorgang. Ich habe die Erfahrung gemacht, dass die meisten Hunde ihr Verhalten bereits nach den ersten paar Versuchen aufgeben, aber das bedeutet noch lange nicht, dass das Problem jetzt für immer gelöst ist. Sie haben lediglich die erste Runde gewonnen. Morgen ist ja schließlich auch noch ein Tag ...

Da Hunde durch Versuch und Irrtum lernen, testen sie ständig, womit sie ungestraft davonkommen können. Und selbst wenn sie feststellen müssen, dass es heute leider keinen Aufschnitt zum Mittagessen gibt, ist das für sie noch lange kein Grund, es nicht doch irgendwann wieder zu versuchen – vor allem, weil es für einen Hund ziemlich einfach ist, an der Küchenanrichte hochzuspringen, und ihm dieses Verhalten in der Vergangenheit wahrscheinlich schon des Öfteren reiche Beute eingebracht hat. Das Erfolgsgeheimnis meiner Methode besteht darin, den Hund davon zu überzeugen, dass das Entwenden von Essbarem von der Küchentheke tatsächlich das gefürchtete scheppernde Geräusch auslöst. Wahrscheinlich werden Sie diese Technik schon eine Woche lang mehrmals pro Tag wiederholen müssen, um Ihrem Hund das einzureden. Jede dieser Trainingssitzungen sollte nur ungefähr zehn Minuten dauern, und Sie sollten dabei jedes Mal einen so wirkungsvollen Überraschungseffekt erzielen, dass Ihr Hund einen Schrecken bekommt. Im Lauf der paar Tage, die diese Konditionierung erfordert, wird der Hund lernen, nicht mehr auf Küchenanrichten zu springen – und sich dabei sicherlich fragen, woher um alles in der Welt Sie denn wissen können, was er tut, wenn Sie gar nicht dabei sind!

Wichtige Trainingstipps

Variieren Sie Ihr Training, um den Hund davon zu überzeugen, dass er auch wirklich allein in der Küche ist. Manche Hunde gewöhnen sich das Hochspringen an der Küchentheke erst dann ab, wenn man alles daransetzt, sie davon zu überzeugen, dass sie tatsächlich allein in der Küche sind. Das ist vor allem dann wichtig, wenn Sie diese Show bei Ihrem Hund schon ein- oder zweimal abgezogen haben. Erstens sollten Sie mucksmäuschenstill sein, während Sie sich im Nachbarzimmer befinden und darauf warten, dass Ihr Hund an der Anrichte hochspringt. Zweitens sollten Sie sich immer wieder in einem anderen Zimmer auf die Lauer legen, damit Ihr Hund nicht auf die Idee kommt, den Sprung auf die Küchentheke einfach nur auf später zu verschieben, wenn er sieht, dass Sie sich in einem Raum oder Sessel befinden, in dem Sie ihm schon öfter aufgelauert haben. Und drittens: Werden Sie ruhig ein bisschen kreativ, und wandeln Sie das Szenario im Lauf der Tage immer wieder einmal ab! Sagen Sie: »Auf Wiedersehen.« Ziehen Sie Ihre Schuhe an. Schlagen Sie die Haustür zu. Wenn ich in besonders schwierigen Fällen das Stehlen von Essen abgewöhnen muss, greife ich oft nach meinem Schlüsselbund und tue so, als würde ich das Haus verlassen. Ich bin sogar schon so weit gegangen, einen Helfer in meinem Lastwagen wegfahren zu lassen. Mit diesem Trick kann man normalerweise selbst den schlauesten Hund davon überzeugen, dass Herrchen weg ist und der heißen Schlacht am kalten Büfett jetzt nichts mehr im Weg steht!

Stellen Sie Ihre Falle so, dass Sie als Sieger aus diesem Spiel hervorgehen! Wenn es Ihrem Hund bei diesem Training tatsächlich einmal gelingen sollte, sich das Essen von der Küchentheke zu schnappen, sollten Sie ihm deshalb nicht böse sein. Schließlich haben *Sie* sich dieses Spiel ausgedacht, also müssen Sie es auch so gestalten, dass Sie als Gewinner daraus hervorgehen. Wenn Ihr Hund Sie in der ersten Runde schlägt, sollten Sie dafür sorgen, dass Ihnen das in der nächsten Runde nicht mehr passieren kann. Der Schlüssel zum Erfolg besteht darin, das Essen so weit nach hinten zu schieben, dass Ihr Hund ein paar Sekunden braucht, um es sich zu schnappen. Diese paar Sekunden sind sehr wichtig, um Ihren Hund in flagranti zu ertappen. Falls er sehr flink sein sollte, legen Sie ihn in der ersten Runde am besten an die Leine, um ihn schnell und mühelos korrigieren zu können, ohne sich dabei auf einen Kampf einlassen zu müssen.

Lassen Sie Essbares nicht unbeaufsichtigt herumliegen! Ich kann gar nicht oft genug betonen, wie wichtig das ist. Wenn Sie mit Ihrem Hund nicht gerade das oben beschriebene Training durchführen, sollten Sie möglichst nichts Essbares unbeaufsichtigt auf der Küchentheke liegen lassen, denn das ist eine Einladung an den Hund, sich das Essen zu holen, und irgendwann wird er bei so einer Gelegenheit womöglich etwas fressen, was ihn krank macht. Man kann von einem Tier nicht erwarten, dass es leckeres Essen auf der Küchenanrichte tagein, tagaus einfach ignoriert. Das läuft seinem Instinkt zuwider. Sie sollen Ihrem Hund lediglich beibringen, sich von Essbarem fernzuhalten, das Sie vielleicht ab und zu versehentlich auf der Küchentheke liegen gelassen haben. Wenn dagegen *immer* Steak oder Aufschnitt auf der Arbeitsplatte Ihrer Küche liegt (und womöglich auch noch ganz vorn am Rand), ist das ungefähr so, als würden Sie einen Hundert-Euro-Schein auf dem Bürgersteig fallen lassen und erwarten, dass ihn niemand aufhebt. Diese ständige Versuchung ist für einen Hund so groß, dass der durchschnittliche Vierbeiner ihr wahrscheinlich nicht widerstehen kann. Auch wenn Ihr Hund noch so gehorsam ist, sollten Sie nichts Unmögliches von ihm verlangen.

Bewahren Sie Kauleckerlis und Spielsachen Ihres Hundes in der Küche auf! Denken Sie daran, immer ein paar verlockende Kauleckerlis und Spielzeuge in der Küche oder in Küchennähe zu haben, an denen Ihr Hund knabbern und mit denen er sich beschäftigen kann. Denn wenn Sie ihm eine interessante Alternative zum Hochspringen an der Küchentheke bieten, wird es ihm nicht mehr so schwerfallen, darauf zu verzichten.

Den Müll durchsuchen

Sawyer war ein junger Labradorrüde, den ich aus einem Tierheim gerettet hatte und bei dem ich überzeugt davon war, dass er eines Tages ein wunderbares Haustier für eine nette Familie sein würde. Doch leider sind Labradore, was das Fressen angeht, ganz besonders abenteuerlustig. Über dieses Thema habe ich während meiner Laufbahn als Hundetrainer schon unzählige Geschichten von leidgeprüften Labradorbesitzern gehört, die mir erzählten, dass ihre Hunde so gut wie alles fraßen – von Batterien über Windeln bis hin zu Glühbirnen, Steinen und

Socken. Diese Hunde haben überhaupt kein Gespür dafür, wann sie satt sind. Deshalb durchsuchen sie auch besonders gerne Mülleimer. Leider stellte Sawyer in dieser Hinsicht keine Ausnahme dar.

Eines Tages, als ich auf dem Sofa saß und las, setzte er sich neben mich und begann, sich über eine Bananenschale herzumachen – die er nur aus dem Abfalleimer geholt haben konnte. Ein bisschen Obst schadet einem Hund nicht, aber ich hatte ja keine Ahnung, was Sawyer als Nächstes zwischen die Zähne bekommen würde. Vielleicht würde er sich dann etwas Giftiges, einen scharfen Gegenstand oder irgendetwas anderes Gefährliches aus dem Mülleimer holen.

Ich habe im Lauf der Jahre leider schon viel zu oft erlebt, welche Folgen es hat, wenn Hunde sich gefährliche Sachen aus dem Müll holen – und glauben Sie mir: Diese Folgen können sehr unschön sein. Deshalb ist die Lektion, die ich mir für dieses Problem ausgedacht habe, etwas bitterer als die meisten meiner anderen Trainingstechniken.

Ich sage Hundebesitzern, die über dieses Problem klagen, immer: »Keine Sorge! Zum Glück gibt es ja Zitronen.« Tatsächlich brauchen Sie für diese Methode nichts weiter als ein bisschen Geduld und ein paar frische Zitronenscheiben.

Schritt 1: Sobald Sie feststellen, dass Ihr Hund wieder mal am Mülleimer war, führen Sie ihn an den »Tatort« zurück. Zeigen Sie ihm die Stelle, wo er seinen letzten Schatz entdeckt hat, und warten Sie ab, ob er daraufhin nach weiteren zweifelhaften Leckereien sucht. Sie können diesen Vorgang sogar beschleunigen, indem Sie ihm irgendetwas zeigen, was er wahrscheinlich interessant finden wird. Ich weiß, das klingt wie eine gemeine Falle, aber schließlich soll Ihr Hund diese Lektion ja so schnell wie möglich lernen. Auch Sawyer führte ich mitsamt seiner Beute sofort zum Abfalleimer, warf die Bananenschale hinein – und siehe da: Er holte sie gleich wieder heraus.

Denken Sie daran: Dies ist nicht der richtige Zeitpunkt, um Ihren Hund dafür zu bestrafen, dass er vor fünf, fünfzehn oder fünfundfünfzig Minuten etwas aus dem Mülleimer geklaut hat – denn das ist für ihn schon längst Geschichte. Eine Bestrafung ist nur dann sinnvoll, wenn Ihr Hund immer noch im Müll herumwühlt – oder höchstens innerhalb einer Minute nach seiner Übeltat.

Schritt 2: Wenn Ihr Hund sich den Köder holt, korrigieren Sie ihn sofort, indem Sie *NEIN* sagen und ihm dann schnell ein bisschen Zitronensaft ins Maul tröpfeln. Sawyer habe ich gleich in dem Augenblick korrigiert, in dem er seine Schnauze in den Mülleimer schob, um sich »seine« Bananenschale zurückzuholen. Wenn Ihr Hund sich den Gegenstand daraufhin noch ein zweites Mal zu holen versucht, träufeln Sie ihm wieder Zitronensaft auf die Zunge. Die meisten Hunde haben spätestens nach dem zweiten Mal genug von diesem sauren Saft.

Falls Ihr Hund kein Interesse daran zeigen sollte, sich den Köder aus dem Mülleimer zu holen, wenn Sie ihn dorthin führen, müssen Sie eben warten, bis *er* die Initiative ergreift. Bleiben Sie zu diesem Zweck entweder in der Nähe, oder arbeiten Sie mit einem Monitor wie bereits beschrieben.

Sobald Sie Ihren Hund auf frischer Tat ertappt und mit einem Schuss Zitronensaft bestraft haben, reiben Sie den ganzen Mülleimer mit den restlichen Zitronenspalten ein. Ich verwende dafür am liebsten die Schale, da diese einen besonders stechenden Geruch hat und nicht so klebrig ist. Sie hinterlässt einen starken Geruch, den der Hund mit dem schlechten Geschmack in seinem Maul assoziiert, daher wird er von nun an wahrscheinlich einen großen Bogen um den Mülleimer machen. Hunde erforschen die Welt mit der Nase, wenn Ihr Hund also in Zukunft wieder einmal auf den sauren Geruch einer Zitrone stößt, wird er sich an diese Lektion erinnern.

Ein echter »Lucky Dog«

Nach ihrer Rehabilitation und ihrem Training hatte Tweety fünf Pfund zugenommen, beherrschte die sieben Grundkommandos und war bereit für ihr neues Zuhause. Tweety hatte mehrere Wochen bei mir verbracht, und wir hatten inzwischen eine enge Beziehung zueinander entwickelt. Ich war in einer schwierigen Phase ihres Lebens für sie Krankenpfleger, Trainer und Familie zugleich gewesen. Immer wenn ein Hund so sehr an mir hängt, mache ich mir ein bisschen Sorgen darüber, dass es ihm schwerfallen könnte, sich in seiner neuen Familie einzugewöhnen.

Die neuen Besitzer, bei denen ich Tweety unterbringen wollte, brauchten und verdienten einen Hund, der bereit war, sie bedingungslos zu lieben. Sie hatten vor Kurzem einen geliebten Menschen verloren, waren nach dieser Tragödie gerade dabei, wieder in ein normales Leben zurückzufinden, und hofften, dass Tweety neue Energie und Freude in ihr Zuhause bringen und den Kindern eine neue Lebensaufgabe und Verantwortung geben würde.

Als ich Tweety in ihr neues Zuhause brachte, hieß die Familie sie mit offenen Armen willkommen, und ich hoffte, dass die Hündin ihnen genauso viel Zuneigung entgegenbringen würde. Nachdem ich der ältesten Tochter Leilani, die künftig Tweetys Hauptbezugsperson sein sollte, den richtigen Umgang mit ihr erklärt hatte, ließ sie den Hund alle sieben Grundkommandos ausführen, was auch hervorragend gelang.

Dann zeigte ich Leilani noch ein weiteres Kommando, das ich Tweety während ihres Aufenthalts auf meiner Ranch beigebracht hatte: Da sie in ihrem neuen Zuhause ein Schoßhund sein würde, hatte ich das Kommando *HOCH* in ihr Training aufgenommen, um ihr die Erlaubnis zu geben, jemandem auf den Schoß zu klettern.

Während die Familie im Kreis in ihrem Wohnzimmer saß, führte Leilani die Hündin von einem Familienmitglied zum anderen und forderte sie auf, allen der Reihe nach auf den Schoß zu springen, und Tweety gehorchte nur allzu gern, wanderte von Schoß zu Schoß und freute sich darüber, ihre neue Familie kennenzulernen. Durch diese kleine Zeremonie wurde mir endgültig klar, dass der Hund, um dessen Überleben ich bei unserer ersten Begegnung so sehr gebangt hatte, endlich dort angekommen war, wo er hingehörte: Tweety hatte ihr endgültiges Zuhause gefunden.

17

Trennungsangst (nicht immer in sieben Tagen zu bewältigen)

Als ich Grover kennenlernte, wusste ich nichts von seiner Vergangenheit, aber es lag auf der Hand, dass er Probleme hatte. Mit nur zwei Jahren war dieser Hund bereits mehrmals im Tierheim gelandet. Als ich ihm begegnete, befand er sich in einem typischen städtischen Tierasyl: kalt und kahl, mit Betonwänden und -fußböden, verriegelten Türen und ohne Heizung oder Klimaanlage. Die ehrenamtlichen Mitarbeiter taten, was sie konnten, doch bei Hunderten von Insassen und knappen Ressourcen kamen die meisten Hunde nur für ein paar Minuten pro Tag aus ihren Zwingern. Als ich das Tierheim betrat, empfing mich ein ohrenbetäubender Lärm: Alle Hunde bellten, knurrten und winselten durcheinander – ein Geräusch, das beim tausendsten immer noch genauso nervenaufreibend klingt wie beim ersten Mal. Als ich die Gänge durchquerte, vorbei an Dutzenden großer, imposanter Hunde, die aussahen, als könnten sie sich problemlos ohne fremde Hilfe auf der Straße durchschlagen, fiel mein Blick auf Grover, der – eingeschüchtert durch den Lärm – zusammengekauert in seinem Zwinger saß und zu Boden starrte. Der Pudelmischling war ein typischer Underdog: klein, hilflos und verängstigt.

Grover kam sofort auf mich zugelaufen, um mich zu begrüßen, als wüsste er, dass ich gekommen war, um ihn zu retten – und das war auch höchste Zeit. Er saß ganz ruhig da, als ich die Tür öffnete, und kaum hatte ich mich neben ihn gesetzt, sprang er mir auch schon auf den Schoß. Man merkte ihm sofort an, dass er den Charme besaß, den ein Hund braucht, um den Weg ins Herz eines neuen Besitzers zu finden. Aber warum hatte er so oft von diesem Charme Gebrauch machen müssen?

Ich musste herausfinden, warum so viele Menschen sich für Grover begeisterten, ihre Meinung aber dann doch wieder änderten, denn mit jedem neuen Tierheimaufenthalt wurde es weniger wahrscheinlich, dass er auf Dauer ein neues Zuhause finden würde. In Anbetracht seiner bewegten Vergangenheit war ich vermutlich seine letzte Chance.

Bei seiner Erstbeurteilung stellte ich fest, dass Grover bereits ein paar Grundkommandos kannte: Er konnte sich auf Befehl hinsetzen, Platz machen, Fuß gehen und herkommen und tat das auch gleich bei der ersten Aufforderung – ziemlich eindrucksvoll! Nur mit dem Kommando *BLEIB* haperte es: Grover konnte es nicht ertragen, mehr als anderthalb Meter von mir entfernt zu sein – und selbst diese kurze Distanz nahm er nur widerwillig in Kauf.

An seinem ersten Abend auf meiner Ranch kuschelte Grover sich auf dem Sofa an mich und schlief die ganze Nacht durch wie ein Baby – ohne zu winseln, zu knabbern, zu markieren und ohne dass ihm ein Malheur passierte. Doch als ich am nächsten Morgen das Haus verließ, um eine Leine aus meinem Auto zu holen, war es schlagartig vorbei mit diesem ruhigen, gesitteten Benehmen, an das ich mich allmählich schon gewöhnt hatte.

Kaum hatte ich die Tür geschlossen, fing Grover laut an zu schreien – und zwar wirklich zu *schreien* –, als sei er verletzt oder würde angegriffen. Erschrocken rannte ich ins Haus zurück, weil ich tatsächlich glaubte, dass er sich eine Verletzung zugezogen hatte. Grover wartete an der Tür auf mich und wedelte so heftig mit dem Schwanz, als sei ich hundert Jahre weg gewesen. Ich nahm ihn auf den Arm und setzte ihn aufs

Sofa, um ihn auf Verletzungen zu untersuchen. Ich zog an seinen Beinen und tastete seinen Körper ab, um festzustellen, ob er an irgendeiner Stelle, die ich vorher vielleicht übersehen hatte, unter Schmerzen litt, doch es schien ihm gutzugehen.

Also ging ich wieder hinaus, um die Leine zu holen, und wieder begann das Geschrei von vorn, sobald ich die Tür hinter mir geschlossen hatte. Von diesem Augenblick an begab ich mich in den Testmodus. Inzwischen hatte ich zwar bereits eine Vermutung, was mit diesem Hund los sein könnte, aber ich musste ganz sicher sein. Also verließ ich das Wohnzimmer, stellte mich diesmal aber einfach nur hinter die Tür – und Grover rastete total aus. Sobald ich den Kopf durch die Tür steckte, beruhigte er sich wieder und wedelte mit dem Schwanz. Diesen Vorgang wiederholte ich noch ein paarmal – stets mit dem gleichen Ergebnis.

Danach hatte ich eine ziemlich genaue Vorstellung davon, warum Grover sich so seltsam benahm. Obwohl ihm niemand etwas getan hatte, führte er sich auf, als hätte er einen Geist gesehen. Dieser Hund litt unter Trennungsangst – und es hatte ihn ganz besonders schlimm erwischt.

Grover war ein typisches Beispiel für einen Hund, der zum Produkt seines Umfelds geworden war – dessen Lebenserfahrungen seine Persönlichkeit von Grund auf verändert hatten. Dieser Hund war sein Leben lang immer wieder ins Tierheim gebracht worden, obwohl er eine angeborene Sehnsucht nach Gesellschaft hatte, und nun erfasste ihn jedes Mal eine panische Angst davor, wieder verlassen zu werden. Schon wenn er ein paar Sekunden allein verbringen musste, stiegen seine schlimmsten Angstdämonen in ihm auf und versetzten ihn in eine geradezu verzweifelte Panik. Grover steckte in einem ausweglosen Dilemma: Gerade weil er so große Angst davor hatte, verlassen zu werden, trennten seine Besitzer sich immer wieder von ihm, und jedes Mal, wenn er wieder ins Tierheim zurückgebracht wurde, verschlimmerte seine Trennungsangst sich ein bisschen mehr, und seine Chancen, ein liebevolles Zuhause zu finden, sanken von Mal zu Mal.

Wenn Grover so weitermachte, würde er nie ein neues Heim finden. Ich hatte zwar schon eine potenzielle Besitzerin für ihn im Auge – eine Frau, die zu Hause arbeitete –, doch sie wohnte in einem exklusiven Apartmentkomplex, und wenn ich Grover nicht von seinem Problem heilen konnte, würde der Hauseigentümerverein ihn sofort wieder ausquartieren, wenn er nur ein einziges Mal wie am Spieß zu schreien anfing, so wie er es auf meiner Ranch getan hatte.

Grover konnte es sich nicht leisten, noch einmal ins Tierheim zurückgeschickt zu werden. Als ich wieder auf die Tür zuging, um die Leine zu holen, sah ich ihm förmlich an, wie er sich in seinen Panikmodus hineinsteigerte – wie er winselte, keuchte und zu zittern anfing.

Eines stand fest: Diesem Hund und mir stand ein hartes Stück Arbeit bevor.

Das Problem

Wahrscheinlich ist es schwer nachzuvollziehen, wie traumatisierend Trennungsangst für einen Hund sein kann, wenn man in der Haut des unglücklichen Besitzers steckt, der abends nach Hause kommt, sich einem verwüsteten Zimmer, einem zerfetzten Sofa und einem von Häufchen oder Pfützen übersäten Fußboden gegenübersieht und Klagen von den Nachbarn zu hören bekommt, was denn das für ein furchtbarer Lärm in seiner Wohnung gewesen sei. In solch einer Situation fühlt man sich eher als Opfer und hat vielleicht sogar das Gefühl, man habe es mit einem »bösartigen« Hund zu tun. Wenn Ihr Hund auch unter Trennungsangst leidet, wissen Sie wahrscheinlich genau, was ich meine.

Doch wenn solche Hunde das Haus verwüsten oder sich heiser bellen, sobald man sie allein lässt, tun sie das nicht zum Zeitvertreib, sondern weil sie von Angst, Panik und Kummer überwältigt sind. Für manche Rudeltiere kann Alleinsein ungeheuer stressig sein, und Hunde, die schon einmal ausgesetzt oder in ein Tierheim gebracht worden sind, erinnert diese Situation auf grausame Weise an ihre traurige Vergangenheit. Der Hund weiß, dass Sie weggegangen sind, und hat Angst, dass Sie nie wiederkommen werden: Genau so fühlt Trennungsangst sich an.

Manche Hunde sind besonders anfällig dafür, und Grover gehörte zu diesen schweren Fällen: Denn er war ein sensibler Hund und sein Leben lang vernachlässigt worden. Grover war treu. Er mochte keine Veränderungen. Er hatte einen regen Geist, und er war schon häufiger verlassen worden. All diese Charaktereigenschaften und Erfahrungen – in Kombination mit seiner tiefverwurzelten Angst vor dem Alleinsein – machten ihn zu einem Hund, dem jedes Mal, wenn eine Tür sich schloss und er allein dahinter zurückblieb, förmlich das Herz brach. Genau deshalb ist es so schwierig, Hunden ihre Trennungsangst abzugewöhnen – weil man dabei nicht nur gegen ihre Natur, sondern auch gegen ihre Vergangenheit ankämpfen muss.

Wahrscheinlich hatte einer von Grovers früheren Besitzern ihn im Zwinger gehalten und vernachlässigt. Manche Hunderassen werden dafür gezüchtet, ziemlich unabhängig von ihrem Besitzer draußen im Freien zu arbeiten. Solche Hunde kommen mit einem derartigen Umfeld vielleicht ganz gut zurecht – zumindest eine Zeitlang. Doch Pudel sind definitiv nicht für ein solches Leben geschaffen: Sie sind sensible Hunde, die viel Aufmerksamkeit und Zuneigung brauchen, und wenn sie die nicht bekommen, fangen sie an, darum zu kämpfen. Es liegt nun mal in ihrer Natur, sich nach Kontakt mit Menschen zu sehnen und eine enge Beziehung zu ihren Besitzern aufzubauen. Von all diesen Dingen, die ein Pudel so dringend braucht, hatte Grover als junger Hund wahrscheinlich nie etwas bekommen – und am Ende war er sogar ausgesetzt worden. Infolgedessen hatte er seine Intelligenz dazu benutzt, sich kreative, ausdrucksstarke Strategien zu überlegen, mit denen er verhindern konnte, dass ihm so etwas noch einmal passierte: Zum Beispiel ließ er seinen neuen Besitzer nicht aus den Augen und schrie jedes Mal, wenn dieser das Zimmer verlassen wollte, Zeter und Mordio.

Ein solches Problem kann man gar nicht ernst genug nehmen. Ich habe schon so extreme Fälle von Trennungsangst erlebt, dass die betroffenen Hunde sich sogar verletzten und tierärztlich behandelt werden mussten: Ein Terrier scharrte so lange mit der Pfote an der Tür, dass seine Zehennägel sich lockerten und seine Füße zu bluten begannen. Doch selbst dann machte er immer noch weiter, weil er hoffte, dadurch irgendwie aus der Wohnung hinauszukommen oder seinen Besitzer zur Rückkehr zu veranlassen. Und ein Schäferhundmischling kaute so lange an seiner Box herum, bis sich eine Metallstange löste und ihn am Maul und an den Zähnen verletzte.

Ein Hund, der unter Trennungsangst leidet, macht jedes Mal, wenn man ihn allein lässt, eine verzweifelte Achterbahnfahrt der Gefühle durch.

Warum verhält sich ein Hund so? Warum fügt er sich oder Ihrem Eigentum Schaden zu oder bellt und winselt stundenlang? Sie müssen sich das folgendermaßen vorstellen: In den Augen eines Hundes, der unter Trennungsangst leidet, *verlassen* Sie ihn in dem Augenblick, in dem Sie zur Tür hinausgehen. Von dieser Sekunde an glaubt er, dass Sie fort sind – und zwar nicht nur für eine Stunde oder einen Nachmittag, sondern für immer. Also überlegt er sich, was er dagegen tun kann – und was für Möglichkeiten hat ein Hund schon? Er bellt oder winselt, zerreißt die

Vorhänge, zerkratzt die Tür oder ruiniert ein Paar Schuhe. Viele Tiere reagieren ihre Gefühle durch Zerstörungswut ab. Wenn Sie fort sind, ist Ihr Hund nichts anderes als ein armes, sensibles, vertrauensvolles Kind, das zum ersten Mal in seinem Leben zutiefst verletzt wird. Also ruft dieses Kind verzweifelt nach Ihnen und versucht, auf andere Weise Kontakt zu Ihnen aufzunehmen – erhält aber keine Antwort. Mit der Zeit wird der Kloß in seinem Hals immer größer, und es gerät immer mehr außer Fassung, bis es schließlich anfängt, vollkommen irrational und sinnlos zu reagieren.

Ein Hund, der unter Trennungsangst leidet, macht jedes Mal, wenn Sie das Haus verlassen, solch eine verzweifelte Achterbahn der Gefühle durch.

Mit diesem Verhalten haben Millionen von Hunden und ihre Besitzer zu kämpfen, und leider kann es ernsthafte Konsequenzen haben. Denn solche Tiere können nicht nur die komplette Einrichtung demolieren, mit einem Hund, der ständig bellt oder winselt, sobald man ihn allein lässt, kann man sich wie gesagt auch den Zorn seiner Nachbarn zuziehen, die dann vielleicht sogar die Polizei oder das Veterinäramt verständigen – was wiederum dazu führen kann, dass der Besitzer seinen Hund weggeben muss. Wenn solch ein Hund dann im Tierheim landet, sind seine schlimmsten Befürchtungen wahr geworden – und falls er je wieder adoptiert werden sollte, fällt es ihm beim nächsten Mal noch schwerer, seine Trennungsangst zu überwinden.

Ursache und Wirkung

Es gibt nicht nur eine einzige Ursache für Trennungsangst. Sie kann Hunde aller Rassen und Altersgruppen und mit den verschiedensten Lebenserfahrungen befallen. Manchen Hunden scheint sie sogar angeboren zu sein: Solche Tiere sind von Natur aus besonders anhänglich und haben sogar schon im Welpenalter Angst davor, allein gelassen zu werden. Bei anderen Hunden entsteht diese Angst erst durch die Erfahrungen, die sie in ihrem Leben gemacht haben: Vielleicht haben sie öfter den Besitzer gewechselt, wurden ausgesetzt oder vernachlässigt oder haben einmal etwas Schlimmes erlebt, als sie allein waren. Dann muss ihr neues Herrchen oder Frauchen die Folgen des verantwortungslosen Verhaltens der vorigen Besitzer ausbaden und versuchen, den entstandenen Schaden irgendwie wiedergutzumachen.

Trennungsangst gehört zu den Verhaltensproblemen, die man einem Hund am schwersten abtrainieren kann, weil diese Eigenschaft oft tief in der DNA oder der Vergangenheit eines Hundes verankert ist.

Eine multimodale Therapie

Um mit den ganz besonderen und ziemlich komplizierten Problemen von Trennungsangst fertigzuwerden, habe ich eine Strategie entwickelt, die ich als »multimodale Therapie« bezeichne: eine Kombination aus verschiedenen Taktiken und Methoden zur Erreichung eines bestimmten Verhaltensziels. Das ist etwas ganz anderes, als einem Hund die Grundzüge des Gehorsams beizubringen. Beim Gehorsamstraining habe ich immer mindestens einen Plan A, einen Plan B und einen Plan C – manchmal stehen mir sogar noch mehr Handlungsoptionen offen. Ich weiß also ganz genau, was ich zu tun habe, und bin mir auch im Voraus darüber im Klaren, an welchen kritischen Punkten des Trainings der Hund wahrscheinlich Widerstand leisten wird und wie ich dann reagieren muss.

Doch bei der Behandlung von Trennungsangst muss man nach dem Versuch-und-Irrtum-Verfahren vorgehen. Dabei ist die beste Lösung oft weder Plan A noch Plan B, sondern eine Vorgehensweise, die Elemente von Plan A, B, C und noch weiteren Strategien enthält. Dazu muss man herausfinden, welche Behandlungselemente in welcher Kombination beim jeweiligen Hund Wirkung zeigen, denn das ist individuell verschieden.

Bevor wir uns mit den Details dieses Trainings beschäftigen, sollten Sie sich zunächst einmal die Schwere der Aufgabe vor Augen führen, die Ihnen bevorsteht. Sie können beim Training eines Hundes mit Trennungsangst nur dann Erfolg haben, wenn Sie mit Ruhe und Geduld an diese Aufgabe herangehen und beruhigend auf Ihren Hund wirken. Denken Sie stets daran: Der Hund spiegelt Ihnen genau das Gesicht wider, das Sie ihm zeigen! Sie müssen bei diesem Training also konsequent sein und Zuversicht und Selbstsicherheit ausstrahlen.

Leider finden viele Hundebesitzer die Trennungsangst ihres Hundes so frustrierend, dass sie schon beim ersten Anzeichen dieses Verhaltens ausrasten. Doch wenn Sie *RUHIG* schreien oder Ihren Hund womöglich sogar verprügeln, weil er während Ihrer Abwesenheit einen Nervenzusammenbruch bekommen und Ihren Schuh angeknabbert hat oder ihm ein Missgeschick in der Wohnung passiert ist, kommen Sie nicht weiter, denn glauben Sie mir: Er fühlt sich auch so schon elend genug. Das Einzige, was dazu führt, dass es Ihrem Hund wieder bessergeht, ist Ihre Rückkehr, und wenn dieses freudige Ereignis durch Zorn und Bestrafung getrübt wird, wird er in Zukunft vielleicht nicht mehr nur vor dem Alleinsein, sondern auch vor *Ihnen* Angst haben.

Eine maßgeschneiderte Strategie für Ihren Hund

Da wir diesem Problem mit einer multimodalen Therapie zu Leibe rücken werden, brauchen Sie vielleicht nicht alle Schritte umzusetzen, die ich im Folgenden beschreibe – denn jeder dieser Schritte kann sowohl für sich allein als auch in Kombination mit anderen Maßnahmen wirksam sein. Allerdings sollten Sie sich von vornherein darüber im Klaren sein, dass dieses Training Zeit erfordert. Natürlich können Sie auch schon innerhalb eines siebentägigen Anti-Trennungsangst-Trainings große Erfolge erzielen – aber nur dann, wenn Sie Zeit haben, Ihren Hund genau zu überwachen und auf sein Verhalten zu reagieren. Und seien Sie bitte nicht überrascht oder enttäuscht, wenn es trotz aller Mühe ein bisschen länger dauert!

Methode Nr. 1

Eine Lektion in Objekt- beziehungsweise Personenpermanenz. Zunächst einmal wollen wir Ihrem Hund beibringen, dass Sie weiterhin existieren und immer wieder zurückkommen, wenn Sie von ihm fortgehen und sich außerhalb seines Wahrnehmungsfelds bewegen. Das erreicht man am besten mithilfe eines Babymonitors (es braucht auch hier wieder nicht unbedingt ein teures Modell zu sein – ein billiger Monitor reicht auch) und eines Vorrats an Leckerlis, die Ihr Hund besonders gern mag. Stellen Sie Ihre Kamera so auf, dass sie einen Teil Ihrer Wohnung gut im Blickfeld hat. Schließlich wollen Sie Ihren Hund ständig im Auge behalten, also stellen Sie das Objektiv Ihrer Kamera auf ein weites Blickfeld ein, und schließen Sie die Türen, oder blockieren Sie Bereiche, die Sie mit Ihrer Kamera nicht überwachen können, auf andere Weise. Legen Sie das Bettchen Ihres Hundes ins Sichtfeld der Kamera.

Als Nächstes verlassen Sie das Zimmer mit Leckerlis in der Tasche, dem Monitor in der Hand und Geduld im Herzen. Gehen Sie so weit weg, dass Ihr Hund Sie nicht mehr sehen kann, aber bleiben Sie so nah an dem Zimmer, in dem er sich befindet, dass Sie schnell wieder zurückkommen können. Dann beobachten Sie Ihren Monitor und warten den richtigen Augenblick ab.

Die meisten Hunde, die unter starker Trennungsangst leiden, werden ähnlich wie Grover sofort in Panik verfallen, sobald Sie das Zimmer verlassen: So ein Hund wird winseln, unruhig im Zimmer hin und her laufen, an der Tür kratzen oder irgendein anderes Verhalten zeigen, das bei Trennungsangst typisch für ihn ist. Diese Panikattacke müssen Sie abwarten. Vielleicht dauert Sie nur eine Minute, vielleicht aber auch eine Viertelstunde oder noch länger. Wie auch immer – Sie müssen Ihren Hund weiterhin beobachten und warten, bis seine Panik ein bisschen nachlässt. Selbst unter extremer Trennungsangst leidende Hunde beruhigen sich zwischendurch einmal, also halten Sie durch!

Sobald Ihr Hund eine kleine Pause einlegt, zählen Sie bis zehn, holen schon mal die Leckerlis aus Ihrer Tasche und nehmen sie in die Hand.

Wenn Sie bei zehn angelangt sind, laufen Sie so schnell wie möglich ins Zimmer zurück, loben Ihren Hund mit ruhiger Stimme und geben ihm ein Leckerli. All das sollte ziemlich schnell gehen (fünfzehn bis dreißig Sekunden genügen vollauf), denn schließlich stecken Sie mitten in einer Trainingssitzung, die gleich wieder weitergehen sollte. Denken Sie daran: Mit dieser Methode möchten Sie Ihrem Hund beibringen, ruhig zu sein, und ihn dafür belohnen.

Als Nächstes wiederholen Sie diesen Vorgang: Sie verlassen wieder das Zimmer, begeben sich außer Sichtweite Ihres Hundes, beobachten den Monitor und halten sich bereit, jederzeit zurückzukehren und ihn auf ruhige Art und Weise zu belohnen, sobald er wieder zehn Sekunden lang still war. Praktizieren Sie das immer wieder, doch nach jeder Trainingssitzung sollte Ihr Hund ein bisschen länger ruhig bleiben, bevor Sie ihn belohnen. Anfangs wird er das nur ein paar Sekunden länger aushalten, doch sobald Ihrem Hund klar wird, dass er fürs Stillsein belohnt wird, werden aus den Sekunden mit der Zeit Minuten und sogar noch längere Zeitfenster.

Das bezeichnet man als »Assoziationstraining«, und das Ziel dieser Übung besteht schlicht und einfach darin, das Negative, das Ihr Hund mit dem Alleinsein assoziiert, durch neue, positive Erfahrungen zu ersetzen. Ich musste Grover beibringen, dass er sich immer, wenn ich ihn allein ließ, auf ein glückliches Wiedersehen mit mir verlassen konnte. Er sollte sein Augenmerk von meinem Verschwinden auf meine Rückkehr lenken.

Das ist ein langer Kampf, aber die positiven Ergebnisse machen jede Mühe wieder wett.

Grover hatte zwar extreme Angst vor dem Alleinsein, aber er ist ein cleverer kleiner Bursche, und daher brauchte er nur ungefähr zehn Minuten, um zu begreifen, dass ich nur dann wiederkam, wenn er ruhig war. Im Lauf dieser ersten Sitzung dehnte ich seine ruhigen Augenblicke von ein paar Sekunden bis auf etwa zwei Minuten aus. Doch irgendwann gelangten wir an ein Lernplateau.

Solche Plateaus sind etwas völlig Normales, egal, was oder wen man trainiert. Schließlich haben Sie es mit einem fühlenden Wesen zu tun, und solche Geschöpfe sind – je nach Ausdauer, Toleranz und persönlichen Empfindlichkeiten – allen möglichen Einschränkungen unterworfen. Bei jedem Training ist es nahezu unvermeidlich, dass nach einer Phase des Aufbaus und Fortschritts irgendwann eine Phase der Stagnation folgt. Dann ist es an der Zeit, die Sitzung zu beenden, Ihren Trainingsplan zu überdenken und sich auf den nächsten Schritt vorzubereiten.

In Grovers Fall bedeutete dies, dass ich ein weiteres Element in sein multimodales Training aufnehmen musste.

Methode Nr. 2

Sprechen Sie das wichtigste Sinnesorgan Ihres Hundes an! Für diesen Trainingsschritt brauchen Sie ein T-Shirt, das Sie mindestens einen Tag lang getragen haben. Das ist eine uralte Technik, die ich erlernt habe, als ich noch ein Teenager war und wilde Tiere trainierte. Viele Tiere erkunden die Welt mit der Nase – was für uns Menschen mit unserem relativ schwach ausgeprägten Geruchssinn nicht immer ganz leicht nachvollziehbar ist. Vielleicht kann ich mit meiner Nase nicht so viele Geruchsnuancen wahrnehmen wie ein Tier, doch ich weiß aus eigener Erfahrung, wie wichtig Gerüche sein können.

Als ich aufwuchs, hatten wir einen Grizzlybären, der sich unbekannten Menschen gegenüber manchmal ein bisschen unberechenbar verhielt, daher mussten wir sehr genau darauf achten, dass er während unserer Dreharbeiten mit ihm niemanden verletzte. Von allen Methoden, mit denen man so ein Ziel erreichen kann, funktionierte nur eine einzige bei diesem Bären erstaunlich gut und zuverlässig: Immer wenn Brutus in einem Film oder einer Werbesendung auftrat, mussten alle Personen, die dabei mitwirkten, uns ein T-Shirt geben, das sie einen Tag lang getragen hatten. Diese T-Shirts hängten wir dann für ein paar Wochen ins Gehege unseres Bären, damit er sich an die Gerüche ihrer Besitzer gewöhnen konnte. Während diese Wäscheleine voller T-Shirts in seinem Zwinger hing, fütterten wir ihn, spielten mit ihm und sorgten dafür, dass er während dieser Zeit positive Erfahrungen machte, die er mit den Gerüchen der Shirts assoziieren konnte. Am Drehtag konnten wir unseren unberechenbaren Bären dann gefahrlos an den Set bringen, denn er kannte ja bereits sämtliche Schauspieler: All ihre Gerüche waren ihm vertraut, also konnten wir unbesorgt an die Arbeit gehen.

Wenn Sie sich schon einmal gefragt haben, warum Ihr Hund während Ihrer Abwesenheit so gern auf Ihrer schmutzigen Wäsche schläft oder an Ihrer Unterwäsche (oder Ihren Schuhen) herumknabbert, kennen Sie jetzt den Grund dafür: Er möchte Ihnen trotz Ihrer Abwesenheit so nah wie möglich sein und nutzt dazu sein empfindlichstes Sinnesorgan. Diese Tatsache – dass Hunde sich instinktiv zu Gerüchen hingezogen fühlen, die sie kennen – nutze ich für eine Trainingsmethode namens »positive Geruchsassoziation«. Ich setze diese Methode bei vielen Tierheimhunden ein, vor allem, um sie schon vorher mit ihrer neuen Familie bekannt zu machen, noch ehe sie ihr endgültiges Zuhause betreten.

Tatsächlich kann etwas so Einfaches wie ein vertrauter Geruch die Angstschwelle Ihres Hundes drastisch senken und ihn trösten, wenn er allein ist. Also holen Sie für die nächste Trainingsphase Ihr T-Shirt heraus! Wenn Sie einen kleinen Hund haben, legen Sie das Shirt in sein Bettchen, und zwar in Sichtweite Ihrer Kamera. Einem großen Hund können Sie das T-Shirt ebenfalls ins Körbchen legen, Sie können es ihm aber auch anziehen, falls es ihm passt und er das toleriert. Das ist das nächste Modul unseres Anti-Trennungsangst-Trainingsprogramms.

Probieren Sie Methode Nr. 1 nun noch einmal mit dem zusätzlichen Beruhigungseffekt Ihres Körpergeruchs aus, und warten Sie ab, ob Ihrem Hund das Alleinsein jetzt leichter fällt.

Methode Nr. 3

Lassen Sie den Hund Ihre Stimme hören! Zusätzlich zu der positiven Geruchsassoziation, mit der Sie Ihrem Hund das Alleinsein versüßen, können Sie auch seinen Gehörsinn auf beruhigende Weise ansprechen. Manche Hundebesitzer lassen während ihrer Abwesenheit einfach den Fernseher oder das Radio laufen, um das bedrückende Schweigen zu überdecken, doch da wir bei diesem Training alle Register ziehen wollen, gehen wir noch einen Schritt weiter: Nehmen Sie Ihre eigene Stimme auf Tonträger auf, sprechen Sie dabei in ruhigem, ermutigendem Ton, und lassen Sie Ihren Hund diese Aufnahme anhören, während Sie fort sind. Für Grover sprach ich zum Beispiel einen Essay über die erstaunliche Intelligenz von Pudeln auf Tonträger auf. Sie können Ihrem Hund die Aufnahme mithilfe Ihres Computers oder eines Tonträgers in Endlosschleife vorspielen. Genau wie Ihr Körpergeruch kann den Hund auch der Klang Ihrer Stimme während Ihrer Abwesenheit trösten.

Und nun wiederholen Sie Methode Nr. 1 mit diesem zusätzlichen Geräuscheffekt. Arbeiten Sie so lange mit ihm weiter, wie Sie kontinuierliche Fortschritte sehen, aber setzen Sie ihn nicht zu sehr unter Druck, und brechen Sie das Training stets ab, sobald (oder besser noch bevor) der Hund anfängt, wieder Rückschritte zu machen. Denken Sie daran, dass dieses Training ein sehr schwieriges Unterfangen ist – denn damit versuchen Sie, den tiefsten Ängsten Ihres Hundes entgegenzuwirken. Daher sollte Ihr Tagesziel immer nur in einer kleinen Verbesserung bestehen und nicht in einer Wunderheilung.

Rom wurde schließlich auch nicht an einem Tag erbaut. Für dieses Training werden Sie mindestens sieben Tage brauchen – vielleicht sogar noch ein paar mehr. Von den sieben Problemverhalten, um die es in diesem Teil meines Buches geht, braucht man für die Behandlung von Trennungsangst am allerehesten mehr Zeit, um sein Ziel zu erreichen.

Methode Nr. 4

Hilfreiche Trainingswerkzeuge: Bei diesem Schritt geht es darum, Ihrem Hund ein Gefühl der Geborgenheit zu geben, wenn Sie nicht zu Hause sind. Es gibt verschiedene Produkte, die extra zu diesem Zweck entwickelt worden sind. Zwei Werkzeuge, mit denen Sie es vielleicht einmal versuchen sollten, sind: eine Beruhigungsweste (auch als »Kompressions-« oder »Thundershirt« bezeichnet) oder ein ähnliches Kleidungsstück, das Druck auf den Körper Ihres Hundes ausübt, und ein Plüschtier, das sich so ähnlich anfühlt wie ein Wurfgeschwisterchen.

Die Beruhigungsweste funktioniert nach dem gleichen Wirkmechanismus wie das Pucken zur Beruhigung eines Babys: Ziehen Sie Ihrem Hund die Weste an, und befestigen Sie sie mit dem Klettverschluss so, dass sie eng anliegt. Diese Methode wirkt zwar nicht bei jedem Hund, aber ich habe schon oft genug beobachtet, dass ängstliche Vierbeiner sich dadurch beruhigen ließen. Einen Versuch ist diese Weste also auf jeden Fall wert.

Das Plüschtier eignet sich besonders gut für einen Welpen, der gerade erst bei Ihnen eingezogen ist. Dieses Tier sieht aus wie ein kleiner Hund und enthält eine Wärmflasche und einen Herzschlagmechanismus, den Ihr Hund hören und spüren kann.

Um die Wirkung dieser Hilfsmittel noch zu verstärken, können Sie sie für eine Nacht unter Ihr Kopfkissen legen, damit sie Ihren Geruch annehmen, bevor Sie sie Ihrem Hund geben. Trainieren Sie Ihren Hund nun mit diesen zusätzlichen Hilfsmitteln weiter: Ihr Ziel besteht darin, dass er dabei immer länger ruhig bleibt, bis Sie einen Meilenstein von mehreren Minuten erreicht haben.

Ein Kompressionsshirt kann dazu beitragen, Ihren Hund zu beruhigen.

Methode Nr. 5

Halten Sie Ihren Hund bei längerer Abwesenheit mit Leckerlis und Spielsachen bei Laune! Nun, da Sie mit Ihrem Training allmählich immer größere Fortschritte machen und Ihr Hund immer länger ruhig bleibt, wird irgendwann der Tag kommen, an dem Sie testen müssen, ob er es auch eine Stunde oder länger ohne Sie aushält. An diesem Tag können Sie Ihrem Arsenal an Bewältigungsstrategien noch ein weiteres Element hinzufügen, indem Sie dem Hund etwas geben, womit er sich während Ihrer Abwesenheit beschäftigen kann. Futtersuchspiele, Kauspielzeuge (nur für Hunde, die nicht die Angewohnheit haben, diese ganz zu verschlucken!) und interaktive Spielzeuge, die man mit kleinen Leckerlis füllen kann, eignen sich sehr gut als »Beschäftigungstherapie« für Ihren Hund, während Sie weg sind. Bully Sticks sind ganz hervorragend für diesen Zweck geeignet, weil der Hund Stunden braucht, um sie durchzukauen. Doch egal, welches Objekt Sie für solche Anlässe auswählen – sparen Sie es sich bis zum Tag Ihrer ersten längeren Abwesenheit auf, und geben Sie es dem Hund erst, kurz bevor Sie gehen, damit es noch neu und interessant für ihn ist.

Außergewöhnliche Alternativen

Zusätzlich zu den beschriebenen Trainingsmethoden zur Bekämpfung von Trennungsangst gibt es auch noch ein paar andere Möglichkeiten, die Sie ausprobieren können, wenn Ihr Hund trotz kontinuierlichen Trainings keine Fortschritte macht. Das sind Lösungen, die man durch Training allein nicht erreichen kann. Denken Sie daran, dass es sich bei all diesen Optionen um Einzelelemente handelt, die Sie zusätzlich zu den bisher beschriebenen Trainingsmodulen einsetzen können!

Schaffen Sie sich einen zweiten Hund an! Auf den ersten Blick scheint dieser Vorschlag vielleicht absurd, wenn doch schon der eine Hund, den Sie haben, so bedürftig ist, doch ein Zweithund kann tatsächlich ein gutes Gegenmittel gegen die Ängste eines Hundes sein, der ungern allein ist. Fragen Sie bei Tierheimen in Ihrer Nähe nach, ob sie Ihnen zunächst mal einen Hund auf Probe vermitteln würden, damit Sie testen können, wie gut die beiden Hunde sich verstehen.

Medikamente: Ich empfehle für Hunde nur selten angstlösende Arzneimittel, weil ein Medikament das Problem ja nicht löst, sondern die Angst lediglich vorübergehend unterdrückt. Doch Medikamente sind zumindest ein letzter Ausweg, wenn Ihr Hund unter so schlimmer Trennungsangst leidet, dass er Gefahr läuft, sich zu verletzen. In so einem Fall sollten Sie Ihren Tierarzt fragen, ob es ein Mittel gibt, das die Nerven Ihres Hundes ein bisschen beruhigt, um ihm den Start ins Training zu erleichtern. Doch Sie sollten Ihrem Hund solche Arzneimittel nur in Kombination mit einem gezielten Anti-Angst-Training verabreichen. Denn schließlich möchten Sie das Problem beheben, das seinem Verhalten zugrunde liegt, und dazu müssen Sie mit Ihrem Hund arbeiten.

Wenn Sie ihm keine verschreibungspflichtigen Medikamente geben möchten, können Sie sich von Ihrem Tierarzt stattdessen ein beruhigendes Nahrungsergänzungsmittel oder Spray empfehlen lassen, das ihn ein bisschen entspannt, damit er sich besser auf das Training konzentrieren kann.

Professionelle Hilfe: Ich bin nur selten der Meinung, dass ein Verhaltensproblem die Hilfe eines professionellen Hundetrainers erfordert, doch Trennungsangst ist ein ziemlich kompliziertes Problem, und da kann es schon manchmal sinnvoll sein, sich fachkundige Hilfe zu holen. Wenn Sie die verschiedenen Optionen meines multimodalen Therapieansatzes durchgehen und sich überlegen, ob Sie es nur mit einer dieser Methoden oder mit allen versuchen möchten, sollten Sie dabei stets daran denken, dass Trennungsangst das schwierigste Problem ist, mit dem ein Hundebesitzer beim Training seines Vierbeiners konfrontiert sein kann. Deshalb ist durchaus nichts dagegen einzuwenden, sich in so einem Fall Hilfe zu holen, wenn man sie braucht.

Trennungsangst ist ein kompliziertes Verhaltensproblem, also werden Sie Ihren Hund vielleicht nicht so weit bringen, dass er während der Zeit, die er allein verbringen muss, vollkommen gelassen ist; doch zumindest kann man ihm durch Training zu einem ruhigeren – und weniger destruktiven – Verhalten verhelfen.

Ein echter »Lucky Dog«

Schließlich gelang es Grover, seine Trennungsangst so weit zu überwinden, dass ich ihn in seinem neuen Zuhause bei einer Antiquitätenhändlerin in Südkalifornien unterbringen konnte. Einen Hund, dem ich gerade erst beigebracht hatte, seine Trennungsangst zu bewältigen, woanders unterzubringen, war natürlich schon ein bisschen riskant, denn ich wollte Grover unter gar keinen Umständen das Gefühl geben, schon wieder im Stich gelassen zu werden. Zwar war ich überzeugt davon, dass er eine hervorragende Beziehung zu seiner neuen Besitzerin aufbauen würde, doch bevor ich ihn verlassen konnte, musste er sich selbst davon überzeugen, dass er bei ihr gut aufgehoben war. Also begleitete ich Grover nicht nur am ersten Tag in sein neues Zuhause, sondern besuchte ihn dort auch mehrere Tage hintereinander, wobei ich jedes Mal ein bisschen weniger Zeit mit ihm verbrachte – so lange, bis er sich hundertprozentig an seine neue Besitzerin gewöhnt zu haben schien.

Inzwischen verbringen Grover und Laurie den größten Teil ihrer Zeit zusammen – in ihrem Apartment, bei Besprechungen mit Kunden oder auf Spaziergängen. Das ist genau die richtige Lebensweise für Grover. Doch dieser Hund, bei dem ich damals sicher gewesen war, dass er sich eine schwere Verletzung zugezogen hatte, als ich ihn zum ersten Mal allein ließ, hat inzwischen eine wichtige Lektion gelernt: Wenn er nur geduldig darauf wartet, kommt die Person, die er auf dieser Welt am meisten liebt, immer wieder zu ihm zurück. Bis zum heutigen Tag bekomme ich E-Mails von Laurie, in denen sie mir berichtet, wie sehr ihr Leben sich durch Grover verändert hat. Er hat sich nun hundertprozentig in seinem neuen Zuhause eingelebt und fühlt sich endlich sicher und geborgen in einer Familie, auf die er sich verlassen kann.

Szenen, die aus meiner Sendung herausgeschnitten wurden

Als ich in New York wohnte, arbeitete ich mit einem Terrier, der unter furchtbarer Trennungsangst litt. Ich trainierte ihn ungefähr zwei Wochen lang intensiv in meinem Apartment im East Village. Obwohl ich alles darangesetzt hatte, diesem Hund bei der Überwindung seines Problems zu helfen, musste ich ihn doch hin und wieder allein lassen, um anderen Verpflichtungen nachzugehen – und das passte ihm überhaupt nicht.

Und meinen Nachbarn erst recht nicht. Jedes Mal, wenn ich von zu Hause fortging, fand ich bei meiner Rückkehr Zettel an meiner Wohnungstür vor, auf denen stand, dass mein Hund zu laut sei und ich ihn doch bitte besser erziehen solle. Zwar machte ich mit diesem Terrier Tag für Tag kleine Fortschritte, doch wie gesagt: So ein Problem überwindet man nicht von heute auf morgen.

Als ich meine Wohnung nach ungefähr einer Woche wieder einmal für ein paar Stunden verlassen hatte, fand ich bei meiner Rückkehr einen Zettel an meiner Tür vor, auf dem die Situation auf ebenso ironische wie treffende Art und Weise zusammengefasst war. Auf diesem Zettel stand in großen, fetten Buchstaben mit vielen Ausrufezeichen, um mir klarzumachen, dass diesem Nachbarn nun endgültig der Kragen geplatzt war: »Suchen Sie sich einen Hundetrainer!«

18

Aggressivität
(keineswegs in sieben Tagen
zu bewältigen)

Bevor wir uns näher mit dem Thema »Aggressivität bei Hunden« befassen, möchte ich Ihnen von einer entscheidenden Wende in meiner Erfahrung mit aggressiven Hunden erzählen. Vor Jahren, als ich noch ein junger Tiertrainer war und mit deutlich weniger Hunden Erfahrung hatte als heute, baten mich die Besitzer eines sechzig Kilo schweren, schwierigen Schäferhund-Chow-Chow-Mischlings – nennen wir ihn »Odin« – um Hilfe. Wie Odins Besitzer mir mitteilten, hatte dieser Hund sich bereits einigen ihrer Besucher gegenüber aggressiv verhalten, und das kann bei einem so großen, kräftigen Hund lebensgefährlich sein. Um mit Odin arbeiten zu können, musste ich seine Reaktionen selbst testen, also bat ich seine Besitzer, ihm zwei Leinen anzulegen (die eine sollte an seinem Halsband, die andere an einem Geschirr befestigt werden) und darauf gefasst zu sein, ihn notfalls zurückziehen zu müssen. Dann streifte ich meinen Beißarm über (also einen Armschutz, wie ihn Hundetrainer tragen, wenn sie einem Hund das Kommando *FASS* beibringen oder mit aggressiven Tieren arbeiten), betrat ihr Haus und ging ein paar Schritte auf den Hund zu, wobei ich meinen geschützten Arm vorstreckte.

Ich brauchte nur ein paar Sekunden, um festzustellen, dass Odins Besitzer mit ihren Berichten von seinem aggressiven Wesen nicht übertrieben hatten. Ganz im Gegenteil: Sie hatten dabei sogar eher untertrieben (und zwar ziemlich stark), was leider oft vorkommt, wenn Hundebesitzer über das aggressive Verhalten ihrer Tiere sprechen. Odin sprang auf mich zu und packte mich mit solcher Kraft am Arm, dass er ihn mir beinahe ausgerissen hätte. Er ließ sich auch durch die beiden Leinen nicht von seiner Attacke abhalten, und ohne Armschutz hätte er mir meinen Arm mit dieser schnellen, brutalen Attacke wahrscheinlich fürs Leben verstümmelt. Doch trotz dieses Schutzes war mein Arm nach dieser kurzen Begrüßung einen Monat lang grün und blau. Der Hund meinte es zweifellos ernst.

Obwohl diese erste Begegnung für mich ein absolutes Alarmsignal war, was das Temperament dieses Hundes anging, war ich damals noch ein junger, optimistischer Mann und glaubte fest daran, dass man mit Training bei fast jedem Hund fast alles erreichen kann – auch wenn das Problem höchstwahrscheinlich in seinen Erbanlagen liegt. Ich war entschlossen, Odin zu dem gutmütigen, vertrauenswürdigen Hund zu machen, den seine Familie sich wünschte. Also arbeitete ich zwei Monate lang mit ihm, gewöhnte ihn an verschiedene Situationen, die ihn leicht in Rage brachten, erhöhte seine Toleranzschwelle für Menschen, die in sein Revier eindrangen, und belohnte ihn, wenn er in solchen Situationen ruhig blieb. Sobald ich sicher war, einen völlig neuen Hund aus Odin gemacht zu haben, erklärte ich der Familie, dass er nun für seine nächste große Bewährungsprobe bereit war.

Ich setzte Hut und Brille auf, zog (um auf Nummer sicher zu gehen) wieder meinen Beißarm an, versteckte ihn unter einer Jacke, betrat dann das Haus der Besitzer und ging direkt zum Bettchen des Hundes hinüber. Odin rührte sich nicht von der Stelle. Als ich mich neben ihn auf den Boden setzte, drehte er den Kopf weg. Siegessicher wandte ich mich den Besitzern zu und begann ihnen zu erklären, dass ihr Problem nun gelöst sei. Ich konzentrierte mich ganz auf die Familie, achtete dabei gar nicht auf den Hund oder seine Körpersprache – und war daher vollkommen unvorbereitet, als Odin sich wie rasend auf mich stürzte und zuschnappte. Mir blieb nur der Bruchteil einer Sekunde, um auf seinen Angriff zu reagieren und ihm statt eines verletzlicheren Körperteils meinen geschützten Arm entgegenzustrecken.

Ich habe im Lauf meiner Karriere schon viele gefährliche Situationen mit großen Tieren erlebt, doch dieser Hund hätte mir beinah das Gesicht zerfleischt. Eigentlich hätte ich nach dieser Erfahrung mein Leben lang um alle aggressiven Hunde einen großen Bogen machen müssen, doch stattdessen fragte ich mich, bei wie vielen Hunden ich mein Anti-Aggressivitäts-Training bisher wohl schon mit den Worten beendet hatte: »Das Problem ist gelöst« – obwohl das in Wirklichkeit gar nicht stimmte. Nach diesem Erlebnis habe ich Hunderte von aggressiven Hunden trainiert, denn ich war förmlich besessen von der uralten Frage, ob man einem Tier dieses Verhalten abtrainieren kann. Die Antwort darauf ist ein klares Nein. Doch damit ist diese Frage noch lange nicht ausreichend beantwortet. Ich wäre wahrscheinlich der Letzte, der bei einem Hund, den man durch Training zu einem guten Gefährten erziehen kann, die Flinte ins Korn werfen würde. Deshalb lautet die wichtige Lektion, die ich an jenem Tag von Odin lernte (und die sich für mich seither unzählige Male bestätigt hat): Statt einem Hund sein aggressives Verhalten abgewöhnen zu wollen, sollte man sich als Besitzer lieber bemühen, richtig damit umzugehen. Denn dieses Problem lässt sich bei vielen Vierbeinern unter Kontrolle bringen – aber man bekommt es niemals völlig aus der DNA eines Hundes heraus. Aggressivität lässt sich nicht heilen, man kann sie lediglich unterdrücken.

Bedeutet dies nun, dass es keine Hoffnung für Ihren Hund gibt, wenn er zu aggressivem Verhalten neigt? Ganz und gar nicht. Es bedeutet lediglich, dass Sie sich als Hundebesitzer über eines im Klaren sein müssen: Manche Hunde verhalten sich aus bestimmten Gründen vorübergehend aggressiv, während andere schlicht und einfach aggressiv sind, da dieser Charakterzug tief in ihrer DNA verankert ist und nie wieder verschwindet. Wir alle haben schon einmal den klugen Spruch gehört, dass es bei einem Hund nur auf die Erziehung ankommt. Doch wenn ein Verhalten zur biologischen Grundausstattung eines Hundes gehört, stimmt dieser Grundsatz leider nicht: Die Vererbung spielt eine genauso wichtige Rolle wie das Umfeld eines Hundes. Aber als guter, einfühlsamer Hundebesitzer können Sie sich damit abfinden, dass Ihr Hund vielleicht immer eine gewisse Neigung zu aggressivem Verhalten haben wird, und lernen, seine Warnsignale rechtzeitig zu erkennen und gefährliche Situationen zu entschärfen, bevor sie sich zuspitzen und womöglich ein Menschenleben in Gefahr gerät. Wie man das macht, erfahren Sie in diesem Kapitel.

Wenn ein Besitzer die Aggressivität seines Vierbeiners gut im Griff hat, kann der Hund trotz dieser Eigenschaft ein wunderbares Haustier sein, doch nicht jeder aggressive Hund eignet sich für jede Familie. Als ich noch nach einem Besitzer für Lulu suchte (weil mir damals noch nicht klar war, dass dieser Hund einzig und allein für mich bestimmt war), schloss ich ein neues Zuhause mit Kindern oder mit anderen Hunden von vornherein aus – denn dafür war sie einfach zu aggressiv, und im Grunde ihres Wesens trägt sie diesen Charakterzug auch heute noch in sich. Zum Beispiel hat sie eine sehr niedrige Toleranzschwelle für unerwartete Ereignisse: Wenn beispielsweise ein kleines Kind oder ein großer, tapsiger Welpe auf sie zukommt, fühlt sie sich bedroht und bereitet sich auf einen Kampf vor. Sie wurde früher schon einmal verletzt und ist stets auf der Hut, damit ihr so etwas nicht noch einmal passiert. Dieses Verhalten ist typisch für Angstaggression, auf die wir gleich noch zu sprechen kommen werden.

Aber ich kenne die Alarmsignale meiner Hündin und weiß, was sie in Rage bringt. Wenn ich also eine potenzielle Zielscheibe für ihre Aggression wahrnehme oder merke, dass sie sich innerlich anspannt oder auf einen Kampf vorbereitet, lenke ich ihre Aufmerksamkeit wieder auf mich zurück und verändere damit die Dynamik der Situation, bevor sie sich weiter zuspitzen kann. Ich lösche das Feuer also gewissermaßen, bevor es zu groß wird.

Und das ist genau das, wozu der Besitzer eines aggressiven Hundes in der Lage sein muss.

Das Problem

Für Hundetrainer und -besitzer ist Aggressivität eine große Grauzone. Jeder aggressive Hund ist anders, weil jeden etwas anderes in Wut bringt. Wie Aggression aktiviert wird und auf welche Weise sie sich zeigt, ist von Hund zu Hund verschieden. Daher scheue ich mich stets davor, Ratschläge dazu im Internet oder im Fernsehen zu geben, mir ist sogar schon ein bisschen unwohl dabei, in einem Buch auf dieses schwierige Thema einzugehen. Andererseits hielte ich es für verfehlt, ein Buch über Hundetraining zu schreiben, ohne dieses so wichtige Verhaltensproblem zu behandeln.

Bevor wir uns näher mit diesem Thema beschäftigen, möchte ich zunächst einmal klarstellen, dass man Aggressivität bei Hunden nicht auf die leichte Schulter nehmen sollte. Ich bin fest davon überzeugt, dass es den meisten Hundebesitzern problemlos gelingen wird, ihren Vierbeinern die wichtigsten Kommandos beizubringen und auch die anderen hier beschriebenen Verhaltensprobleme in den Griff zu bekommen, dazu braucht man nicht viel mehr als die Anleitungen in diesem Buch, Geduld und eine positive Einstellung. Doch wenn es um das Thema »Aggressivität« geht und Sie das Gefühl haben, nicht allein mit diesem Problem fertigzuwerden, sollten Sie unbedingt auf Ihre innere Stimme hören. In manchen Situationen bleibt einem nichts anderes übrig, als einen professionellen Hundetrainer zurate zu ziehen, und Aggressivität ist genau solch ein Fall. Ich hoffe zwar, dass die Informationen in diesem Kapitel Ihnen weiterhelfen werden, doch Sie sollten sich darüber im Klaren sein, dass sie kein Ersatz für die Arbeit mit einem erfahrenen Profi sind.

Jeder Hund hat eine dunkle Seite

Ich habe noch nie zu den Hundetrainern gehört, die behaupten, alles zu wissen – und auf keinem Gebiet ist das zutreffender als beim Thema »Aggression«. Ich lege großen Wert darauf, ehrlich zu meinen Klienten zu sein, und sage ihnen daher stets, dass ich ihren Hunden die Aggressivität nicht hundertprozentig abgewöhnen kann. Ich kann einem Hundebesitzer nur beibringen, die Warnsignale einer sich zuspitzenden Situation zu erkennen und diese rechtzeitig zu entschärfen. Jeder kann das Pech haben, in den Besitz eines aggressiven Hundes zu kommen, doch wie gesagt, ein guter Hundebesitzer weiß genau, wie er mit einem drohenden Wutausbruch seines vierbeinigen Freundes umgehen muss.

Bevor wir uns näher mit dem Thema »Aggressivität« beschäftigen und darüber nachdenken, wie man angriffslustiges Verhalten rechtzeitig erkennt und gut darauf vorbereitet ist, sollten wir uns klarmachen, dass in Extremsituationen jeder Hund diese dunkle Seite seines Wesens zeigen kann. Wenn ein Hund bedroht oder in die Ecke getrieben wird, übernimmt sein Instinkt die Regie und versetzt sein Gehirn und seinen Körper in den Kampf-oder-Flucht-Modus. Sein Wahrnehmungsradius verengt sich: Jetzt konzentriert er sich nur noch darauf, was er tun muss, um sein Überleben zu sichern, und blendet alles andere aus. Deshalb scheinen Hunde uns oft gar nicht zu hören, wenn sie in Kampfstimmung sind: Sie hören, sehen, spüren, riechen und schmecken jetzt nur noch die bevorstehende körperliche Auseinandersetzung, und alles andere ist für sie in diesem Augenblick unwichtig.

Das verdanken wir Jahrmillionen einer Evolution, in der Wildhunde ihre Höhlen beschützen und um Weibchen, Futter oder Reviere kämpfen mussten. Die Natur verzeiht keinen Fehler; und unser heutiger Haushund hat das Leben in der Wildnis – entwicklungsgeschichtlich gesehen – erst vor Kurzem hinter sich gelassen. Wenn wir den kuscheligen kleinen Schoßhund auf unserem Sofa sitzen sehen, vergessen wir nur allzu leicht, dass seine jüngsten Vorfahren Jäger waren, die tagtäglich um ihr Überleben kämpfen mussten. Glauben Sie mir: In vielerlei Hinsicht ist Ihr geliebter Vierbeiner immer noch dieser wilde Hund von damals, er hat bei Ihnen einfach nur keine Gründe mehr zum Kämpfen.

Auch wir Menschen erleben solche adrenalingesteuerten Reaktionen, die uns geradezu magische Kräfte verleihen können. Eine neunzehn Jahre alte, sechzig Kilo leichte Frau aus Virginia soll es zum Beispiel geschafft haben, einen Lastwagen von ihrem Vater wegzuheben, nachdem dieser von einem Wagenheber heruntergerutscht war und ihn auf den Garagenboden gedrückt hatte. Sie konnte sich diese Leistung hinterher gar nicht mehr erklären, sondern sagte einfach nur, sie habe plötzlich »Bärenkräfte« gehabt. Ich bin sicher, dass auch Sie schon von Beispielen solch plötzlicher übermenschlicher Kräfte gehört oder gelesen haben: Eltern retten ihren Kindern das Leben, Menschen retten sich aus schier ausweglosen Situationen, und manchmal treibt dieser Kampf-oder-Flucht-Instinkt uns eben auch dazu, uns gegenseitig zu verletzen. Das liegt daran, dass wir unsere ganze Energie auf den Kampf richten, wenn wir uns im Überlebensmodus befinden. Und genauso geht es auch einem Hund, der das Gefühl hat, um sein Leben kämpfen zu müssen.

Wenn Ihr Hund also in die Enge getrieben oder angegriffen wird oder ihm jemand auf den Fuß tritt und er daraufhin aggressiv reagiert, bedeutet das noch lange nicht, dass Sie einen aggressiven Hund haben. Es bedeutet einfach nur, dass Ihr Hund ein lebendiges, fühlendes Wesen mit einem ganz normalen Selbsterhaltungstrieb ist. Problematische Aggressivität ist etwas ganz anderes: Ein Problemhund zeigt diesen Instinkt und dieses Verhalten immer wieder, und zwar auf so heftige Art und Weise, dass man es beim besten Willen nicht akzeptieren kann.

Zwei verschiedene Arten von Aggression

Man kann aggressives Verhalten in zwei Hauptkategorien einteilen: defensiv und offensiv. Wenn ein Hund von einem anderen drangsaliert wird oder spielerisch mit einem anderen Hund rauft und diese Balgerei ein bisschen aus dem Ruder läuft, sodass der Hund das Gefühl hat, sich nur durch Kämpfen aus dieser Situation befreien zu können, zeigt er ein defensives Aggressionsverhalten. Wenn ein Hund dagegen im Hundepark einen anderen Vierbeiner angreift, wütend anknurrt und zuschnappt, so ist das offensives Aggressionsverhalten. Diese beiden Kategorien lassen sich wiederum in verschiedene Untergruppen unterteilen.

Egal, ob defensiv oder offensiv – aggressives Verhalten beginnt oder endet normalerweise nicht plötzlich aus heiterem Himmel. Schon seit Jahrzehnten signalisieren Hundebesitzer den Grad der Aggressivität ihres Vierbeiners anhand von drei verschiedenen Halsbandfarben: Gelb, Orange und Rot. Gelb bedeutet, dass die Aggressivität des Hundes sich noch in sicheren Grenzen hält, man aber trotzdem auf der Hut sein sollte; Orange signalisiert den Übergang zu einer Gefahrenzone; und Rot bedeutet, dass der Hund kampfbereit ist. Ihr Ziel sollte darin bestehen, dass die Aggressivität Ihres Hundes die Stufe Gelb niemals überschreitet.

Und nun wollen wir uns darüber unterhalten, wie man das macht.

Defensives Aggressionsverhalten

Ein Hund, der das Gefühl hat, sich verteidigen zu müssen, und deshalb auf einen anderen Hund oder Menschen losgeht, zeigt defensives Aggressionsverhalten. Auf solche Weise reagiert ein Hund normalerweise auf irgendeine äußere Bedrohung (oder wahrgenommene Bedrohung). Es gibt mehrere Varianten dieses Verhaltens, die ich öfter beobachte:

Angstaggression: Diese Art von Aggression kommt besonders häufig bei scheuen, ängstlichen Hunden vor, die sich in die Enge getrieben fühlen. Viele kleine Hunde wie beispielsweise Lulu leiden unter Angstaggression. Manchmal ist das ein angeborener Charakterzug; manchmal rührt Angstaggression aber auch von mangelnder Sozialisation her oder ist eine Reaktion auf frühere Misshandlungen. Wie auch immer: Diese Art von Aggression richtet sich häufig gegen Fremde.

Meistens hat man bei Hunden mit Angstaggression noch genügend Zeit, sich um das Problem zu kümmern, bevor jemand gebissen wird.

Denn normalerweise weicht der Hund erst einmal zurück und versucht, der vermeintlichen Gefahr auszuweichen, bevor er sich tatsächlich auf eine Auseinandersetzung einlässt. Man muss einen Hund mit Angstaggression schon sehr stark provozieren, damit er zuschnappt – obwohl manche Hunde ziemlich schnell in die gelbe Zone geraten. Jeder Hund, der zurückweicht und dabei die Zähne zeigt, signalisiert seinem Gegenüber damit im Grunde genommen: »Hau ab, oder ich beiße.« Wenn ein Hund sich so verhält, befindet er sich in der gelben Zone, und die Situation ist immer noch dabei zu eskalieren. Doch sobald der Hund so weit wie möglich zurückgewichen ist und in die Luft schnappt oder knurrt, hat er die orange Zone erreicht. An diesem Punkt müssen Sie die Situation entschärfen, indem Sie die Bedrohung entweder beseitigen oder Ihren Hund unter Kontrolle bringen. Denn wenn ein Hund so eindeutige Warnsignale zeigt, muss man unbedingt dafür sorgen, dass der Grad seiner Angstaggression nicht bis in die rote Zone hinein eskaliert. Wenn Sie auf die Signale Ihres Hundes achten, bleibt Ihnen noch genügend Zeit, das zu verhindern.

Ist die Angstaggression ein angeborenes Persönlichkeitsmerkmal Ihres Hundes, können Sie nicht viel dagegen tun – außer etwas sehr Wichtigem: Sie sollten darauf gefasst sein, sofort zu reagieren, wenn Sie sehen, dass Ihr Hund in die gelbe oder orange Zone gerät. Oder noch besser: Sie könnten herauszufinden versuchen, durch welche vermeintlichen Bedrohungen Ihr Hund sich provoziert fühlt, und solchen Situationen aus dem Weg gehen.

Steckt hinter dem defensiven Aggressionsverhalten Ihres Hundes dagegen ein Mangel an Sozialisation, so können Sie dem Problem vielleicht beikommen, indem Sie ihn vorsichtig und auf positive Weise an verschiedene Situationen zu gewöhnen beginnen, damit er lernt, dass sie keine Gefahr für ihn bedeuten. Einem Hund mit dieser Art von Aggression kann es helfen, wenn man ihn ganz allmählich und in aller Ruhe mit fremden Leuten, Menschenmengen, anderen Hunden und so weiter konfrontiert. Ich würde Ihnen empfehlen, solch einen Hund zunächst einmal mit ruhigen Artgenossen zusammenzubringen, von denen Sie wissen, dass es sich dabei nicht um Angstbeißer handelt – also mit Hunden, die ruhig und friedlich mit Ihrem vierbeinigen Freund umgehen und ihn nicht in die Enge treiben. Wenn Sie bei dieser Art der Sozialisation Fortschritte sehen, setzen Sie sie fort. Doch wenn Ihr Hund auch weiterhin Angst hat und auf andere Hunde (oder Menschen) losgeht, sollten Sie nichts erzwingen. Konzentrieren Sie sich stattdessen lieber darauf, seine Körpersprache zu interpretieren und ihn von Auslösern seiner Aggressivität fernzuhalten. Mit der Zeit verliert ein Hund, der nicht mehr in die orange oder rote Zone gerät, vielleicht etwas von seiner Angst (und damit auch von seiner Aggression), weil seine Befürchtungen dann nicht mehr eintreffen.

Kurz und gut: Lassen Sie niemals zu, dass ein Hund, der unter Angstaggression leidet, in die Enge getrieben wird! Denn in solch einer Situation hat der Hund das Gefühl, um sein Leben kämpfen zu müssen. Wenn Sie Situationen, in denen diese Gefahr besteht, aus dem Weg gehen, können Sie den nächsten Biss oder die nächste Beißerei verhindern.

Besitzaggression: Manche Hunde neigen zu besitzergreifendem Verhalten. So etwas kann man schon bei Welpen beobachten. Wenn Sie einer Gruppe von Wurfgeschwisterchen beim Spielen zusehen, werden Sie feststellen, dass es hin und wieder zum Kampf zwischen den kleinen Welpen kommt, der normalerweise von einem Hund ausgeht, welcher die Spielsachen nicht mit seinen Geschwistern teilen will. Mit zunehmendem Alter wird dieser Charakterzug bei manchen Hunden immer ausgeprägter, und sie lernen, dass sie durch Kämpfen alles erreichen können, was sie wollen. Bei Welpen ist dieses Verhalten noch nichts weiter als Spiel und Spaß, doch bei einem erwachsenen Hund ist es alles andere als niedlich.

Bei Welpen spricht diese Form der Aggression oft gut auf Training an, obwohl es keine Trainingsmethode gibt, mit der man dieses Problem bei allen Hunden hundertprozentig lösen kann. Ein besitzergreifender Welpe hat das Gefühl, etwas um jeden Preis haben oder behalten zu wollen, noch nicht kennengelernt. Um einem jungen Hund seine Besitzaggression abzugewöhnen, nehmen Sie ihm das Objekt, auf das er so versessen ist (zum Beispiel Futter, eine Schüssel oder ein Spielzeug) beim ersten Anzeichen von besitzergreifendem Verhalten für ein paar Sekunden weg und geben es ihm dann wieder. Diesen Vorgang wiederholen Sie mehrmals und enthalten ihm den gewünschten Gegenstand dabei jedes Mal ein bisschen länger vor. Irgendwann können Sie dieses Zeitfenster auf ein paar Minuten und schließlich sogar auf ein paar Stunden ausdehnen. Falls Ihr Hund aggressiv reagiert, wenn Sie ihm etwas wegnehmen, machen Sie diese Übung einfach immer wieder mit ihm. Mit der Zeit wird er daraus lernen, dass es keinen Grund gibt, wütend zu werden, weil er den gewünschten Gegenstand ja immer zurückbekommt. Mit dieser Methode kann man das unreife Gehirn eines jungen Hundes darauf konditionieren, sich zu entspannen, lange bevor es in den Aggressionsmodus gerät.

Einem erwachsenen Hund kann man Besitzaggression nicht mehr so leicht abgewöhnen, da sein Gehirn bereits ausgereift ist: Er weiß, wie richtige Aggression sich anfühlt, und hat sich dieses Verhalten vielleicht sogar bereits angewöhnt. Ein Hund, der schon jahrelange Erfahrung mit Kämpfen um Besitztümer hat, weiß, wie das ist, und wahrscheinlich weiß er auch, wie viele dieser Kämpfe er bereits gewonnen oder verloren hat. Je öfter ein Hund mit Besitzaggression aus solchen Auseinandersetzungen als Sieger hervorgegangen ist, umso eher wird er bereit sein, um sein Hab und Gut zu kämpfen. Falls das bei Ihrem Hund der Fall sein sollte und Sie versuchen möchten, ihn wie oben beschrieben zu desensibilisieren, indem Sie ihm Gegenstände wegnehmen und dann wieder zurückgeben, sollten Sie dabei mit Vorsicht vorgehen. Wenn Ihr Hund noch nicht zu sehr in dieser Gewohnheit festgefahren ist, können Sie mit dieser Methode vielleicht Erfolg haben. Doch bei ausgeprägter Besitzaggression ist es möglicherweise besser, die Objekte, auf die sich seine Aggression richtet, für immer aus seinem Umfeld zu entfernen.

Mein Großvater hat mir immer gesagt, ich solle keine Kopfschmerztabletten nehmen, sondern lieber die Ursache meiner Kopfschmerzen bekämpfen. Wenn Ihr Hund schon ausgewachsen ist und es bestimmte Objekte gibt, die bei ihm besitzergreifendes Verhalten auslösen, entfernen Sie diese Gegenstände also lieber aus seinem Gesichtskreis. Viele Hunde zeigen zum Beispiel gegenüber Bällen Besitzaggression, haben mit anderen Spielzeugen aber keine Probleme. Wenn der Ball das Problem ist, nehmen Sie ihn dem Hund weg. Ist die Ursache der Besitzaggression Ihres Hundes dagegen ein Objekt, das Sie nicht einfach wegnehmen können (beispielsweise Futter oder eine Schüssel), sollten Sie sich angewöhnen, Ihren Hund jeden Tag an einem anderen Ort zu füttern. Damit bringen Sie ihn durcheinander und nehmen seinem Besitzverhalten den Wind aus den Segeln.

Natürlich können Sie auch Ihre bewährte mit Münzen gefüllte Flasche oder das Shake-&-Break-Trainingsgerät einsetzen, um Ihrem Hund dieses Verhalten abzugewöhnen. Immer wenn er gegenüber irgendeinem Objekt Besitzverhalten zeigt, schütteln Sie die Flasche, bevor Sie es ihm wegnehmen. Dieses Geräusch kann das Gehirn Ihres Hundes aus dem Aggressionsmodus herausreißen.

Kurz und gut: Seien Sie beim Umgang mit dieser Form von Aggression vorsichtig! Mit einer Konfrontation kommt man da nicht weiter. Es lohnt sich nicht, die Sache zu weit zu treiben, denn ein Hund, der beißt, landet nur allzu leicht im Tierheim. Wenn Sie Hilfe brauchen, fragen Sie lieber einen Trainer um Rat, der sich mit diesem Problem auskennt.

Kämpfe am Gartenzaun: Diese Auseinandersetzungen kommen so häufig vor, dass viele Menschen sie gar nicht für eine Form von Aggression halten. Dabei handelt es sich um ein Revierverhalten, bei dem ein Hund immer angriffsbereiter wird, je näher er dem Gartenzaun kommt. In allernächster Nähe des Zauns geraten viele Hunde in die rote Zone und lassen sich mit dem auf der anderen Seite auf einen erbitterten Kampf ein, wenn der Zaun das überhaupt zulässt. Wer solch einen Hund hat, kann bestätigen, dass es äußerst schwierig ist, in derartigen Situationen seine Aufmerksamkeit auf sich zu lenken und ihn von seinem aggressiven Verhalten abzubringen.

Wilde Hunde markieren ihr Revier zur Warnung an andere Tiere – damit signalisieren sie allen Lebewesen, die diesem Gebiet zu nahe kommen: »Betreten verboten!« Wahrscheinlich ist Ihr Hund diesem uralten Instinkt auch schon gefolgt, indem er Ihr Grundstück markierte. Viele Hunde fühlen sich bedroht, wenn andere Tiere in die Nähe ihres Reviers kommen, und haben dann das Gefühl, ihr Eigentum verteidigen zu müssen.

Diese Art von Aggression ist weniger gefährlich, und zwar vor allem deshalb, weil der Zaun in der Regel einen direkten Körperkontakt zwischen den beiden Hunden verhindert, sodass sie sich gegenseitig nicht verletzen können. Trotzdem kann dieses Verhalten sehr entnervend sein. Außerdem bekommt Ihr Hund dadurch Übung in aggressivem Verhalten – und das sollten Sie unter allen Umständen vermeiden.

Zum Glück gibt es ein paar Trainingswerkzeuge, mit denen man einem Hund diese Zaunkämpfe abgewöhnen kann: zum Beispiel das Citronella-Halsband. Dieses schnelle, wirksame und doch »humane« Trainingsgerät sprüht dem Hund jedes Mal, wenn er bellt, ein bisschen Citronellaöl unter die Nase. Ich habe im Lauf meiner jahrelangen Erfahrung schon bei vielen Hunden – wenn auch nicht bei allen – beobachtet, dass das sehr wirkungsvoll ist. Eine gute Alternative dazu ist das Ultraschallhalsband. Dieses funktioniert ähnlich wie das Citronella-Halsband, doch statt den Hund mit etwas zu besprühen, gibt es einen hohen Ton ab, den Hunde nicht mögen. Hunde, die für diese Trainingsmethode empfänglich sind, gewöhnen sich mit so einem Halsband schnell das Bellen ab. Viele dieser Halsbänder kann man darauf programmieren, dass sie sich erst ab einem bestimmten Grad des Bellens aktivieren. In höherer Einstellung reagiert das Halsband schon bei einem einfachen Wuff, ganz bestimmt aber bei einer heftigen Auseinandersetzung am Gartenzaun.

Beide Halsbänder können zwar die Trainingsarbeit für Sie übernehmen, wenn Sie einmal nicht da sind, um Ihren Hund selbst zu korrigieren – aber sie sind kein Ersatz fürs Training. Für den Fall, dass Sie direkt mit Ihrem Hund arbeiten, kann ich Ihnen ein ganz einfaches Werkzeug empfehlen, mit dem sich dieses Problem in den meisten Fällen gut lösen lässt. Und dieses Werkzeug ist einmal mehr die mit Münzen gefüllte Flasche. Sobald Ihr Hund am Zaun zu bellen anfängt, gehen Sie auf ihn zu, sagen energisch: *NEIN* oder *RUHIG*, schütteln die Flasche schnell für ein paar Sekunden und wiederholen das Kommando dann noch einmal. Das funktioniert bei den meisten Hunden, weil das unerwartete Geräusch ihre ausschließlich auf den »Feind« auf der anderen Seite des Gartenzauns fokussierte Aufmerksamkeit ablenkt. In schwierigeren Fällen verwenden Sie stattdessen das Shake-&-Break-Trainingsgerät, das ein noch störenderes Geräusch erzeugt. Wenn man diese Technik genau zum richtigen Zeitpunkt einsetzt, gewöhnen die meisten Hunde sich die Bellerei am Gartenzaun innerhalb von etwa einer Woche ab – Sie müssen nur die nötige Zeit dafür investieren.

Kurz und gut: Dieses Problem lässt sich zwar durchaus lösen, doch da es sich dabei um ein Instinktverhalten Ihres Hundes handelt, wird es trotzdem immer noch irgendwo in seinem Inneren lauern. Daher sollten Sie bei jedem Fortschritt, den Sie bei diesem Problem erzielen, daran denken, dass Sie die Neigung Ihres Hundes zu Gartenzaunkämpfen damit nur unterdrückt haben. Sie müssen also wachsam bleiben, damit er nicht wieder in seine alte Gewohnheit zurückfällt.

Schmerzbedingte Aggressivität: Diese Art von Aggression kommt vor allem bei älteren Hunden, trächtigen Hündinnen oder Tieren mit einer Verletzung vor und ist oft schwer zu diagnostizieren und zu behandeln. Dabei wird ein Hund aggressiv, weil er Schmerzen hat und sich zu schützen versucht. Dieses Verhalten kann selbst bei Tieren auftreten, die bisher immer sanft und umgänglich waren. Denken Sie einmal daran, wie Sie sich fühlen, wenn Sie eine Verletzung haben, dann können

Sie sich wahrscheinlich gut in Ihren Hund hineinversetzen. Wenn Sie an einem Knochenbruch leiden, eine frische Wunde haben oder irgendwo genäht werden mussten, geben Sie sich instinktiv große Mühe, Ihre Verletzung vor Berührungen oder Stößen zu schützen. Und wenn das trotzdem einmal passiert? Dann zucken Sie vielleicht zusammen, schreien auf oder werden wütend. Es kann sogar sein, dass Sie aggressiv reagieren, wenn jemand Sie fest genug stößt – selbst wenn das nur ein Versehen war.

Genau wie Menschen haben auch Hunde ein instinktives Bedürfnis, sich vor Schmerzen zu schützen. Doch im Gegensatz zu uns teilen Hunde normalerweise nicht mit, wie es ihnen geht, und warnen uns auch nicht, damit wir ihnen aus dem Weg gehen, wenn sie Schmerzen haben. Bei den meisten Hunden spielt dabei auch noch ein anderer Instinkt eine Rolle: Tiere wollen nicht schwach erscheinen. Wenn Ihr alter oder möglicherweise verletzter Hund also plötzlich anfängt, sich aggressiv zu verhalten, sollten Sie vielleicht erst mal mit ihm zum Tierarzt gehen, bevor Sie dieses Verhalten durch Training zu beheben versuchen.

Obwohl schmerzbedingte Aggressivität eigentlich nur eine Selbstschutzmaßnahme ist, sollten Sie sich trotzdem vorsichtig verhalten, wenn Ihr Hund diese Art von Aggression zeigt. Denn auch bei solch einem Tier kann die Aggressivität schnell die gelbe und orange Zone überschreiten und in die rote hineingeraten, wenn es das Gefühl hat, in Gefahr zu sein.

Normalerweise lässt sich dieses Verhalten problemlos korrigieren. Es gibt zwar keine Trainingsmethode gegen schmerzbedingte Aggressivität, doch Sie können Maßnahmen ergreifen, damit Ihr Hund sich sicher fühlt, und darauf achten, unangenehme Vorfälle zu vermeiden.

Falls Ihr Hund gerade einen operativen Eingriff hinter sich oder eine Verletzung erlitten hat, sollten Sie ihn in einer Box halten oder auf andere Weise abschirmen, bis der Heilungsprozess so weit fortgeschritten ist, dass keine Probleme mehr zu befürchten sind. Dadurch bleiben nicht nur Ihre Familienangehörigen, Nachbarn und anderen Haustiere in Sicherheit, sondern die Wunde Ihres Hundes kann auf diese Weise auch so schnell wie möglich heilen. Kurz nach einer Verletzung oder Operation neigen viele Hunde besonders stark zu aggressivem Verhalten, also ist eine vorübergehende Isolation die einfachste Methode, um schwerwiegenden Problemen vorzubeugen.

Wenn Ihr Hund bereits älter ist, schon ein paar Wehwehchen hat und im Lauf der Zeit immer mürrischer wurde, ist das eine andere Sache. In solchen Fällen müssen Sie seine Lebensweise vielleicht dauerhaft umstellen. Auch Hunde in der Endphase ihres Lebens haben ein Recht darauf, sich geliebt und geborgen zu fühlen, und wir müssen unser Bestes tun, um sie zu schützen. Was das im Einzelnen bedeutet, hängt vom jeweiligen Hund ab. Bei manchen ist möglicherweise Vorsicht geboten, wenn fremde Menschen oder andere ihrer Artgenossen in ihre Nähe kommen. Für einen anderen Vierbeiner muss man vielleicht einen sicheren Ort schaffen, an den er sich zurückziehen kann, wenn er seine Ruhe haben will, und den jedes Familienmitglied als »Bitte-nicht-stören«-Zone respektieren sollte.

Kurz und gut: Diese Form von Aggression ist eine Reaktion auf Schmerzen. Wenn Sie herausfinden, was Ihrem Hund solche Pein verursacht, können Sie in Zukunft darauf achten, dies zu vermeiden. Falls es Ihnen nicht gelingt, hinter die Ursache des Problems zu kommen, kann es unter Umständen schwierig werden vorauszusehen, wann Ihr Hund aggressiv reagieren wird. Vermeiden Sie unnötigen Körperkontakt mit verletzten Hunden, und schirmen Sie ältere Tiere, die schon ein paar Wehwehchen haben, ab, damit sie unerwünschte Kontakte vermeiden können, ohne sich dagegen wehren zu müssen.

Offensive Aggression (Angriffsverhalten)

Ein Hund, der einen Kampf vom Zaun bricht, zeigt offensives Aggressionsverhalten. Wenn Ihr Hund immer wieder auf andere Artgenossen oder Menschen losgeht, ohne provoziert worden zu sein, oder wenn er manchmal nach Auseinandersetzungen zu suchen scheint, leidet er wahrscheinlich unter dieser Aggressionsform. Ebenso wie defensives kann auch offensives Aggressionsverhalten verschiedene Formen annehmen.

Leinenaggression: Das ist die häufigste Form aggressiven Verhaltens. Dabei wird ein Hund angriffslustig, wenn er angeleint ist, verhält sich ohne Leine aber ganz verträglich. Dieses Dr.-Jekyll-und-Mr-Hyde-Verhalten kann für Hundebesitzer ziemlich verwirrend sein. Mir haben schon viele meiner Klienten erzählt, ihre Tiere seien aggressiv – doch als ich sie dann ein bisschen genauer unter die Lupe nahm, stellte ich fest, dass sie lediglich Leinenaggression zeigten. Da manche dieser Hunde nur selten frei herumliefen, wusste niemand, dass sie sich nur angeleint so verhielten. Wenn ich mit solchen Tieren in den Hundepark gehe und sie frei laufen lasse, verhalten sie sich manchmal nicht nur ruhig, sondern sogar freundlich und spielen voller Begeisterung mit allen Artgenossen, die ihnen begegnen.

Wie kommt das? Auf diese Frage gibt es eine ganz einfache Antwort: Viele Hunde werden auf leinenaggressives Verhalten konditioniert. Normalerweise beginnt das damit, dass ein wohlmeinender Hundebesitzer einen angeleinten Welpen ängstlich von jedem Hund wegzerrt, der in seine Nähe kommt. Man kann einen Welpen am besten sozialisieren, indem man ihm erlaubt, sich jedem (freundlichen) Hund zu nähern, den er sieht. Dadurch macht man ihm klar, dass er sich nicht aufzuregen oder zu verteidigen braucht, wenn ihm ein anderer Vierbeiner begegnet. Doch wenn Sie Ihren Welpen von jedem fremden Hund wegziehen, kommt er wahrscheinlich irgendwann auf die Idee, dass das sicherlich seinen Grund hat und dass er sich – und Sie – gegen andere Hunde verteidigen muss, wenn er an der Leine ist. Oder noch schlimmer: Ihr Hund lernt, dass er fast immer gewinnt, wenn er eine Auseinandersetzung mit einem fremden Hund anfängt, weil Sie ihn ja doch jedes Mal wegziehen, bevor es richtig ernst wird.

Im Grunde genommen verhält Ihr Hund sich dann wie ein Schulhof-tyrann: Solange seine Freunde in der Nähe sind, führt er sich auf wie ein wüster Schläger; doch sobald sie weg sind, ist er nur noch ein wehrloses, verletzliches Kind. Genau das Gleiche passiert auch bei einem leinenag-gressiven Hund: Sie sind der Freund, von dem Ihr Hund genau weiß, dass Sie ihm beispringen werden, wenn er Hilfe braucht. Schließlich ist er durch die Leine mit Ihnen verbunden, und sobald sich die Lage zuspitzt, werden Sie ihn wegziehen, wie Sie es schon Hunderte Male zuvor getan haben, also stürzt er sich auf alles, was in seine Nähe kommt, und fängt wütend an zu schnappen – ein vierbeiniger Schulhoftyrann, der sich darauf verlässt, dass seine Kumpels (also in diesem Fall Sie) hinter ihm stehen.

Normalerweise lässt sich dieses Problem ohne Weiteres beheben, zum Beispiel, indem Sie die Aufmerksamkeit Ihres Hundes durch Futter oder ein Spielzeug auf sich lenken – Sie zeigen ihm die Belohnung also schon, bevor er in den Kampfmodus gerät. Denken Sie daran: Sie wollen unbedingt erreichen, dass Ihr Hund in der gelben Aggressionszone bleibt, also müssen Sie sein Verhalten vorhersehen können und eingrei-fen, ehe er sich in die orange Zone hineinsteigert. Diese Methode funk-tioniert allerdings nur dann, wenn Ihr Hund einen starken Beute- oder Futtertrieb hat, sie eignet sich also nicht für alle Hunde.

Bei meiner Lieblingsmethode zum Umgang mit diesem Problem spielt wieder das bereits bekannte Wunderwerkzeug eine Rolle: die mit Münzen gefüllte Flasche oder das Shake-&-Break-Trainingsgerät, mit dem man die Aufmerksamkeit des Hundes noch leichter auf sich lenken kann. Sobald Ihr Vierbeiner einen anderen Hund aufs Korn nimmt und anfängt, in seine Richtung zu ziehen, sagen Sie energisch: *NEIN*, schüt-teln dann schnell und kräftig die Flasche und sagen anschließend nochmals: *NEIN*. Mit genügend Übung können Sie Ihren leinenaggres-siven Hund mit dieser Methode auf das Kommando *NEIN* konditionie-ren. Das funktioniert bei sehr vielen Tieren, denn das Geräusch lenkt sie von der bevorstehenden Beißerei ab und sorgt dafür, dass sie sich wieder auf ihr Herrchen oder Frauchen konzentrieren.

Kurz und gut: Sie können Ihren vierbeinigen Freund zwar nicht dazu bringen, andere Hunde, an denen Sie vorbeikommen, sympathisch zu finden, aber Sie können ihn in solchen Situationen zumindest in Schach halten. Der richtige Umgang mit diesem aggressiven Verhalten macht Sie zu einem guten Hundebesitzer – und kann letzten Endes einer Beißerei vorbeugen, die womöglich so sehr ausufert, dass sie sich durch bloßes Ziehen an der Leine nicht mehr aufhalten lässt.

Aggressivität aufgrund mangelnder Sozialisation: Das ist eine sehr weit verbreitete Aggressionsform und einer der häufigsten Gründe für Beißereien – und zwar aus einem ganz einfachen Grund: Ein Hund, der ohnehin schon zu aggressivem Verhalten neigt und obendrein noch nie die Erfahrung gemacht hat, dass die Welt ein sicherer, ungefährlicher Ort ist, verbringt einen großen Teil seiner Zeit auf der Suche nach Auseinandersetzungen. Unsozialisierte Hunde, die dieses Verhalten zeigen, können sehr gefährlich sein, doch wenn die Ursache des Problems lediglich in fehlender Sozialisation liegt, kann man es manchmal beheben oder zumindest bessern, indem man den Hund eben sozialisiert. Woher weiß man, ob die Aggressivität eines Hundes auf mangelnde Sozialisation zurückzuführen ist? Dazu brauchen Sie sich nur zu überlegen, welche Umstände bei Ihrem Hund zu aggressivem Verhalten führen. Wenn er normalerweise freundlich und verträglich ist, aber zur Aggression neigt, sobald er mit etwas Unbekanntem konfrontiert wird, spielen mangelnde Erfahrung und Kenntnis seines Umfelds bei diesem Verhalten möglicherweise eine wichtige Rolle.

In diesem Fall habe ich eine gute und eine schlechte Nachricht für Sie. Erstere lautet: Wenn die Aggressivität Ihres Hundes eher mit seiner fehlenden Sozialisation als mit seinen Erbanlagen zusammenhängt, können Sie sein Verhalten womöglich unter Kontrolle bekommen. Letztere: Wahrscheinlich brauchen Sie den Rat eines Hundetrainers, der sehr viel Wissen und Erfahrung auf diesem Gebiet mitbringt, um herauszufinden, ob die Aggressivität Ihres Hundes von mangelnder Sozialisation herrührt oder nicht. Ich würde keinem Besitzer empfehlen, einen Hund, von dem er weiß, dass er sich anderen Hunden, Kindern oder erwachsenen Menschen gegenüber aggressiv verhält, zu sozialisieren, ohne dazu einen Trainer zurate zu ziehen, der Experte auf diesem Gebiet ist. Das wäre ein viel zu hohes Risiko!

Genetisch bedingte Aggressivität: Leider glauben viele Menschen, dass ihr Vierbeiner automatisch zu einem freundlichen, ausgeglichenen Hund heranwachsen wird, wenn sie ihn bereits im Welpenalter richtig sozialisieren. Ich wünschte, das wäre so einfach! Aber leider haben wir nur begrenzten Einfluss darauf, wie unser Hund sich im Erwachsenenalter entwickeln wird. Viele der Tiere haben ein angeborenes Aggressionsproblem, das auf ihre Rasse zurückzuführen ist. Darüber, welchen Einfluss die Rasse eines Hundes auf sein Temperament und Verhalten ausüben kann, habe ich ja schon ausführlich berichtet. Erblich bedingte Aggressivität ist für einen Hundebesitzer vielleicht besonders schwer zu akzeptieren. Wenn Ihr Hund von einer langen (oder vielleicht auch nur kurzen) Ahnenreihe von Kampfhunden abstammt, denen aggressives Verhalten angezüchtet wurde, wird er vielleicht ebenfalls aggressiv sein. Ich sage meinen Klienten immer wieder, dass sie die Schuld daran nicht der Rasse, sondern dem Züchter geben sollten. Denn erblich bedingtes Verhalten ist nicht dem Hund anzulasten, es ist fest in seiner DNA verankert. Es gibt nun einmal Rassen, die ursprünglich für Hundekämpfe gezüchtet worden sind. Obwohl dieser inakzeptable »Sport« inzwischen verboten ist, hat sich an den Charaktereigenschaften, dank deren diese Hunde ihren Daseinszweck jahrhundertelang so »gut« erfüllen konnten, nichts geändert.

Wenn Ihr Hund schon sein Leben lang (oder seit Sie ihn haben) in bekannten ebenso wie unbekannten Situationen offensives Aggressionsverhalten zeigt, werden Sie dieses Problem vielleicht nicht beheben können, auch wenn Sie sich noch so große Mühe geben, ihn zu sozialisieren. Dann braucht dieser Hund vielleicht einfach eine starke Führungspersönlichkeit, die weiß, wie sie ihn in solchen Situationen zur

Räson bringt. Genau wie man einem Hund beibringen kann, das Instinktverhalten des Bellens auf Kommando abzustellen, ist es auch möglich, das Aggressionsverhalten eines Hundes bereits in der Anfangsphase zu durchbrechen, auch wenn man ihm seine Angriffslust wahrscheinlich niemals völlig abgewöhnen kann.

Die Maßnahmen, die ich nun beschreiben möchte, sind lediglich Vorschläge. Es gibt keine Garantie dafür, dass sich das Aggressionsproblem Ihres Hundes damit lösen lässt!

Lernen Sie die Warnsignale Ihres Hundes kennen. Der erste Schritt im Umgang mit einem aggressiven Hund besteht darin, seine Warnsignale kennenzulernen, damit Sie eine potenziell gefährliche Situation entschärfen können, bevor sie sich weiter zuspitzt. Eine der schönsten Eigenschaften von Hunden ist, dass sie nicht lügen können: Ihre Körpersprache verrät genau, was sie denken. Die nun folgenden körpersprachlichen Signale sollten Sie als Warnhinweise betrachten, die Ihnen sagen, dass Sie Ihren Hund jetzt so schnell wie möglich zurückhalten oder seine Aufmerksamkeit auf etwas anderes lenken müssen. Denn diese Alarmsignale zeigen, dass der Hund sich bereits in der gelben Zone befindet und schnell in ein aggressives Verhalten der orangen oder roten Zone verfallen kann:

- Ihr Hund stellt die Nackenhaare auf (das Fell an seiner Wirbelsäule vom Nacken bis zum Schwanz). Viele Hundebesitzer scherzen darüber und sagen, das sei halt die »Irokesenfrisur« ihres Hundes, doch in Wirklichkeit handelt es sich dabei um ein Warnsignal, das man ernst nehmen sollte.
- Der Körper Ihres Hundes versteift sich.
- Er stößt ein tiefes Knurren aus.
- Er zieht die Lefzen hoch.
- Er macht sich groß, streckt also die Brust heraus und trägt den Kopf hoch.

- Sein Schwanz ist steil nach oben gerichtet. Dieses Alarmsignal wird häufig falsch interpretiert: Dabei handelt es sich nicht um freundliches Schwanzwedeln, sondern um eine Warnung.

Wenn Ihr Hund eines dieser Signale zeigt, sagt er Ihnen damit laut und deutlich, dass Sie jetzt einschreiten müssen, bevor es zu spät ist. Falls Sie das nicht tun, wird seine Körpersprache deutlicher, und er lässt sich noch schwerer zur Vernunft bringen. Sobald ein Hund anfängt, die Zähne zu zeigen, wechselt er bereits in die orange Zone über; und wenn er auf einen anderen Hund (oder Menschen) losgeht, befindet er sich in der roten Zone. Dann haben Sie kaum noch eine Möglichkeit zu verhindern, dass die Situation aus dem Ruder läuft.

Halten Sie ihn von anderen Hunden fern. Viele Tiere mit genetisch bedingter Aggressivität fühlen sich durch jeden Hund bedroht, den sie zu Gesicht bekommen. Einen fremden Hund kann man nicht aus einer potenziell gefährlichen Situation herausholen, aber Sie können Ihren eigenen von solchen Situationen fernhalten. Wenn Sie dem fremden nicht völlig ausweichen können, sollten Sie zumindest eine möglichst große Distanz zu ihm einnehmen. Je weiter Sie von dem anderen Hund entfernt sind, umso niedriger wird der Aggressionspegel Ihres eigenen sein. Das können Sie sich wie eine Art Algorithmus vorstellen: Je näher Ihr Hund einem anderen Vierbeiner (oder einer sonstigen Zielscheibe seiner Aggressivität) kommt, umso größer ist die Gefahr. Versuchen Sie, das Objekt seiner Aggression unbedingt außer Reichweite seiner Leine zu halten, damit er es nicht angreifen kann!

Kurz und gut: Suchen Sie den Rat eines erfahrenen professionellen Hundetrainers, der auf Anti-Aggressions-Training spezialisiert ist. Überlassen Sie ihm die Entscheidung, wie viel Training Ihr Hund braucht und welche Methoden Sie bei ihm gefahrlos einsetzen können. Vielleicht können Sie lernen, Ihren Hund zu bändigen, indem Sie alle Auslöser seines aggressiven Verhaltens kennenlernen und im richtigen Augenblick die richtige Entscheidung treffen, um zu verhindern, dass heikle Situationen außer Kontrolle geraten. Doch um der Sicherheit Ihres Hundes und aller Menschen und Tiere in seinem Umfeld willen sollten Sie sich professionelle Hilfe holen, um dieses Ziel zu erreichen.

Noch ein letztes Wort zu diesem Thema

Wer einen Hund hat, der zu aggressivem Verhalten neigt, muss stets vorsichtig und auf alles gefasst sein. Meistens ist Ihr aggressiver Hund vielleicht ein ganz liebevoller Gefährte, aber Sie dürfen trotzdem nie vergessen, dass er im schlimmsten Fall zu einer Gefahr für andere werden kann – und dann wird man Sie dafür zur Verantwortung ziehen. Der größte Fehler, den manche Besitzer solcher Hunde machen, besteht darin, zu viel in die Aggressivität ihres Tiers hineinzuinterpretieren – also im Grunde genommen Entschuldigungen dafür zu suchen. Denn das macht sie blind für die Tatsache, dass ihr Hund anderen Tieren oder Menschen ernsthaften Schaden zufügen kann. Genau wie Menschen haben auch Hunde ihre schlechten Zeiten. Manche Hunde ziehen sich an so einem Tag einfach nur in eine Ecke zurück und gucken Herrchen oder Frauchen scheel an, andere lassen sich vielleicht sogar zu einem Knurren hinreißen. Doch wenn Ihr Hund an Tagen, an denen er schlecht drauf ist, auf andere Hunde oder Menschen losgeht oder sie sogar beißt, sollten Sie diese Situation sehr ernst nehmen – und zwar nicht nur so lange, bis Sie ihm dieses Verhalten wieder abtrainiert haben, sondern sein ganzes Leben lang.

Zu guter Letzt:
Noch sieben wichtige Lektionen

In dem Haus, in dem ich aufgewachsen bin, war ich stets von allen möglichen Tieren umgeben. Ich habe sogar noch irgendwo ein Foto, auf dem ich auf dem Arm meiner Mutter sitze und sie im anderen Arm ein Tigerbaby hält! So war unser Leben damals. Selbst unser Haushund – ein Deutscher Schäferhund namens Zeke – half mit, die jungen Tiger großzuziehen, und wenn sie dann ausgewachsen waren, betrachteten sie ihn immer noch respektvoll wie einen älteren Bruder (obwohl sie längst viel größer waren als er). Dadurch fiel es ihm leichter, bei ihrer Dressur mitzuhelfen und dafür zu sorgen, dass sie sich für meinen Vater – einen der berühmtesten Tigerdresseure der Welt – auf ihre Podeste setzten und anständig benahmen.

Ich arbeite schon als Tiertrainer, seit ich gehen und sprechen kann. Mein erstes bezahltes Engagement bekam ich bereits im Alter von sechs oder sieben Jahren. Da ich mir ein bisschen Taschengeld verdienen wollte, hängte ich in unserer Siedlung Plakate an Telegrafenmasten, auf denen der überaus raffinierte Werbeslogan stand: »Brauchen Sie einen Hundetrainer?« Darunter kritzelte ich unsere Telefonnummer. Als ich meinen ersten Anruf erhielt, setzte ich mich sofort aufs Fahrrad und fuhr zu der Adresse, die der Mann am Telefon mir genannt hatte. Sie hätten sein Gesicht sehen sollen, als er die Tür öffnete und einen kleinen Jungen mit Hundeleine vor sich sah, der ihm nur bis zur Taille reichte! Ich wusste, dass mir nur ein sehr kurzes Zeitfenster zur Verfügung stand, um diesen Hundebesitzer zu beeindrucken. Also sagte ich: »Hallo, Sir«, schob mich an ihm vorbei in seine Wohnung und ging zu dem Golden Retriever hinüber, der mir freudig entgegengelaufen kam. Ich legte ihm die Leine um und fing an, ihm die Kommandos *PLATZ* und *BLEIB* beizubringen, während der Mann mich mit offenem Mund anstarrte und offensichtlich nicht wusste, ob er lachen, applaudieren oder mich hinauswerfen sollte.

Sobald ich meinem vierbeinigen Schüler eine ungefähre Vorstellung von diesen beiden Kommandos vermittelt hatte, wandte ich mich an den Besitzer und erklärte ihm kurz, wie er bei seinem Hund die gleichen Erfolge erzielen könne. Dann hielt ich ihm einen Vortrag darüber, wie wichtig es sei, dieses Training jeden Tag durchzuführen, und erklärte zum Schluss mit meiner piepsigen Klein-Jungen-Stimme: »Das macht fünf Dollar, bitte. Falls Sie mich wieder mal brauchen, rufen Sie einfach an.« Sofort drückte der Mann mir das Geld in die Hand. Er war zunächst verwirrt, dann beeindruckt und schließlich heilfroh gewesen, dass dieser perfekte Service ihn nur fünf Dollar kostete!

Vorsichtig geschätzt, habe ich seitdem acht- bis zehntausend Hunde trainiert und auch von anderen Trainern, die mit allen möglichen Philosophien und Methoden arbeiteten, eine Menge gelernt. Einige von ihnen zeigten mir, wie man es richtig macht, andere – manchmal unabsichtlich –, wie man es auf gar keinen Fall machen sollte. Man könnte also sagen, dass ich sowohl bei den besten als auch bei den schlechtesten Tiertrainern in die Lehre gegangen bin. Aber ich habe dabei stets etwas gelernt – ob es nun eine Methode war, die ich immer noch einsetze, eine Regel, an die man sich halten, oder eine Technik, die man lieber vermeiden sollte. Und genau darin besteht schließlich das Ziel: etwas zu lernen und zu einem immer besseren Tiertrainer zu werden.

Ich glaube, ich könnte tausend Seiten über Hundeerziehung schreiben und hätte trotzdem immer noch nicht alles gesagt, doch ich hoffe, mit diesem Buch zumindest einen guten Anfang gemacht zu haben. In diesem letzten Kapitel möchte ich Ihnen noch sieben wichtige »Lucky-Dog«-Lektionen vermitteln. Ich hoffe, dass Sie an diese Spielregeln denken werden, wenn Sie mit dem Training Ihres eigenen Hundes beginnen.

1. Sieben Tage sind ein guter Anfang! Seit meiner Arbeit an diesem Buch bekomme ich immer wieder die Frage zu hören: Ist es tatsächlich möglich, einen Hund innerhalb einer einzigen Woche zu trainieren?

Ja! Davon bin ich felsenfest überzeugt, weil ich selbst jede Woche fünf bis sieben Hunde trainiere. Die meisten Tierheimhunde, die auf meine Lucky-Dog-Ranch kommen, verbringen nur sieben Tage bei mir, in denen sie ihre Grundausbildung erhalten – und wir schaffen es *fast* immer in dieser einen Woche.

Aber das Wörtchen »fast« ist wichtig, denn viele Hunde brauchen aus verschiedenen Gründen mehr Zeit. Wenn Ihr Hund sehr jung oder sehr alt, nicht richtig sozialisiert oder traumatisiert ist, nur langsam begreift oder schlauer ist, als ihm guttut, werden Sie vielleicht ein bisschen länger brauchen, um ihm die sieben Grundkommandos beizubringen und seine Verhaltensprobleme zu beseitigen. Denken Sie immer daran: Sie können es schaffen! Auch wenn Sie zwei oder gar drei Wochen brauchen, um Ihrem Hund diese wichtigen Lektionen beizubringen, ist diese Zeit gut investiert, denn als Belohnung dafür steht Ihnen ein langjähriges friedliches Zusammenleben mit Ihrem vierbeinigen Freund bevor.

2. Die Rasse spielt eine wichtige Rolle. Dank der Trainingserfahrung, die ich seit meiner Kindheit gesammelt habe, weiß ich, dass die Rasse eines Hundes großen Einfluss auf seine Trainierbarkeit hat. Unser Deutscher Schäferhund Zeke (eigentlich hatten wir im Lauf meiner Jugendjahre drei Zekes) war zum Beispiel der geborene Hütehund. Ich könnte einen Dackel oder Bloodhound ein Jahr lang auf diese Aufgabe trainieren und ihn darin trotzdem nicht auf das Leistungsniveau bringen, das unseren drei Zekes bereits in die Wiege gelegt worden war.

Damit will ich nichts gegen Dackel oder Bloodhounds sagen, jede Rasse hat ihre besonderen Talente. Bevor Sie also auch nur den Finger heben, um Ihren Hund zu trainieren, sollten Sie sich über seine Rasse informieren, um herauszufinden, wo seine Stärken und Schwächen liegen könnten. Mit diesem Wissen können Sie sich realistischere Ziele setzen und beim Training die besonderen Stärken Ihres Hundes berücksichtigen.

3. Training hat nichts mit Dominanz zu tun. Diese Lektion habe ich zum ersten Mal während der Zeit gelernt, in der ich Tiere dressierte, die ohne Weiteres in der Lage gewesen wären, mich zum Frühstück zu verzehren. Ein zweihundertfünfzig Kilo schwerer Tiger wird sich zum Beispiel nicht einfach auf Kommando hinlegen – er muss das schon selbst wollen. Später habe ich mich beim Training von Tieren aller Größen auch weiterhin an diese Philosophie gehalten, weil ich überzeugt davon bin, dass ich ein Tier am erfolgreichsten trainieren kann, wenn es das, was ich von ihm verlange, gern tut. Training bedeutet nicht, einem Hund Ihren Willen aufzuzwingen, sondern (zusätzlich zu all den Tricks und Techniken, die Sie in diesem Buch kennengelernt haben) gezielt Ihre Rolle als Führungspersönlichkeit einzusetzen, damit der Hund sich freiwillig entscheidet, Ihre Wünsche zu erfüllen.

4. Füllen Sie Ihre Lehrerrolle richtig aus! Beim Training jedes Hundes gibt es Höhen und Tiefen. Sie werden dabei fantastische Tage erleben, aber es wird auch Tage geben, an denen Sie das Gefühl haben, wieder zwei Schritte zurückgegangen zu sein. Denn genau wie wir Menschen haben auch Hunde hin und wieder einen schlechten Tag. Ich hoffe, ich habe in diesem Buch genügend Geschichten von meinen eigenen Fehlern und Lernerfahrungen erzählt, um Ihnen das klarzumachen. Einige Produzenten meiner Sendung amüsieren sich immer wieder auf meine Kosten, indem sie eine Punktekarte führen, wenn ich einem besonders schwierigen Schüler meine sieben Grundkommandos beizubringen versuche. Da steht dann zum Beispiel:»Rover: 5, Brandon: 0.« Doch selbst die Hunde, die mich in den ersten Runden total in die Pfanne gehauen haben, erlernen früher oder später jedes Kommando.

Hundetraining ist kein Kurzstreckenlauf, sondern ein Marathon! Wenn an einem Tag tatsächlich mal alles schiefgehen sollte, machen Sie einfach eine kleine Pause, denken daran, dass Sie diesen Hund lieben, und fangen dann wieder von vorn an. Versuchen Sie, den Trainingsprozess zu genießen und dabei eine noch engere Beziehung zu Ihrem Hund aufzubauen, und bemühen Sie sich, bei gelegentlichen Fehlschlägen die komische Seite der Situation zu erkennen. Denken Sie immer wieder daran: Ihr Hund spiegelt Ihnen genau das Gesicht wider, das Sie ihm zeigen! Also seien Sie selbstbewusst und zuversichtlich, und haben Sie Freude an dem Training. Gehen Sie liebevoll mit Ihrem Hund um, aber treten Sie trotzdem energisch und bestimmt auf, und seien Sie ruhig auch manchmal streng, wenn es sein muss. Doch am allerwichtigsten ist Konsequenz: Wenn Sie nur lange genug durchhalten, wird Ihr Hund früher oder später alles lernen, was Sie ihm beibringen wollen.

5. Zeigen Sie Ihrem Hund, was er richtig macht! Denn dann wird er leichter begreifen, was Sie von ihm erwarten. Das bedeutet, dass Sie stets Leckerlis griffbereit haben und ihn genau zum richtigen Zeitpunkt damit belohnen sollten: nämlich dann, wenn ihm klar wird, was er tun soll. Falls es Ihnen schwerfallen sollte, genau den richtigen Augenblick zu erwischen, arbeiten Sie mit einem Clicker, oder tun Sie das Gleiche wie viele meiner Klienten: Ahmen Sie die Art und Weise nach, wie ich meine Hunde beim Training mit einem immer lauteren und mehr lobenden »Brav, braaav, braaav« ansporne, während sie allmählich begreifen, was sie tun müssen, um mein Kommando richtig zu befolgen. Mit dieser verbalen Ermutigung helfen Sie

Ihrem Hund bei dem »Heiß-kalt-Spiel«, das die meisten von uns als Kinder so gern gespielt haben: Anfangs tappte Ihr Spielkamerad bei der Suche nach dem versteckten Gegenstand noch mehr oder weniger blindlings durch die Gegend, doch sobald er seinem Ziel näher kam, lenkten Sie ihn mit den Worten »Wärmer, sehr warm, heiß, ganz heiß!« in die richtige Richtung. Genauso können Sie auch Ihrem Hund mit lobenden Worten ein »Weiter so!« signalisieren, wenn er etwas richtig macht. Der Ton Ihrer Stimme wird ihn dazu anspornen, immer weiter nach dem richtigen Weg zu suchen, bis er ihn schließlich gefunden hat. Denken Sie daran: Ihre Stimme ist eines Ihrer wirksamsten Trainingswerkzeuge!

6. Unser tägliches Training gib uns heute ... Sie haben inzwischen sicherlich schon öfter von mir gehört oder gelesen, dass Sie jeden Tag mit Ihrem Hund üben müssen – und das ist auch tatsächlich der Schlüssel zum Erfolg jedes Hundetrainings. Man kann einem Hund nicht nur ein einziges Mal etwas beibringen und es dann dabei bewenden lassen. Falls Sie nicht regelmäßig mit Ihrem Hund trainieren, wird er früher oder später wieder Rückschritte machen – auch wenn er sich in der ersten Trainingswoche noch so gut bewährt hat. Wenn Sie Ihrem Hund etwas Neues beibringen, ist das so, wie wenn man einen Samen in die Erde legt. Davon allein schlägt der Same noch lange keine Wurzeln! Sie müssen sich auch um Ihr zukünftiges Pflänzchen kümmern und es jeden Tag gießen. In der ersten Woche sollten Sie sich täglich dreimal zehn Minuten Zeit nehmen, um Ihrem Hund ein neues Kommando oder Verhalten beizubringen. Nach dieser ersten, intensiven Trainingsphase genügt es, das Gedächtnis des Hundes einmal pro Woche aufzufrischen. Später brauchen solche Auffrischungssitzungen nur noch einmal im Monat stattzufinden, diese Gewohnheit sollten Sie allerdings bis an sein Lebensende beibehalten. Und denken Sie an das alte Sprichwort »Wer rastet, der rostet«! Wenn Sie die Kommandos, die Sie Ihrem Hund beigebracht haben, nicht regelmäßig einsetzen, wird er sie mit der Zeit wieder vergessen.

7. Jeder Hund kann ein »Lucky Dog« sein. Meinen ersten prominenten Klienten lernte ich beim Dreh eines Musikvideos kennen. Ich kam mit einem Dobermann und einem Rottweiler zum Drehtermin und arbeitete den ganzen Tag mit diesen beiden Hunden. Sie sahen zwar ziemlich gefährlich aus, waren aber total lieb und umgänglich. Am Abend kam der Rapper, für den das Video gedreht wurde, schnurstracks auf mich zu und fragte mich nach meiner Telefonnummer. Er hatte zu Hause nämlich ein paar Hunde, die genauso gefährlich aussahen wie meine, aber leider nicht so lieb waren: Sie waren völlig außer Rand und Band geraten und wurden allmählich immer bösartiger. Ob ich denn nicht zu ihm nach Hause kommen und seinen Hunden beibringen könne, sich ein bisschen mehr so zu benehmen wie meine?

Natürlich nahm ich den Auftrag an. Im Lauf der Jahre habe ich unzählige Hunde kennengelernt, bei denen Hopfen und Malz verloren zu sein schien, und erlebt, dass aus ihnen letzten Endes doch noch wohlerzogene Haustiere wurden. Ob Ihr Hund nun hyperaktiv oder starrsinnig ist oder einfach nicht gehorchen will – egal, was für ein Problem Sie mit ihm haben: Man kann jeden Hund trainieren. Wenn Sie die erforderliche Mühe in diese Aufgabe investieren, das verspreche ich Ihnen, werden Sie früher oder später Erfolg damit haben. Aber das funktioniert nur dann, wenn Sie konsequent dabeibleiben.

Noch ein letztes Wort

Vielleicht haben Sie diesen Satz zum Thema Tierheimhunde in meiner Sendung »Der Hundetrainer« schon gehört, doch meiner Meinung nach kann ich ihn gar nicht oft genug wiederholen: Meine Mission besteht darin, dafür zu sorgen, dass diese wunderbaren Tiere einen Lebenszweck, eine Familie und einen Platz finden, den sie als ihr Zuhause betrachten können.

Wenn wir alle gemeinsam an dieser Mission mitwirken, können wir Tausende von Hundeleben retten – vielleicht sogar noch mehr. Allein in diesem Jahr werden wieder Millionen Hunde in einem Tierheim landen, und viele von ihnen werden da nie wieder herauskommen. Und all diese Vierbeiner sind fühlende, intelligente Lebewesen, die etwas Besseres verdient haben: Hunde wie der tanzende Terriermischling Bruno; die würdevolle, sensible Weiße Schäferhündin Skye; der Malinoismischling Ari, der einfach nur ein bisschen mehr Selbstbeherrschung lernen musste; die Maltesermischlingshündin Tweety, die fast am Verhungern war, als sie zu mir kam; und natürlich Lulu, der kleine Chihuahua, der panische Angst davor hatte, irgendjemanden zu nah an sein Herz heranzulassen. Diese Hunde waren von ihren vorigen Besitzern aufgegeben worden, und doch ist aus jedem von ihnen nach seiner Rettung ein gut erzogenes, liebevolles, heißgeliebtes Haustier geworden.

Wenn ich im Lauf der Jahre irgendetwas über Menschen gelernt habe, so ist es die Tatsache, dass Hundeliebhaber stets zusammenhalten. Wir haben etwas Gemeinsames, was uns verbindet. Als ich anfing, Hunde aus Tierheimen zu holen, um sie zu rehabilitieren und zu trainieren, meldeten sich plötzlich wie aus heiterem Himmel andere Tierfreunde bei mir und halfen mit, neue Besitzer für sie zu finden. Fast ohne Öffentlichkeitsarbeit ist es uns gelungen, ein großes Netzwerk in den sozialen Medien aufzubauen, das meinen geretteten Hunden zu einem neuen Leben in liebevollen Familien verhalf, und schließlich ist daraus sogar eine Fernsehserie entstanden. All das hat sich aus einer kleinen Idee entwickelt, die mir kam, als ich total pleite war, auf dem Sofa eines Freundes übernachtete und darauf hoffte, im Leben auch irgendwann einmal eine Chance zu bekommen. Manchmal denke ich, dass ich eine Menge mit den Hunden gemeinsam habe, die ich aus dem Tierheim rette.

Wenn jeder von uns einen kleinen Beitrag dazu leistet – indem er zum Beispiel einen Hund adoptiert, aufzieht, ehrenamtlich bei seinem Training mithilft oder Geld an Tierheime spendet –, können wir die Arbeit derjenigen unterstützen, die sich engagiert für die Tiere einsetzen, und etwas Gutes für den nächsten Bruno und die nächste Skye oder Lulu tun.

Einen Hund nach dem anderen.

Wuff!

Brandon

Dank

Zum Schluss möchte ich Ihnen noch etwas gestehen: Als ich mit meiner Arbeit an diesem Hunderatgeber begann, war mir nicht besonders wohl dabei zumute, weil ich vorher noch nie ein Buch geschrieben hatte. Doch im Lauf der Zeit fiel es mir immer leichter, und in den letzten Wochen war ich förmlich süchtig nach dem Schreiben. Ich habe dabei eine Menge über mich selbst erfahren, denn dadurch, dass ich all diese Geschichten aufgeschrieben habe, erlebte ich die Rettung und Ausbildung sämtlicher Hunde in diesem Buch noch einmal hautnah mit.

Außerdem erinnerte ich mich beim Schreiben dieses Buches wieder daran, wie ich die verschiedenen Trainingsmethoden erlernt habe und wie dankbar ich meinen Lehrmeistern dafür bin. Ich verdanke den Menschen, die mir diese Methoden beigebracht haben, alles, denn sie haben sich eine Menge Zeit genommen, um mir zu zeigen, wie man einen Hund richtig trainiert. Vor allem danke ich Mike Herstik, der mir so viele praktische Trainingstechniken erklärt hat, die ich auch heute noch tagtäglich anwende; Boone Narr, der mich als Kind mit seinen Tierdressuren für Filme inspiriert hat; Gunther Gebel-Williams, der meinen Familienangehörigen beigebracht hat, große Tiere zu dressieren, als sie in ihrer Kindheit in Europa lebten; und meinem Onkel Brian, der mir, als ich noch im Teenageralter war, gezeigt hat, wie man große Raubtiere dressiert.

Ein ganz herzliches Dankeschön gebührt auch Dave Morgan, Roy Barudin und dem ganzen Team bei Litton Entertainment, das mich vor ein paar Jahren entdeckt und mir sein Vertrauen geschenkt hat; der Firma CBS Daytime, die uns die Möglichkeit gab, eine so fantastische Fernsehsendung zu gestalten; und der Firma Petmate für ihre Unterstützung und die großartigen Produkte, die sie den Hunden auf meiner Ranch zur Verfügung stellt.

Doch ohne die klugen Ratschläge meines Verlagsteams hätte dieses Buch nie entstehen können: Dafür danke ich meinem Agenten Jeff Kleinman von Folio Literary Management, der schon an mein Buch geglaubt hat, als ich noch keine einzige Seite davon geschrieben hatte; der Redakteurin Julia Pastore bei HarperOne, die mit diesem noch völlig unerfahrenen Buchautor ein enormes Risiko eingegangen und trotzdem nie in ihrer Unterstützung meines Projekts wankend geworden ist; meiner Kollegin Jana Murphy, die meine Notizen, Blogs, »Lucky-Dog«-Episoden und Entwürfe durchgearbeitet und mir geholfen hat, aus einer Riesenmenge an ungeordnetem Material ein Buch zu machen; dem Fotografen Craig Mathew, der so faszinierende Bilder von mir und meinem Hunderudel beim Training auf der Lucky Dog Ranch geschossen hat; meiner Pressesprecherin Suzanne Wickham und meiner Marketingexpertin Kim Dayman, die sich unermüdlich dafür eingesetzt hat, dieses Buch Hundeliebhabern auf der ganzen Welt zugänglich zu machen; und dem Team bei HarperOne für seine begeisterte Unterstützung.

Ein ganz besonderer Dank gebührt den Hunden, die für das Buchcover Modell gesessen haben: Wacha, Goldie, Chester und Chico.

Und hier noch ein ganz persönliches Dankeschön an meine Mutter, die mir über die schwersten Phasen meines Lebens hinweggeholfen hat, und meiner Schwester, die mir eine Richtung im Leben aufgezeigt hat, als ich beim besten Willen nicht mehr weiterwusste. Nicht zuletzt aber möchte ich mich bei meinem kleinen Hundemädchen Lulu dafür bedanken, dass sie mir beigebracht hat, was wahre Liebe ist. Euch allen bin ich für immer und ewig zu Dank verpflichtet.

Falls ich irgendjemanden vergessen haben sollte, verzeiht mir. Ihr wisst ja, wie schusselig ich manchmal bin. Und jetzt entschuldigt mich bitte – ich muss mich erst mal für einen Monat schlafen legen.

Stichwortverzeichnis